データ分析による
ネットワークセキュリティ

Michael Collins 著

中田 秀基 監訳
木下 哲也 訳

本書で使用するシステム名、製品名は、それぞれ各社の商標、または登録商標です。
なお、本文中では™、®、©マークは省略している場合もあります。

Network Security Through Data Analysis
Building Situational Awareness

Michael Collins

Beijing · Boston · Farnham · Sebastopol · Tokyo

©2016 O'Reilly Japan, Inc. Authorized Japanese translation of the English edition of "Network Security Through Data Analysis". ©2014 Michael Collins. This translation is published and sold by permission of O'Reilly Media, Inc., the owner of all rights to publish and sell the same.

本書は、株式会社オライリー・ジャパンがO'Reilly Media, Inc.との許諾に基づき翻訳したものです。日本語版についての権利は、株式会社オライリー・ジャパンが保有します。

日本語版の内容について、株式会社オライリー・ジャパンは最大限の努力をもって正確を期していますが、本書の内容に基づく運用結果については責任を負いかねますので、ご了承ください。

はじめに

　本書はネットワークの改善に関する本である。ネットワークを監視し、分析し、その結果を用いて改善する。ここでいう「改善」とは、より安全にすることである。しかし、自信を持ってどうしたら安全になるかを議論するための語彙や知識を、いまのところはまだ誰も持っていないように思える。安全なネットワークを実現するには、より定量的な議論が必要だ。それが、Situational Awareness、すなわち**状況認識**である。

　「状況認識」は主に軍事分野で使われる用語であり、作戦実行中の内外環境を常に理解しておくことを意味する。本書で言う「状況認識」は、どのような要素で構成されたネットワークがどのように使用されているかを、包括的かつ動的に把握することを意味する。これは、ネットワークデバイスがどのように設定されているのか、あるいは、もともとどのように設計されていたのか、などの表層的な事項とは、**根本的**に異なることに注意が必要である。

　状況認識の重要性を理解するために、自宅にあるWebサーバを数えてみよう。無線ルータも入れて数えただろうか。ケーブルモデルやプリンタはどうだろうか。CUPS（Common Unix Printing System）仕様プリンタのWebインタフェースも考慮しただろうか。テレビは忘れていないか。

　これまで、多くのIT管理者は、上記のデバイスを「Webサーバ」とはみなしていなかった。しかし、ルータ、テレビ、プリンタなどの組み込みデバイスのWebサーバは、一般のWebサーバと同じくHTTP（Hyper Text Transfer Protocol）で情報をやり取りし、それらが持つ脆弱性も共有している。組み込みデバイスの制御方法は、これまでの専用の制御プロトコルからWebサーバと同じインタフェースにどんどん置き換えられており、踏み台や攻撃目標として悪用される危険がますます増大している。攻撃者は、攻撃対象がどんなものかにはおかまいなしに攻撃を仕掛ける。その結果、Windowsサーバが組み込まれた工場プラントの製造システムが乗っ取られたり、医療用MRIがスパムメールをばら撒くスパムボットとして攻撃の踏み台になったりする。

　本書の中心は、ネットワークがどのように利用されているのかを理解するための、データ収集とネットワーク調査であり、特に分析に力を入れている。その分析結果に応じて社内で実施可能なセキュリティ対処をすることになるが、ここで**実施可能**というキーワードを強調しておきたい。という

のは、対処方法によっては、利用者の行動に大きな制約がかかるからである。例えば、セキュリティ指針の策定を考えてみよう。指針では、やってはいけないことを決める。あるいは、やれるとしても、面倒な方法で行うことを強いる。企業データをオンライン共有サービスのDropboxを使って共有するな、ログインにはパスワードとRSA[*1]暗号の認証用USBドングルを使え、プロジェクトのサーバを丸コピーして競合相手に売るな、といった具合である。このような制約を課す場合には、仕事への影響が大きいので、納得できるような理由も明示すべきであろう。

結局、どんなセキュリティのシステムであっても、その重要性を理解し、必要悪として受け入れてくれるユーザが要である。セキュリティは、このようなルールを守ってくれるユーザと、ルールが破られたことをかぎ分けるアナリストや監視者といった管理者に依存する。技術を悪用する新たな手口を日夜探っている人々がいる一方で、その絶えず変化する脅威へ対抗する人々がいるという構図は、これが技術よりも人の問題であることを物語っている。その脅威に対抗するには、ユーザと管理者の協力が不可欠である。セキュリティ指針が不適切であれば、ユーザは本来業務の遂行や憂さ晴らしのために、すり抜ける方法を考え、かえって管理者の仕事が増えることになるのだから。

本書は、これまでのデータ分析と統計を扱った書籍とは大きく異なり、セキュリティ実現の実施可能性と目標とに重点を置いている。分析を取り扱うセクションでは、統計分析とデータ分析の手法をさまざまな他の分野から取り入れている。その上で、ネットワークの構造を理解すること、そして、どんな方法でそれを保護できるのかに焦点を当てている。そのため、できるだけ理論の要点をわかりやすく説明し、不正な挙動を特定するためのメカニズムに重点を置いた。セキュリティ分析の特徴は、観測される対象自身が観測されていることに気付いているだけでなく、可能ならば観測を阻止しようとしていることにある。

MRIと将軍のノートPC

数年前、主に大学病院を対象としていたセキュリティアナリストと話をしたことがある。彼は、ネットワークで一番やっかいなのは医療用のMRIだと言った。今なら簡単にわかることなのだが、その当時は思いもかけない言葉だった。

彼は、「これは医療設備だから、特定のバージョンのWindowsが使われているんだよ。だから、毎週のように、誰かが、そのバージョン特有のセキュリティの脆弱性を嗅ぎ付け、何でもできる特権を奪取して、MRIをスパムの踏み台とするボット[*2]を埋め込むのさ。こうして、毎週水曜日になるとスパムメールの中継が始まることになる。」と答えた。そこで、私が「それなら、MRIをインターネットからブロックすれば解決するのでは？」と尋ねると、彼は肩をすく

---

*1　監訳者注：発明者であるRivest、Shamir、Adlemanの略。
*2　監訳者注：遠隔操作をするプログラムのこと。語源はロボット。

め、「だめだ。MRIのスキャン結果を外部からもオンラインで確認したいというのが医者の要求だから。」と言った。こんな想定外の問題点を聞いたのはこのときが初めてだったのだが、それ以降何度も同じような話をさまざまなところで聞くこととなった。

この種の問題は、強い階層構造を持つ組織（病院、会社、軍隊）で、たびたびお目にかかる。システムに対して、あらかじめあらゆるセキュリティ対策を打っても、上層部の行動がそれを台無しにしてしまう。例えば、軍隊で起こることを考えみよう。将軍がかわいい孫娘と一緒にネオペット[*1]で遊びたくて、週末にノートPCを自宅に持ち帰ったとしよう。それが戻ってくる月曜には、ネットワーク管理者にひと仕事が待ち受けている。つまり、ウィルスに感染したノートPCを修復するという作業だ。

つまり、ネットワーク防御の最も効果的な戦略は、本当に守りたいものだけを保護し防御することだ。というのは、セキュリティを確保する部分には、監視担当者や調査担当者が張り付いていなければならないからだ。これは、攻撃というものが常に変化するためである。人手減らしのために防御を自動化してしまうと、攻撃者は、逆に、この自動防御を悪用して攻撃を行う[*2]。

セキュリティとは、不便で、事細かく規定されていて、制約のきついものであるべきというのが、セキュリティアナリストとしての私の考えである。セキュリティ指針には、保護の対象となる資産や、制約された行動が規定されている。「制約された行動」という理由は、システムを使う**ユーザ**の行動こそが、そのシステムのセキュリティを守る最後の砦となるからである。セキュリティに詳しいユーザになればなるほど、常に怯え、何事にも疑い深く、あらゆる怪しい兆候を警戒するものだ。このような何にでも警戒しなければならないような窮屈な状態を避けるためには、何を保護し、また、何を保護しなくてもよいのかを明確にする必要がある。全部を守ろうとすると、逆に、本当に重要なものが守れなくなるので要注意である。

セキュリティアナリストの仕事は、「安全で安心できるシステムにするには、何が何でもこれまでの使い方を変更する必要がある。変更しなければ、脅威を防ぐ方法は本来の業務を停止する以外にない」と、不便を強いられるユーザを**説得**することだ。そのために、アナリストに求められるのは、判断項目を明確にし、その判断を裏付ける論理を整理し、ユーザにリスクを説明できる能力である。

本書では、データ分析を学ぶ過程で、効果的なセキュリティ上の判断を下すための知識が得られるように工夫している。例えば、フォレンジックである。フォレンジックとは、なぜ攻撃が発生したのか、いかにして攻撃が遂行されたのか、どんな被害を受けたのかを判断するため、残された手が

[*1] 監訳者注：架空の惑星でペットを育てるというオンラインペットゲーム。
[*2] アカウント名がメールアドレスになっていて、ログインでパスワードの入力ミスがx回に達すると、自動的にそのアカウントをブロックする方法を採用しているシステムを考えてみよう。逆に、メールアドレスさえ収集すれば、容易に膨大な数のアカウントを短時間でブロックさせてシステムを麻痺させてしまうことができる。

かりを探し出して事後検証を行う手法だ。事後だけでなく事前の防御方法についても言及する。例えば、攻撃の影響を軽減するために、速度制限を導入し、侵入検知システムを設置し、セキュリティの指針を示しておくことなどである。

対象読者

情報セキュリティ分析は、まだ新しい分野であり、「これだけは知っておいてほしい」と言えるような明確に定義された知識体系とはなっていない。そこで、本書では、過去10年間に著者やエキスパートたちが得た知識や分析手法を集めることにした。

本書の想定する読者は、ネットワーク管理者やセキュリティアナリスト、ネットワークオペレーションセンター NOC (Network Operation Center) のエンジニアや、社内の侵入検知システム IDS (Intrusion Detection System) で日々の監視に当たっている人々である。なお、netstat プログラムなどのインターネットを調査するコンピュータ上のツールや、統計の基礎を知っていれば、本書をより早く読み進むことができる。また、本書では各種ネットワークツールを組み合わせて使うために Python 言語を使っているが、これまでに何かしらのスクリプト言語の経験があれば、問題なく理解できるはずである。

本書を執筆するにあたり、さまざまな分野から手法を取り入れた。それらの文献に遡って学べるように、可能な限り参照元を示す。また、手法の多くは数学または統計の理論に基づくが、それらの説明にあたり、正確さよりも、実用的な視点からのわかりやすさを優先した。それでも、統計学の基礎を知っていればより理解しやすいだろう。

本書の内容

本書はデータ、ツール、分析の3部から構成されている。第Ⅰ部では、データの収集、記録、体系化について説明する。第Ⅱ部では、分析に使うさまざまなツールを紹介する。第Ⅲ部では、さまざまな分析の視点や手法を取り上げる。

第Ⅰ部で説明する記録や体系化は、セキュリティ分析においての重要な課題である。データの収集は簡単だが、データを探索して問題の兆候を探すのは困難である。というのは、データには足跡が残っているものだが、膨大なデータの山の中からわずかな痕跡を探すのは非常に困難な作業になるからである。第Ⅰ部は、以下の章に分かれている。

1章 センサーと検出器：入門

データ収集の一般的な手法を説明する。ここでは、ネットワーク上のデータを収集するさまざまなセンサーが情報をどのように取得し、どのように組み合わされて全体として機能するのかを、タイプ別に説明する。

2章 ネットワーク型センサー

1章での議論を発展させ、特にネットワーク上を流れるデータをすべて収集するネットワーク型センサーに着目する。このタイプのtcpdumpプログラムやNetFlowシステムを使えば、ネットワーク全体の概要を把握できるが、これらは膨大なデータを生成するため、その中から特定の兆候を見つけ出すのは困難という問題がある。

3章 ホスト型センサーとサービス型センサー：データの生成元でログに記録する

専用システムとして設置されるホスト型センサーと、サーバなどのコンピュータで動くプログラムの1つとして構築されるサービス型センサーについて説明する。前者の例は侵入検知のための専用システムIDSであり、後者の例はWebサーバ内に記録されるサービスのログである。これらの収集するデータは、2章の膨大なデータを収集するネットワーク型センサーよりもかなり少なく、また、特定のデータを収集するので、分析が容易である。

4章 分析のためのデータ記録：リレーショナルデータベース、ビッグデータ、その他の選択肢

データを記録するツールやシステムを紹介する。例えば、従来のデータベース、Hadoopなどのビッグデータを処理する分散システム、グラフデータベース、従来のデータベースとは全く構造が異なるデータベースREDISなどである。

第II部では、分析、可視化、レポート作成に使うさまざまなツールを取り上げる。ここで紹介するツールは、後の章でさまざまな分析方法を説明するときに、たびたび登場するものである。

5章 SiLKスイート

SiLKシステムとSiLKを使ってNetFlowで収集したネットワーク上を流れるデータを分析する方法を説明する。SiLK (System for Internet-Level Knowledge) とは、カーネギーメロン大学のセキュリティ問題を調査研究する機関CERT (Computer Emergency Response Team) が開発した、データの流れを分析するツールキットである。

6章 セキュリティ分析のためのR入門

統計分析と可視化を行うツール、Rの基礎を説明し、どのようにセキュリティの分析に利用できるのかを具体的に示す。

7章 分類およびイベントツール：IDS、AV、SEM

侵入検知システムIDSは、ネットワークを流れるデータ、つまり、トラフィックを調べ、自動的に分析して疑わしいものがあると警告を発する。本章では、IDSの動作原理を説明し、誤検出の問題について議論する。また、SiLKを応用したりSnortのような既存のIDSシステムを利用してより精度の高いIDSを構築する方法を説明する。

x | はじめに

8章　参照と検索：身元を確認するツール

セキュリティ分析では、インターネットのパケット（データが転送される単位）に含まれる送信元や転送先を示すIP（Internet Protocol）アドレスがどこの組織のものであるかをいちいち調べたり、付けられた目印の意味を考える作業が面倒だ。そこで、この章では、このような手作業を自動化し軽減できるツールを紹介し、その仕組みを説明する。

9章　他のツール

8章までに収録できなかった分析に利用できる専用のツールを簡単に紹介する。可視化ツール、パケット生成および操作ツール、アナリストが精通すべきツールなどを挙げる。

　最後の第Ⅲ部では、データ収集の最終目標である分析論（Analytics）[*1]に焦点を当てる。そして、さまざまなデータの流れが示す現象に言及し、データの分析に利用できる数学のモデルを取り上げる。

10章　探索的データ分析と可視化

探索的データ分析（Exploratory Data Analysis：EDA）では、まず統計モデルの仮説から出発するデータ分析とは異なり、可視化によって構造や隠れた現象を探索的につかむというアプローチを行う。セキュリティに関するデータは多様に変化するため、EDAはアナリストに必須のスキルである。この章では、その可視化と数学的な技法の基礎を説明する。

11章　ファンブルの処理

通信手順のエラーや異常な挙動を調べ、コンピュータやネットワークの脆弱性を探し出そうとするスキャンなどの攻撃を特定する方法を説明する。

12章　ボリュームと時間の分析

時間の経過に伴う通信量やパケットの挙動の分析とによって発見できる事象について説明する。これには、分散サービス妨害DDoS（Distributed Denial of Service）やデータベースへの攻撃などがある。また、通信量に対する就業日の影響、収集したデータをフィルタしてより効果的な分析を行うための方法についても言及する。

13章　グラフ分析

収集した通信データをグラフデータへ変換する方法、および、グラフを使って主要なネットワークの構造を特定する方法について説明する。中心性などのグラフ属性をうまく利用すれば、主要なコンピュータを特定したり、ネットワークの異常な挙動を把握できる。

[*1]　監訳者注：論理学では分析論、数学では解析学と呼ばれる分野。

14章　アプリケーション識別

ネットワーク内でどんなサービスが利用されているのかを特定する手法を紹介する。最も簡単な方法は、どのパケットにも必ず含まれているポート番号（サービス種別を示す）から割り出す方法である。また、コンピュータに接続したときに当該コンピュータから返されるメッセージ（これをバナーと呼ぶ）を収集して分析する方法や、通信中のパケットのサイズから使われているサービスを推定する方法などもある。

15章　ネットワークマッピング

ネットワークの構成や構成要素を解析し、そのネットワーク内の主要なコンピュータを特定する手順を説明する。ネットワーク構成や構成要素の把握はセキュリティを担保するための重要な手段であり、定期的に実施すべき項目である。

本書の表記法について

本書では次の表記法に従う。

ゴシック（サンプル）
新出の専門用語や強調を示す。

等幅（`sample`）
プログラムのほか、本文内で変数や関数名、データベース、データ型、環境変数、文、キーワードなどのプログラム要素を示す。

等幅ボールド（**`sample`**）
ユーザが文字通り入力すべきコマンドや他のテキストを示す。

等幅イタリック（*`sample`*）
ユーザが指定する値や文脈によって決まる値に置き換えるべきテキストを示す。

このアイコンはヒント、提案、または一般的な注記を示す。

このアイコンは警告や注意事項を示す。

プログラム例の利用と許諾について

本書が読者の仕事の一助になれば幸いである。本書で示したプログラム例は、https://github.com/mpcollins/nsda_examplesからダウンロードできる。プログラム例をオンラインで提供すれば、それを読者が作成するプログラムやドキュメントで活用してもらえると考えたからである。ほとんど丸コピーして配布するようなことのない限り、著者の許可を得る必要はない。例えば、プログラム例のいくつかを自分のプログラムに取り入れるのに許可は必要ない。また、本書を参照したり、サンプルコードを引用して質問に答えるのにも許可は必要ない。ただし、これをCD-ROMにそのまま焼いて販売したり配布する場合や、本書のサンプルコードの大部分を製品のマニュアルに記載する場合には、O'Reilly社や筆者の許可が必要である。プログラム例の使用が、公正な使用や上記に示した許可の範囲外であると感じたら、遠慮なくpermissions@oreilly.comに連絡してほしい。

本書を参考文献として出典を明らかにしていただくのはありがたいことだが、必須ではない。出典を示す際には、以下のように通常、題名、著者、出版社、ISBNを入れていただきたい。

『Network Security Through Data Analysis』（Michael Collins著、O'Reilly Copyright 2013 Michael Collins、ISBN978-1-449-35790-0、邦題『データ分析によるネットワークセキュリティ』オライリー・ジャパン、ISBN978-4-87311-700-3)

意見と質問について

本書に関するコメントや質問は以下まで知らせてほしい。

株式会社オライリー・ジャパン
〒160-0002 東京都新宿区四谷坂町12番地22

本書の、正誤表、サンプル、追加情報については、以下のWebサイトを参照してほしい。

http://oreil.ly/think-bayes（英語）
http://www.oreilly.co.jp/books/9784873117003/（日本語）

本書に関する技術的な質問やコメントは、以下のメールアドレスまで送ってほしい。

bookquestions@oreilly.com

当社の書籍、コース、カンファレンス、ニュースなどの詳しい情報については、当社のWebサイトを参照してほしい。

http://www.oreilly.com（英語）
http://www.oreilly.co.jp（日本語）

当社のFacebookは以下の通り。

http://facebook.com/oreilly

当社のTwitterのフォローについては以下を参照してほしい。

http://twitter.com/oreillymedia

以下のURLで当社のYouTubeコンテンツを確認できる。

http://www.youtube.com/oreillymedia

謝辞

編集者のAndy Oram氏からは、素晴らしいサポートとフィードバックをいただいた。ここに感謝の意を表する。彼のサポートやフィードバックがなければ、今でもネットワーク配置に関する注釈を何度も書き続けていただろう。また、私を見守りこの仕事を成し遂げさせてくれた、編集補佐のAllyson MacDonald氏とMaria Gulick氏にも感謝する。テクニカルレビューのRhiannon Weaver氏、Mark Thomas氏、Rob Thomas氏、Andre DiMino氏、Henry Stern氏からいただいた貴重なコメントのおかげで、冗長な部分を取り除き、重要な部分にフォーカスすることができた。

本書は、さまざまな会社の運用部門と研究所での知見を集大成したものとなっている。これらの知見については、Tom Longstaff、Jay Kadane、Mike Reiter、John McHugh、Carrie Gates、Tim Shimeall、Markus DeShon、Jim Downey、Will Franklin、Sandy Parris、Sean McAllister、Greg Virgin、Scott Coull、Jeff Janies、Mike Wittの各氏に感謝する。

最後に、両親のJamesおよびCatherine Collinsに感謝する。父は本書の執筆中に亡くなったが、常に私に問いかけ、本書が仕上がるまで改善を重ねることに協力してくれた。

目次

はじめに ·· v

第 I 部　データ

1章　センサーと検出器：入門 ·· 3

1.1　配置：センサーの設置位置がデータ収集に与える影響 ················ 4
1.2　データ種別：センサー型ごとに異なる収集できるデータの種類 ·········· 8
1.3　アクション：センサーによるデータの処理 ··························· 12
1.4　結論 ··· 15

2章　ネットワーク型センサー ·· 17

2.1　ネットワーク階層とセンサー ··· 18
    2.1.1　ネットワーク階層と観測範囲 ··································· 20
    2.1.2　ネットワーク階層とアドレス指定 ······························ 25
2.2　パケットデータ ·· 26
    2.2.1　パケットとフレームフォーマット ······························ 27
    2.2.2　循環バッファ ·· 27
    2.2.3　記録するパケット長の制限 ······································ 28
    2.2.4　パケットのフィルタ ··· 28
    2.2.5　イーサネットではない場合 ······································ 34
2.3　NetFlow ·· 35
    2.3.1　NetFlow v5 のフォーマットと領域 ····························· 35
    2.3.2　NetFlow の生成と収集 ·· 37

xvi | 目次

2.4	参考文献	38

**3章　ホスト型センサーとサービス型センサー：データの生成元でログに
記録する　39**

3.1	ログファイルのアクセスと操作	40
3.2	ログファイルの内容	42
	3.2.1　優れたログメッセージの特徴	43
	3.2.2　既存のログファイルとその操作方法	46
3.3	代表的なログファイルフォーマット	48
	3.3.1　HTTP：CLFとELF	48
	3.3.2　SMTP	52
	3.3.3　Microsoft Exchange：メッセージ追跡ログ	54
3.4	ログファイル転送：転送、Syslog、メッセージキュー	55
	3.4.1　転送とログファイルローテーション	55
	3.4.2　syslog	55
3.5	参考文献	57

**4章　分析のためのデータ記録：リレーショナルデータベース、ビッグ
データ、その他の選択肢　59**

4.1	ログデータとCRUDパラダイム	60
	4.1.1　適切に構成されたフラットファイルシステムの作成：SiLKからの教訓	61
4.2	NoSQLシステムの簡単な紹介	63
4.3	どのストレージを使うべきか？	67
	4.3.1　記録階層、問い合わせ時間、エージング	69

第Ⅱ部　ツール

5章　SiLKスイート　73

5.1	SiLKとその機能	73
5.2	SiLKの入手とインストール	74
	5.2.1　データファイル	74
5.3	出力フィールドの選択およびフォーマット操作：rwcut	75
5.4	基本的なフィールド操作：rwfilter	80
	5.4.1　ポートとプロトコル	81

5.4.2	サイズ		83
5.4.3	IPアドレス		83
5.4.4	時間		85
5.4.5	TCPオプション		85
5.4.6	ヘルパーオプション		87
5.4.7	他のフィルタオプションとテクニック		87

5.5	rwfileinfoとデータの起源	88
5.6	情報フローの結合：rwcount	91
5.7	rwsetとIPセット	93
5.8	rwuniq	97
5.9	rwbag	99
5.10	高度なSiLK機能	99

	5.10.1	PMAP	99

5.11	SiLKデータの収集	102

	5.11.1	YAF	102
	5.11.2	rwptoflow	104
	5.11.3	rwtuc	105

5.12	参考文献	106

6章　セキュリティ分析のための R 入門　　107

6.1	インストールと設定	107
6.2	R言語の基礎	108

	6.2.1	Rプロンプト	108
	6.2.2	R変数	110
	6.2.3	関数	116
	6.2.4	条件句と反復	118

6.3	Rのワークスペース	120
6.4	データフレームを使った分析	121
6.5	可視化	125

	6.5.1	可視化コマンド	125
	6.5.2	可視化のパラメータ	126
	6.5.3	注釈を追加する	128
	6.5.4	可視化した画像のエクスポート	130

6.6	分析：統計的仮説検定	131

	6.6.1	仮説検定	131

xviii | 目次

| | | 6.6.2 | データの検定 | 133 |
| | 6.7 | 参考文献 | | 136 |

7章 分類およびイベントツール：IDS、AV、SEM 137

	7.1	IDSの機能		138
		7.1.1	基本用語	138
		7.1.2	分類失敗率：基準率錯誤の理解	142
		7.1.3	分類の適用	145
	7.2	IDS性能の改善		146
		7.2.1	IDS検知の向上	147
		7.2.2	IDSへの対応の改善	152
		7.2.3	データの事前取得	152
	7.3	参考資料		153

8章 参照と検索：身元を確認するツール 155

	8.1	MACアドレスとハードウェアアドレス		155
	8.2	IPアドレス指定		157
		8.2.1	IPv4アドレスとその構造および重要なアドレス	158
		8.2.2	IPv6アドレスとその構造および重要なアドレス	160
		8.2.3	接続性の検査：pingを使ったアドレスへの接続	162
		8.2.4	traceroute	163
		8.2.5	IP調査情報：位置情報と人口情報	165
	8.3	DNS		166
		8.3.1	DNS名の構造	166
		8.3.2	digを使ったフォワードDNS問い合わせ	168
		8.3.3	DNSリバースルックアップ	176
		8.3.4	whoisを使って所有者を探す	177
	8.4	他の参照ツール		181
		8.4.1	DNSBL	181

9章 他のツール 183

	9.1	可視化		183
		9.1.1	Graphviz	183
	9.2	通信と探査		187
		9.2.1	netcat	187

	9.2.2	nmap	188
	9.2.3	Scapy	189
9.3	パケットの検査と参照		193
	9.3.1	Wireshark	193
	9.3.2	GeoIP	194
	9.3.3	NVD、マルウェアサイト、C*E	195
	9.3.4	個人的コミュニケーションによる情報の入手	196
9.4	参考文献		196

第Ⅲ部　分析

10章　探索的データ分析と可視化　　201

10.1	EDAの目的：分析の適用	203
10.2	EDAワークフロー	204
10.3	変数と可視化	206
10.4	一変量の可視化：ヒストグラム、QQプロット、箱ひげ図、順位プロット	207
	10.4.1　ヒストグラム	207
	10.4.2　棒グラフ（円グラフではなく）	209
	10.4.3　QQプロット	210
	10.4.4　5数要約と箱ひげ図	213
	10.4.5　箱ひげ図の作成	214
10.5	二変量の表現	216
	10.5.1　散布図	216
	10.5.2　分割表	218
10.6	多変量の可視化	219
	10.6.1　セキュリティ可視化の運用	221
10.7	参考文献	227

11章　ファンブルの処理　　229

11.1	攻撃モデル	229
11.2	ファンブル：設定ミス、自動化、スキャン	232
	11.2.1　ルックアップの失敗	232
	11.2.2　自動化	233
	11.2.3　スキャン	233

11.3	ファンブルの特定	234
	11.3.1 TCPファンブル：ステートマシン	234
	11.3.2 ICMPメッセージとファンブル	237
	11.3.3 UDPファンブルの特定	239
11.4	サービスレベルでのファンブル	239
	11.4.1 HTTPファンブル	239
	11.4.2 SMTPファンブル	241
11.5	ファンブルの分析	242
	11.5.1 ファンブル警告の作成	242
	11.5.2 ファンブルのフォレンジック分析	243
	11.5.3 ファンブルを活用するためのネットワーク運用	244
11.6	参考文献	245

12章 ボリュームと時間の分析 　　　　　　　　　　247

12.1	就業時間のネットワークトラフィック量に対する影響	247
12.2	ビーコニング	250
12.3	ファイル転送/略奪	253
12.4	局所性	256
	12.4.1 DDoS、フラッシュクラウド、資源枯渇	260
	12.4.2 DDoSとルーティングインフラ	261
12.5	ボリューム分析と局所性分析の適用	266
	12.5.1 データ選択	266
	12.5.2 警告としてのボリュームの利用	269
	12.5.3 警告としてのビーコニングの利用	269
	12.5.4 警告としての局所性の利用	270
	12.5.5 解決策の設計	270
12.6	参考文献	271

13章 グラフ分析 　　　　　　　　　　273

13.1	グラフの属性：グラフとは何か	273
13.2	ラベル付け、重み、経路	277
13.3	成分と連結性	283
13.4	クラスタ係数	284
13.5	グラフの分析	286
	13.5.1 警告としての成分分析の利用	286

目次 | **xxi**

    13.5.2　フォレンジック分析での中心性分析の利用 ･･････････････････････ 288

    13.5.3　フォレンジック分析での幅優先探索の利用 ･･････････････････････ 288

    13.5.4　エンジニアリングでの中心性分析の利用 ･･････････････････････ 290

  13.6　参考文献 ･･ 290

14章　アプリケーション識別　　　　　　　　　　　　　　　　　**293**

  14.1　アプリケーション識別のメカニズム ･･････････････････････････････ 293

    14.1.1　ポート番号 ･･ 294

    14.1.2　バナー取得によるアプリケーション識別 ･･････････････････････ 297

    14.1.3　挙動によるアプリケーション識別 ････････････････････････････ 300

    14.1.4　補助サイトによるアプリケーション識別 ･･････････････････････ 305

  14.2　アプリケーションバナー：識別と分類 ････････････････････････････ 306

    14.2.1　Web以外のバナー ･･ 306

    14.2.2　Webクライアントバナー：User-Agent文字列 ････････････････ 307

  14.3　参考文献 ･･ 309

15章　ネットワークマッピング ････････････････････････････････････ **311**

  15.1　最初のネットワークインベントリとマップの作成 ････････････････････ 311

    15.1.1　インベントリの作成：データ、範囲、ファイル ････････････････ 312

    15.1.2　フェーズⅠ：最初の3つの質問 ･･････････････････････････････ 313

    15.1.3　フェーズⅡ：IP空間の調査 ････････････････････････････････ 316

    15.1.4　フェーズⅢ：死角になったトラフィックと紛らわしいトラフィックの特定

                         ･･ 321

    15.1.5　フェーズⅣ：クライアントとサーバの特定 ････････････････････ 325

    15.1.6　検知および阻止インフラの特定 ････････････････････････････ 327

  15.2　インベントリの更新：継続的な監査に向けて ････････････････････････ 328

  15.3　参考文献 ･･ 329

索引 ･･ 331

第Ⅰ部
データ

第Ⅰ部では、分析と対応に使うデータの収集と格納について説明する。効果的なセキュリティ分析には広範囲に分散した複数の情報源からデータを収集する必要がある。個々の情報源は、ネットワークで生じている特定のイベント（事象）の状況の一部をそれぞれ提供する。

ハイブリッドデータソースの必要性を理解するために、最新のボットが汎用的なソフトウェアシステムであることを考えてほしい。1つのボットがネットワーク上の他のホストに侵入して攻撃する際に、複数のテクニックを使う可能性がある。バッファオーバーフロー、共有ネットワークへの拡散、単純なパスワードクラッキングなどだ。パスワードクラッキングでSSHサーバを攻撃するボットに対しては、そのホストのSSHログファイルにログを記録することで、攻撃の具体的な証拠を残すことができるが、ボットの他の行動に関する情報は得られない。ネットワークトラフィックからはセッションを再現できないかもしれないが、例えば想定されていないホストに対する長いセッションの成功などの攻撃者の他の行動がわかる。

データ駆動分析での主な課題は、問い合わせが非現実になるほど多くのデータを収集することなく、滅多に起こらないイベントを再現するために十分なデータを収集することである。データ収集は非常に簡単だが、収集したデータを解析するのは、はるかに困難である。セキュリティにおいては、**本当の**セキュリティ脅威が稀であることによって、この問題が複雑になる。ネットワークトラフィックの大部分は無害であり、非常に反復的である。大量のメール、同じYouTubeビデオの視聴、ファイルアクセスなどである。少数の実際のセキュリティ攻撃においても、その大部分は、空のIPアドレスのブラインドスキャンなどの**非常に愚か**なものだろう。他の少数の中にファイル不正転送やボットネット通信などの実際の脅威を表すさらに小さな部分があるのだ。

本書で取り上げるデータ分析はすべてI/Oバウンドである。つまり、データ分析のプロセスでは、読み取るべき正確なデータを特定して抽出する必要があるのだ。データの検索には時間がかかり、データには大きさがある。1つのOC-3で1日に5テラバイトの生データを生成する。それに比べ、eSATAインタフェースは1秒間に約0.3ギガバイトを読み取ることができるが、複数のディスクを用いてデータを読み書きすることを考えても、そのデータを1回検索するだけで数時間が必要となる。複数の情報源からデータを収集する必要があると重複が発生し、必要なディスク空き容量と問い合わせ回数が増える。

適切に設計されたストレージと問い合わせシステムだけが、データに対する任意の問い合わせに対して、妥当な時間内での応答を可能にする。設計が適切でないと、データの収集よりも問い合わせの実行に長い時間がかかる。優れた設計を行うには、さまざまなセンサーがどのようにデータを収集するか、互いにどのように補完し、重複し、干渉するか、データを効率的に格納して分析を強化する方法を理解する必要がある。

第I部は4章に分かれている。1章では検知とデータ収集の一般的な手順と、さまざまなセンサーの相互作用を表す用語を紹介する。2章では、tcpdumpやNetFlowなどのネットワークインタフェースからデータを収集するセンサーを説明する。3章ではホストおよびサービス型センサーを取り上げる。これは、サーバやOSなどのさまざまなプロセスに関するデータを収集する。4章では、データベースから最新のビッグデータ技術にいたるまでの収集システムの実装と利用可能な選択肢について説明する。

1章
センサーと検出器：入門

　効果的に情報監視するには、さまざまな人がさまざまな目的で設置したさまざまなセンサーから収集したさまざまな種類のデータを足がかりとする必要がある。

　セキュリティ監視/診断システムは、異なった種類のデータや別の視点からのデータを収集する多数多様なセンサーを組み合わせて構成する。本書では、ネットワーク上を流れるデータやコンピュータの挙動を記録し、ネットワークのセキュリティ監視や診断に使用できるデータ収集デバイスを総称して、センサーと呼ぶ。センサーの例として、ネットワークタップ（分岐器）がある[*1]。ファイアウォールのログ[*2]もセンサーとして利用することができる。どんなデバイスでもセンサーとして利用可能ではあるが、どれも単独では完璧な監視や診断ができるものではない。そこで、これらを組み合わせてシステムを構成するが、その網羅性と冗長性とのバランスが重要である。網羅的にデータが収集できる完全なものを構築したい場合は、膨大な数の異なる機能のセンサーを使うことになる。しかし、それらのセンサーが収集したデータには重複する部分があるので、過度に冗長なシステムとなってしまう。逆に、収集するデータに重複が発生しないようにすると、冗長性の点では問題はなくなるものの、収集できないデータの漏れが発生し網羅性が達成できなくなる。冗長性なく網羅性を得ることはおそらく不可能だが、この2つは監視システム構築の指標となる。

　利用するセンサーにはそれぞれ固有の得手、不得手がある。例えば、ネットワークタップのような「ネットワーク型センサー」はネットワークのある地点を流れる全データを監視できる。しかし、かく乱を意図したデータや暗号化されたデータには無力で、コンピュータの挙動を推測できるにすぎない。一方、データを送受信するマシンに内蔵する「ホスト型センサー」は、そのコンピュータに関する詳細なデータを収集できる。しかし、ネットワーク全体の状況を把握するのは苦手である。これらの弱点を相互補完できるように、センサーの種別、設置場所、機能を考慮して全体のシステムを構

[*1]　監訳者注：イーサネットのようなネットワークケーブル上の信号を分岐し、そこを流れるすべてのデータをそのまま取り込むことのできるセンサー。

[*2]　監訳者注：防火壁を意味するファイアウォールは、企業や家庭のネットワークの入り口に設置し、内部のコンピュータを外部からの侵入や攻撃から守るネットワーク装置である。この装置が記録するログも診断データとして利用できるという意味では、センサーと言うことができる。

4 | 1章　センサーと検出器：入門

成する。以上のように、セキュリティ監視/分析システムと一口にいっても、形態は千差万別である。そこで、本書では以下の3方向の視点から構成と仕組みとを説明することにした。

配置

　センサーの設置場所のことで、設置場所が異なるセンサーがあれば、同じイベント（発生した事象）をさまざまな視点から分析できる。

データ種別

　センサーが収集できるデータ種別には、ネットワーク上を流れるパケット、ホスト上のさまざまなサービスの利用状況、特定のサービスの挙動、の3つのレベルがある。これらに対応し、センサーには、ネットワーク上を流れるデータを監視できる「ネットワーク型」、コンピュータ上で動作する「ホスト内蔵型」、サービス自身が動作状況を刻々とファイルに出力する「サービス型」、に分類できる。

　同じ場所に配置されていても、収集できるデータ種別が異なるセンサーが生成したデータを相互補完すれば、イベントをより正確に把握できる。

アクション

　センサーによって、どのような動作を行うかが異なる。単純に収集したデータを生成するものもあれば、イベントが発生した場合に通報するもの、ネットワークを流れるデータを操作してしまうものもある。なお、これらの自律的動作で相互干渉が発生し、かえって良くない状況になることもあるので注意が必要である。

1.1　配置：センサーの設置位置がデータ収集に与える影響

　センサーの**配置**によって、取得できるパケットは異なる。つまり、ルータやスイッチのようなネットワークデバイスと、センサーの接続位置との位置関係で、どのようなパケットが取得でき、どのようなパケットが取得できないのかが決定される。これを説明する例が**図1-1**で、各センサーには大文字で名前がついている。以下にそれぞれの役割を示す。

1.1 配置：センサーの設置位置がデータ収集に与える影響 | **5**

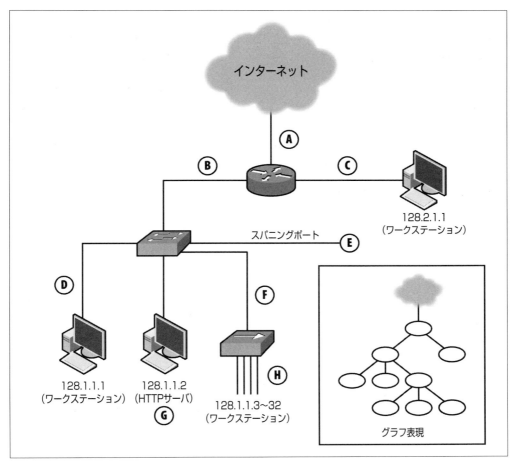

図1-1　センサーの配置とグラフ表現

位置	役割
A	インターネットへの出口に接続されているルータのインタフェースを監視する。
B	ルータとスイッチとを接続するインタフェースを監視する。
C	ルータとIPアドレス128.2.1.1のコンピュータとを接続するインタフェースを監視する。
D	IPアドレス128.1.1.1のコンピュータを監視する。
E	スイッチに内蔵されているスパニングポートを監視する。スパニングポートには、当該スイッチを通過するすべてのパケットがコピーされて出力される（スパニングポートの詳細は、2章のポートミラーリングの節を参照）。
F	スイッチとハブの間のインタフェースを監視する。
G	IPアドレス128.1.1.2のサーバ上でHTTPログデータを収集する。
H	ハブを通過するすべてのTCPパケットを収集する。

　上記の位置ごとに、センサーが取得できるデータは異なる。図を**図1-1**の右下に示すようなグラフ

表現に変換すれば、それぞれの関係がわかりやすくなる。ノードはルータ、スイッチ、ハブ、コンピュータ等の装置を、リンクはそれらの装置を結ぶ配線である。センサーをどのノードあるいはリンクに設置するかによって、把握できるデータが異なる。その例を以下に示す。

- 位置Aのセンサーでは、内部のネットワークと外部のインターネットとの間で送受信されるパケットだけがわかる。例えば、両方ともネットワーク内部にある、IPアドレス128.1.1.1のコンピュータとIPアドレス128.2.1.1のコンピュータ間のパケットはわからない。
- 位置Bのセンサーでは、Bよりも下流にあるコンピュータと、アドレスが128.2.1.1またはインターネットとの間でやり取りされるパケットがわかる。
- 位置Cのセンサーは、IPアドレス128.2.1.1のコンピュータが送受信するパケットだけがわかる。
- 位置Dのセンサーは、IPアドレス128.1.1.1のコンピュータが送受信するパケットだけがわかる。
- 位置Eのセンサーは、このスイッチを通過する全パケットを収集できる。つまり、このスイッチの配下にあるIPアドレス128.1.1.1、128.1.1.2、128.1.1.3から128.1.1.32までのコンピュータが送受信するすべてのパケットである。
- 位置Fのセンサーは、位置Eのセンサーが収集できるデータの一部しか収集できない。すなわち、ハブに接続されているIPアドレス128.1.1.3から128.1.1.32までのコンピュータが送受信するパケットに限られる。
- 位置Gのセンサーは、IPアドレス128.1.1.2のWebサーバ内部にあり、Webサービスに特化して履歴を記録するものである。これ以外の当該コンピュータが提供する他のサービスについては何もわからない。
- 位置Hはハブに接続されているIPアドレス128.1.1.3から128.1.1.32までのコンピュータが送受信するすべてのパケットを取得することができる。

以上の説明でわかるように、どこかにセンサーを1つだけ配置しても、ネットワーク全体の活動を網羅的に把握できない。また、網羅性を考えて複数のセンサーを設置すれば重複したデータを収集することになる。例えば、位置HとEにセンサーを設置すれば、IPアドレス128.1.1.3のコンピュータからIPアドレス128.1.1.1のコンピュータへのパケットが重複して収集される。したがって、収集するデータの網羅性と冗長性とのバランスに考慮しながら、センサーの個数と位置、すなわち配置を決定しなければならない。

配置を決定するには、(i) ネットワーク図の取得、(ii) 設置ポイントの検討、(iii) 有効範囲の検討、の3ステップを踏む。

まず、図1-1のような、すべての装置と配線がわかる図に加え、考えられるセンサーの設置ポイントのリストも作成する。

次に、設置ポイントを検討する。この段階では、どこに設置可能であり、それぞれの位置で何がわかるかを表1-1のようなワークシートに書き出す。これには、設置ポイント、取得できるパケット

の送信元IPアドレスの範囲、送信先IPアドレスの範囲のほか、サービス種別を示すポート番号なども記入する。ここでインターネットとは全部のIPアドレスを示す。また、tcp/80という表記は、tcpプロトコルの80番ポートが送受信ポートであること、すなわち、Webサービスで使うパケットを意味する。

　なお、**表1-1**は、**図1-1**に対応している。これでセンサーの配置に見当を付けることができるが、実際には、ネットワークを構成する装置に関して、ルータ内の経路情報や、それぞれの装置の設定のような詳細な情報が必要である。というのは、設定によってパケットの流れる経路が想定とは異なる場合があるからである。この場合には、センサーの適切な設置ポイントも想定とは異なることになる。この詳細については「2.1　ネットワーク階層とセンサー」を参照してほしい。

表1-1　図1-1に対応したワークシート

設置ポイント	送信元IP範囲	送信先IP範囲
A	インターネット	128.1,2.1.1 〜 32
B	128.1,2.1.1 〜 32 128.2.1.1、インターネット	インターネット 128.1.1.1 〜 32
C	128.2.1.1 128.1.1.1 〜 32、インターネット	128.1.1.1 〜 32、インターネット 128.2.1.1
D	128.1.1.1 128.1.1.2-32、128.2.1.1、インターネット	128.1.1.2 〜 32、128.2.1.1、インターネット 128.1.1.1
E	128.1.1.1 128.1.1.2 128.1.1.3 〜 32	128.1.1.2 〜 32、128.2.1.1、インターネット 128.1.1.1、128.1.1.3 〜 32、128.2.1.1、インターネット 128.1.1.1 〜 2、128.2.1.1、インターネット
F	128.1.1.3 〜 32 128.1.1.1 〜 32、128.2.1.1、インターネット	128.1.1.1 〜 2, 128.2.1.1、インターネット 128.1.1.3 〜 32
G	128.1,2.1.1 〜 32、インターネット 128.1.1.2:tcp/80	128.1.1.2:tcp/80 128.1,2.1.1 〜 32
H	128.1.1.3 〜 32 128.1.1.1 〜 32、128.2.1.1、インターネット	128.1.1.1 〜 32、128.2.1.1、インターネット 128.1.1.3 〜 32

　最後に、ワークシートから最適な設置ポイントを選ぶ。この段階では、冗長性が最小になるようにセンサーの設置ポイントを選択する。例えば、位置Eのセンサーは、位置Fのセンサーが取得できるデータをすべて取得できるので、どちらか片方でよい。このような工夫をしても、特定の位置でしか取得できないデータを考慮してセンサーを設置すると、他のセンサーでも取得できるデータも一緒に取得されてしまうことになる場合が多い。したがって、**多少**の冗長性は避けられない。なお、重複した冗長なデータが取得される場合には、重複データを捨てる仕組みを用意することもある。例えば、IPアドレス128.1.1.3から128.1.1.32にかけてのコンピュータが送受信するあらゆるパケットを取得するには、位置Hにセンサーが**必須**である。これらのパケットの中には位置E、F、B、Aで取得されてしまうものもあるが、これらの位置のセンサーが128.1.1.3 〜 32からのパケットを捨てるように設定しておけば回避できる。

1.2　データ種別：センサー型ごとに異なる収集できるデータの種類

　図1-1の位置Gにあるセンサーは、他の位置にあるセンサーとは異質なものである。他のセンサーはすべてのネットワーク上のパケットを記録する。一方、GはIPアドレス128.1.1.2のコンピュータ内に内蔵され、Webサービスを提供するHTTP（Hyper Text Transfer Protocol）のデータ種だけを記録する。HTTPはTCPプロトコルを利用してWebのデータを転送し、そのサービスを識別するポート番号は80番である。収集するデータ種別でセンサーを分類すれば、以下の3種類の型にまとめられる。

ネットワーク型

　　　ネットワーク上を流れるパケットをそのまま記録したり、それに基づいた診断を行う。このセンサーの例には、パケットの流れを送受信先ごとに分類して把握するYAF（Yet Another Flowmeter）に代表されるNetFlowコレクタ（「YAF」については「5.11.1　YAF」を参照のこと）、取得した一連のパケットと攻撃パターン（シグネチャ）との照合を行って異常検出を行うSnortというソフトウェア、取得した全データをそのままファイルに記録するtcpdumpというソフトウェアなどがある。なお、パケットを診断して警告を出したり遮断するものは、侵入検知システムIDS（Intrusion Detection System）と呼ばれる。

ホスト型

　　　サービスを提供するホストコンピュータ（サーバ）内で動作し、ログイン、ログアウト、ファイルアクセスなどのホスト内部の活動を監視する。ホスト型センサーは、特定のホストでのログインやUSB周辺デバイスの使用などの情報を提供できる。この種のデータは、ネットワーク型センサーでは把握が困難である。ホスト型センサーには、トリップワイヤ社のTripwireソフトウェアやMcAfee社のホスト型不正侵入予防システムHIPS（Host Intrusion Prevention System）などの侵入防止システムがある。また、コンピュータ内部のログファイルやセキュリティログを生成するOSも、ホスト型に分類される。この種類のセンサーは、コンピュータ内の基本的な動きに関する情報は区別なく提供するが、当該コンピュータが提供するそれぞれのサービスに特化した情報は提供しない。

サービス型

　　　サービス型センサーは、Webのサービスを提供する通信手順であるHTTPや、メールを送受信する通信手順であるSMTP（Simple Mail Transfer Protocol）を使ってサービスを提供するそれぞれのプロセス自身である。これらは、いつ、誰に、どのようにサービスが提供されたかをわかりやすく記録する。ただし、すべてが記録できるわけではない。例えば、TCPプロトコルの80番ポートを使うWebのサービスに関しては間違ったURLが指定されたことなどをHTTPの手順の範囲で記録するが、HTTPに従わない手順で通信が行われたものに

ついては記録が残らない。ネットワーク型やホスト型と異なり、サービス型センサーはそれぞれのサービスに特化した記録を残す。

ストリームの再構築とパケット解析

　収集したパケットから重要な部分だけを抽出し、サービスの履歴がわかるログを作成するソフトウェアツールがある。例えば、HTTPサーバのログであるCLFレコード（詳細は「3.3.1 HTTP：CLFとELF」を参照）の中身は、HTTPクライアントとHTTPサーバの間でやり取りされるパケットから再構築できる。

　ネットワーク分析ツールの中には、あらゆるパケットを隅々まで解析し、パケットの分析やセッションの再現ができるものも多い。サービスのログが何らかの理由で消去された場合や取れていない場合には、このような分析や再現でも状況の把握ができ有効である。しかし、暗号化されたデータには歯が立たないこと、状況の把握はできても詳細はつかめないこと、利用状況の再現ではコンピュータの負荷が重くなることなどの問題がある。とはいっても、どんなパケットにでも対応でき、自分で面倒なサービスごとの解析をしなくともよいという点では役に立つツールである。

　なお、センサーの分類は、センサーがどのようなデータを**取得**するかによって行う。処理した後に最終的に作成する**レポート**に記述されたデータの種別によって分類するわけではない。例えば、NetFlowデータを収集するルータやスイッチ、コンピュータの接続されたネットワークからパケットを収集するtcpdumpソフトウェア、ネットワークに接続する侵入検知装置IDSは、ネットワーク上を流れるパケットを取得する点でどれもネットワーク型であるが、出力形式はそれぞれ異なる。

　上記の3種類の型の違いを理解するため、HTTP手順で行われる同じWebのサービスを異なった型のセンサーで観測した場合を考えてみよう。ネットワーク型センサーは送受信された一連のパケットを記録するが、それらのパケットをセッションごと、cookie部分、ページ部分などのHTTP手順でやり取りされるデータに分類することはない。ホスト型センサーは該当するWebページの内容が入ったファイルがアクセスされた時間は記録できるが、そのファイルがどのURLに対応するものであるか、あるいは、どのリクエストに関連するものであるかには紐付けない。サービス型センサーは、当該HTTPセッションでどのページが表示されたかがわかるが、Webのサービスプログラムの脆弱性を探すためだけに誰かが行ったポート80番宛の不完全な手順の通信は記録しない。

　この3つのセンサーの中では、HTTPでWebサービスが**提供**されたことがわかるのはサービス型センサーに限られる。他のセンサーは、それを分析する補助として利用することはできる。つまり、分析対象のデータ種別に適合した型のセンサーを利用することが望ましい。

センサーが取得できるデータ種別と配置で、センサーの組み合わせの冗長度が決まる。2つのセンサーが同じ種別のデータを取得するもので、異なる位置に設置してあっても、片方がもう片方の取得するデータをすべて包含するならば、それは冗長であり設置は無駄である。逆に、2つのセンサーの接続位置は同じだが、取得できるデータ種別が異なる場合には、相互補完によってより詳細な、あるいは正確な分析が可能となる。

図1-2のネットワーク例を考えてみよう。このネットワークには128.1.1.1にインターネットへ公開するWebサーバ、128.1.1.2に**非公開**のWebサーバ、128.1.1.3にサーバを利用するためのパソコンのようなクライアントがある。

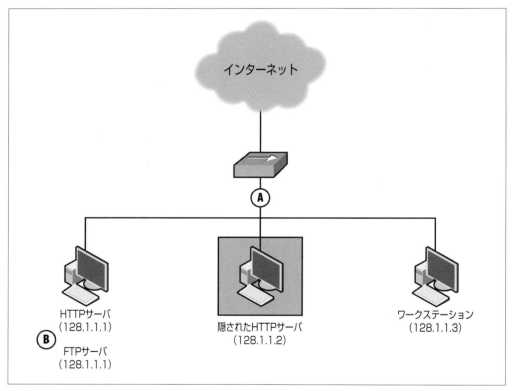

図1-2　ホスト型とネットワーク型のセンサーの組み合わせ例

公開WebサーバはFTPサーバ（File Transfer Protocol と呼ばれるファイル転送プロトコルを用いる一種のファイルサーバ）でもあるが、ログは取っていない。これを**表1-1**を少し拡張した形式で**表1-2**に示す。

表1-2　図1-2のセンサー配置と取得できるデータ種別

設置ポイント	送信元IP範囲	送信先IP範囲	データ種別
A	128.1.1.1～3	インターネット	ネットワーク
	128.1.1.1～3	128.1.1.1～3	ネットワーク
	インターネット	128.1.1.1～3	ネットワーク
B	128.1.1.2～3、インターネット	128.1.1.1:tcp/443	Webサービス
	128.1.1.1:tcp/443	128.1.1.2～3、インターネット	Webサービス

では、さまざまなインターネットからの攻撃シナリオに対してセンサーがどのように機能するかを見てみよう。

● 攻撃者はFTPサーバを探すため、インターネットからこのネットワークの全コンピュータのTCPのポート番号21へ無差別にFTPサーバ探知用パケットを送ってスキャンする。このスキャンにFTPサーバが応答したことはセンサーAで検出される。しかし、BではそもそもFTPサーバのログが記録されず、このスキャンは把握できない。

● 攻撃者は、暗号化されたWebサービスを提供するTCPのポート番号443に対して、Webページ要求コマンドであるGET /リクエストを無差別にすべてのコンピュータに送り、応答するWebサーバを探す。センサーAでは128.1.1.1が応答したことを検出できる。一方、Webサーバ内のセンサーBでは具体的にどのような操作が行われたかまでわかる。

● 攻撃者が暗号化されていない平文でサービスを行うWebサーバを探して無差別に全コンピュータに対して探知用のパケットを送りスキャンする。Aにはこのスキャンが検出できる。しかし、Bは平文でのWebサービスを提供していないため、これを単に無視する。このため、Bの記録には残らない。一方、非公開のサーバ128.1.1.2は平文でサービスを行うため、このスキャンに応答してしまう。この応答はセンサーAで検出されるので、非公開のWebサーバが内部に設置されていること、および、それが外部に知られてしまったことが把握できる。

異なる型のセンサーは、同じ位置に接続されていても、情報の相互補完により、それぞれ単独に設置されていた場合よりも詳細な情報を提供できる。ホスト型センサーは、ネットワーク型センサーではわからない暗号化されたデータでも、暗号化前および復号化後の平文でデータが把握できる。

一方、ネットワーク型センサーは複数のコンピュータ間のパケットを同時に取得できるので、ホスト型センサーよりも広範囲の情報を提供できる。しかし、ネットワーク上を流れる全部のパケットを収集するのでデータ量が膨大となり、分析にあたっては、それらに埋もれたわずかな痕跡を見つけなければならないという困難さが伴う。例えば、大量のデータから、あるホストがスキャンに**応答**したかどうかを判断するのは至難の業である。どちらかというと、ネットワーク型センサーは、問題を発見するための手がかりを得たり、ホスト型センサーで取得に失敗した情報を補完するために利用されることが多い。

プロトコル階層とセンサー

プロトコル階層とネットワーク型およびサービス型センサーとの対応を**図2-1**に示す。前者は、トランスポート層以下のパケットを対象としており、後者はアプリケーション層のデータを対象とする。

では、なぜ全部の機能を持つセンサーができないのか？それは、ネットワークが**分散したシステム**であり、さらに、上位層から下位層の詳細を隠蔽するようにプロトコル階層別にモジュール化されて設計されているからである。ネットワーク型センサーではイーサネットのようなネットワークセグメント上のすべてのパケットが見えるが、その量が膨大なためにアプリケーションの細部まで診断することは困難である。分析には各プロトコルのデータ構造や状態遷移の細部が分析できる機能を備えている必要があるため、これをネットワーク型センサーで行おうとすると、複雑になりすぎて実装が困難である。暗号化されたパケットも分析できない。

暗号化されたデータが復号化されて分析できるようになるのはアプリケーション層であり、サービス型センサーであれば分析が可能となる。また、アプリケーションを利用するための通信はサーバとクライアントという特定の2台のコンピュータ間の通信に着目するだけでよいので、サービス型センサーでは、分析の対象が大きく絞られる。また、各プロトコルの形式に従って整形したデータ形式でログが記録されるので、分析が容易である。その反面、センサーが搭載されたホストに侵入されると、ログが改ざんされたり削除される弱点がある。ネットワーク型センサーではその恐れが少ない。また、サービス型センサーのログではわからない脆弱性を探すスキャンや侵入に失敗した形跡などもわかる。

このように、ネットワーク型センサー、ホスト型センサー、サービス型センサーは、それぞれ得意な領域が分かれている。したがって、互いを補完するように使うのが最善である。

1.3　アクション：センサーによるデータの処理

センサーの**アクション**とは、収集したデータに対する対応方法で、以下の3つに分類できる。

レポート生成型

センサーが取得したデータをすべて記録するが、それ以上のことはしない。動作は単純ではあるが、網羅的に記録するという点で最低限必要な情報の取得ができる。また、以下で説明するイベント通知や防御を行うタイプのセンサーが検出できない未知の攻撃に対して、その攻撃パターンを調査したり警告を発生させることができる。例えば、データの転送元と転送先ごとの通信量を測定するNetFlowコレクタ、ネットワーク上に流れたすべてのデータを記

録するtcpdumpソフトウェア、サーバのログを記録するOSはこの種類に分類される。

イベント通知型

レポート生成型と異なるのは、複数の種別のデータを参照して総合的に診断し、異常を検出する点である。診断の結果によって、どのような事象が発生したかを示す**イベント**を通知する。例えば、ホスト型の侵入検知システムは当該コンピュータ中のメモリ上のデータやファイルを調べ、不正ソフトウェアのパターンを見つけた場合には、このコンピュータが危険にさらされているという警告のイベントを発する。この種類のセンサーには、クリティカルな専門知識が使われているため、中身を秘密としたソフトウェアが多い。侵入検知システムだけでなく、アンチウィルスソフトウェアもこの種のセンサーである。

自動防御型

レポート生成型と同じく複数の種別のデータを参照して総合的な判断を行い、イベントを通知するが、それと同時に自律的に防御を行う。例えば、攻撃パケットを遮断したり、パケットの転送される経路を変更してしまう。この例には、不正侵入予防システムIPS (Intrusion Protection System)、ファイアウォール、アンチスパムシステム、一部のアンチウィルスシステムがある。

センサーの対応方法は、センサーが報告するデータに影響するだけでなく、センサーが観測するデータそのものにも影響する。自動防御型制御センサーは、通信をブロックするからだ。図1-3に、3種類のセンサーが、それぞれどのようにデータを処理するかを示す。Rはレポート生成型、Eはイベント通知型、Cは自動防御型制御センサーCである。ここで、EとCは、文字列のパターン**ATTACK**を照合して検出するシステムであると仮定する。また、センサーはインターネットと組織内にあるコンピュータの間に配置されている。

図の上3つは、インターネットから「NORMAL」というパターンの入った通常のパケットがコンピュータへ送られてきた場合を示し、図の下3つは、インターネットから「ATTACK」というパターンの入った攻撃用パケットがコンピュータへ送られてきた場合を示す。各センサーの右には、その出力を示す。なお、0は何も出力がないことを示す。

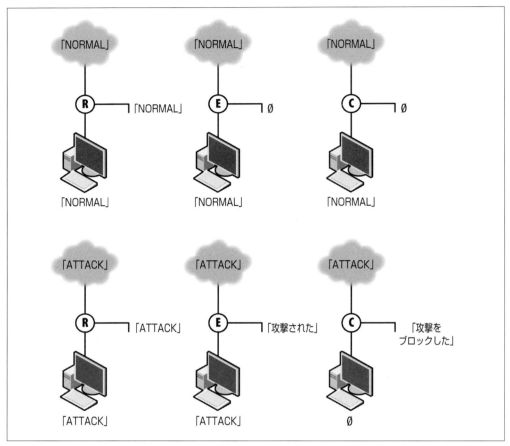

図1-3　3種類の異なるセンサーのアクション

　レポート生成型センサーRは、単純に観測したパケットの記録を報告する。この場合、通常のパケットを受信した場合（上の図）も攻撃パケットを受信した場合（下の図）もそのまま報告するだけである。コンピュータ側には、どちらのパケットも届く。

　イベント通知型センサーEは、通常のパケットを受信した場合（上の図）には何も行わないので∅と出力する。攻撃パケットを観測（下の図）すると、「攻撃された」というイベントを出力する。しかし、両パケットともコンピュータまで到達し、攻撃を受けてしまう。自動防御型センサーCは通常のパケットを受信した場合（上の図）には何も行わないので∅と出力する。攻撃パケットを観測（下の図）すると、「攻撃をブロックした」というイベントを出力すると同時に攻撃パケットを組織内部へ通さない。このため、コンピュータが攻撃パケットを受信することはない。

> ### 集約ツールと転送ツール
>
> 　ログ記録パッケージを評価する際には、必ずレコードの集約や転送を行うソフトウェアが提供されているかを確認するべきだ。これらのソフトウェアは、現象に対するデータを追加するわけではなく、レコードのフォーマットや内容を変更する。
>
> 　このような例として、Cisco NetFlow の集約機能や、flow-tools[1] のさまざまなリダイレクションツールや転送ツールがある。歴史的には、NetFlow レコードは基本フォーマット（生のフロー）として**コレクタ**に送られ、コレクタがそれらをさまざまなレポートに集約してきた。flow-tools は、フローデータを取得し、必要に応じてさまざまなセンサーに送るためのさまざまなツールを提供している。

1.4　結論

　本章では、配置、データ種別、アクションという異なる視点からセンサーを分類し、それぞれの特徴を示すとともに概要を説明した。また、特定のセンサー単独では十分な機能を果たすことができず、網羅性と冗長性とを考慮しながらセンサーを組み合わせて相互補完を行い、バランスの取れたセキュリティ監視/診断システムを構築することが重要であることを述べた。本章ではそれぞれのセンサーの説明を概要程度にとどめたが、2章と3章では、具体的なシステムを取り上げて詳細に説明する。

---

[1]　flow-tools のメーリングリストアーカイブとリポジトリはどちらも無料でダウンロードできる（http://bit.ly/flow-tools）。

2章
ネットワーク型センサー

　ネットワーク型センサーは、それが接続されているネットワーク上を流れている生のパケットをすべて収集する。この際、アプリケーションは介在しない。この点が3章で述べるホスト型センサーと異なる。ネットワーク型センサーには、ルータ上に設置するNetFlowや、tcpdumpなどのスニッフィングツールを用いるトラフィック収集センサーがある。

　ネットワーク型センサーはネットワーク上の全パケットを取得して記録するため、データ収集に時間がかかり、データ量も膨大なものになる。可能ならば、アプリケーションのログデータを用いたほうがよい。ログデータには、高レベルのイベントが記録されるため、クリーンでコンパクトだからだ。同じイベントをネットワークトラフィックから見るには、数百万ものパケットから抽出しなければならない。しかもパケットは、冗長で、暗号化されていたり、そもそも読めなかったりするのだ。さらに、攻撃者が隠蔽のために、正当な通信に見えるが実は何もしていないようなトラフィックを発生させることも容易だ。アプリケーションログ上では300バイト程度のイベントが、パケットデータだと数メガバイトになってしまうことも多い。この場合、解析上意味があるのは最初の10パケットだけだったりするのだ。

　ここまでネットワーク型センサーの欠点を述べたが、利点を見てみよう。ネットワーク型センサーは「プロトコル独立」であり、したがって監査の盲点を特定するための最高の情報源となり得る。これに対し、ホスト型センサーは、そもそもそのホストコンピュータが**存在**することを前提としている。実際には、ネットワーク上のトラフィックを見るまでは、そんなサービスが稼働していることを知らなかった、というケースも無数にあるのだ。ネットワーク型センサーを用いると、前提知識がなくても、ネットワークの様子がわかる。不明なホストの存在、仕掛けられた裏口の存在、すでに侵入した攻撃者の存在、予想もしなかったパケット経路などだ。また、脆弱性が公表される前にそれを狙う「ゼロデイ攻撃」や新たなウィルスに対応するには、ネットワーク型センサーが有力な手段となる。

　本章では、まず、パケットがネットワーク上をどのように転送されるのかを説明し、それに対応した**センサーの配置**を説明する。次に、ネットワーク上を流れる全パケットを収集できるソフトウェアtcpdumpについて、パケットのサンプリング、フィルタ、パケット長の制限方法などについて述べる。

また、ルータやスイッチ上でパケットを分類して収集するNetFlowや、それに類似したシステムについて言及する。最後に、サンプルネットワークを示し、さまざまなデータ取得戦略について議論する。

2.1　ネットワーク階層とセンサー

　コンピュータネットワークは**階層**（レイヤ）構造で設計されている。個々の階層は、個々のネットワーク機能を抽象化したもので、機構や実装の詳細を隠蔽している。理想的には、個々のレイヤが完全に独立していて、ある階層の実装を別の実装に交換しても上位の階層に影響を与えないことが望ましい。例えば、インターネットプロトコル（IP）はOSIモデルのレイヤ3に当たるが、IP実装は、イーサネットやFDDIなどのさまざまなレイヤ2プロトコル上で、全く同様に動作する。

　さまざまな階層モデルが提案されている。最も一般的に使われるモデルは、OSIの7階層モデルとTCP/IPの4階層モデルである。図2-1にこの2つのモデル、代表的なプロトコル、1章で定義したセンサー種別との関係を示す。図2-1に示すように、OSIモデルとTCP/IPモデルはほぼ対応している。OSIでは以下の7階層を使う。

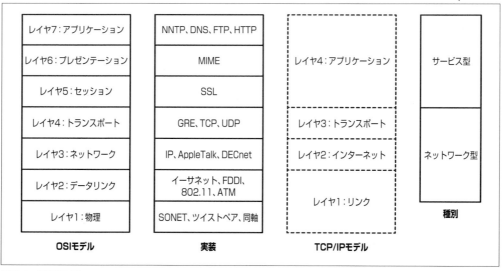

図2-1　階層モデル

1. 物理：**物理**層は、ネットワークを接続する機械的要素で構成される。ワイヤ、ケーブル、電波、他のメカニズムを使ってある位置から次の位置にデータを転送する。
2. データリンク：**データリンク**層は、物理層で転送される情報の管理に携わる。イーサネットなど

のデータリンクプロトコルは、非同期通信が正しく中継されることを保証する。IPモデルでは、データリンク層と物理層は**リンク層**にまとめられている。

3. ネットワーク：**ネットワーク**層は、あるデータリンクから別のデータリンクへのトラフィックのルーティングに携わる。IPモデルでは、ネットワーク層はレイヤ2のインターネット層に直接対応する。

4. トランスポート：**トランスポート**層は、ネットワーク層で転送される情報の管理に携わる。尺度は異なるものの、フロー制御や信頼性のあるデータ転送など、データリンク層と同様に機能する。IPモデルでは、トランスポート層はレイヤ3になる。

5. セッション：**セッション**層はセッションの確立と維持に携わり、認証などの課題に専念する。現在でのセッション層プロトコルの最も一般的な例は、HTTP、SMTP、および他の多くサービスが安全な通信を保証する暗号化および認証層のSSLである。

6. プレゼンテーション：**プレゼンテーション**層は、高水準で表示するために情報をエンコードする。プレゼンテーション層の一般的な例は、メールで使われるメッセージエンコーディングプロトコルのMIMEである。

7. アプリケーション：**アプリケーション**層は、HTTP、DNS、SSHなどのサービスである。OSIのレイヤ5から7は、ほぼIPモデルのアプリケーション層（レイヤ4）に対応する。

階層モデルはこれだけである。仕様ではなくモデルなのだ。モデルは当然、不完全である。例えば、TCP/IPモデルはOSIモデルの細かな詳細を避けており、TCP/IPのプロトコルがOSIモデルでは複数の階層に相当する場合も多い。ネットワークインタフェースコントローラ（NIC）は、OSIモデルのレイヤ1と2に当たる。階層は特にデータの転送方法（および観測方法）で互いに影響を及ぼし、上位の階層に性能上の制約を課す。

階層がネットワークトラフィック観測に目に見えて影響を与える点として、MTU（maximum transmission unit：最大転送単位）が挙げられる。MTUはデータフレームサイズの上限であり、媒体を介して送信できる最大パケットサイズに影響を与える。イーサネットのMTUは1,500バイトであり、この制約はIPパケットがこのサイズをほとんどの場合超えることがないことを意味する。

階層モデルは、ネットワークベースのセンサードメインとサービスベースのセンサードメインの違いもはっきりと示してくれる。**図2-1**に示すように、ネットワーク型センサーはOSIのレイヤ2から4に着目し、サービス型センサーはレイヤ5以上に着目する。

階層化とネットワーク型センサーの役割

なぜネットワーク型センサーですべてを監視できないのか、と考えるのは論理的である。結局のところ、攻撃は、**ネットワーク**からやってくるのだから。さらに言えば、ネットワーク型センサーはホストログのように改ざんや削除ができず、ホストログではわからないスキャンや失敗した接続試行などもわかるはずだ。

ネットワーク型センサーは広範囲を網羅するが、OSIモデルの上位に上がるにつれ、その網羅範囲から何が起きたかを正確に再現するのが複雑になる。レイヤ5以上では、プロトコルとパケットの解釈の問題がますます突出してくる。レイヤ5でセッションの暗号化を選択できるようになるが、暗号化されたセッションは読めない。レイヤ6やレイヤ7では、意味のある情報を抽出するためには、使用されているプロトコルの詳細を知っていなければならない。

パケットデータからプロトコルを再構築するのは複雑な作業で、うまくいくとは限らない。TCP/IPは、エンドツーエンドで設計されている。すなわち、パケットからセッションを構築するのに必要なのはサーバとクライアントだけなのだ。Wireshark（9章で説明する）やNetWitnessなどのツールはセッションの内容を再構築できるが、実際に起こっていることを近似しているにすぎない。

ネットワーク型センサー、ホスト型センサー、サービス型センサーは互いを補完し合うように利用するべきだ。ネットワーク型センサーは他のセンサーが記録しない情報を提供し、ホスト型センサーとサービス型センサーは実際のイベントを記録する。

2.1.1　ネットワーク階層と観測範囲

ネットワーク配置を理解するために、トラフィックがOSIモデルの3つのレイヤをどのように行き来するかを考えてみよう。

3つの階層とは、共有バスやコリジョンドメイン（レイヤ1）、ネットワークスイッチ（レイヤ2）、またはルーティングハードウェア（レイヤ3）である。同じことを実現する場合でも、レイヤによってセンサー配置方法が異なる。

ネットワークの最小基本単位は**コリジョンドメイン**である。コリジョンドメインは、1つ以上のネットワークインタフェースによって共有されるデータ転送のための資源である。コリジョンドメインの例としては、ネットワークハブや、無線ルータのチャネルが挙げられる。コリジョンドメインと呼ばれるのは、個々の参加者が同時にデータを送信することによってコリジョン（衝突）を引き起こす可能性があるからだ。

図2-2に示すように、レイヤ2ダイアグラムは、共有されている資源を通じてブロードキャストさ

れる。同じコリジョンドメインに参加しているネットワークインタフェースからは、すべて同じデータグラムが見えるが、自分宛のデータグラムだけを**選んで**解釈する。tcpdumpなどのネットワークキャプチャツールを、プロミスキャス（無差別）モードで設置すると、コリジョンドメイン内で観測されるすべてのデータグラムを記録することができる。

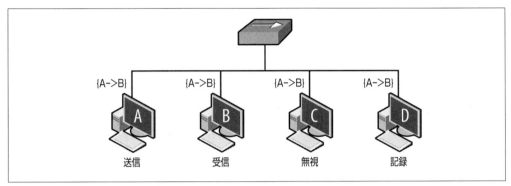

図2-2　コリジョンドメインでの観測範囲

　ここで、図2-2でコンピュータAがコンピュータBにパケットを送信するシナリオを考えてみよう。コンピュータDはプロミスキャスモードに設定されていると仮定する。当該パケットは、ハブを介してすべてのコンピュータに無差別に中継され、すべてのコンピュータが受信する。ただし、通常はB以外のコンピュータは単に廃棄する。しかし、プロミスキャスモードのDは、当該パケットを記録する。Dに限らず、どのコンピュータでもプロミスキャスモードに設定すれば、ハブで接続されたすべてのコンピュータのパケットが取得可能となる。これがコリジョンドメインでのセンサーの特徴である。

2.1.1.1　スイッチネットワークにおける観測範囲

　共有コリジョンドメインは、特にイーサネットなどの非同期プロトコルでは、効率が良くない。そこで、イーサネットスイッチなどのレイヤ2ハードウェアを使い、ネットワークに接続されたホストが個別のイーサネットポートを持つようにすることが多い。これを図2-3に示す。

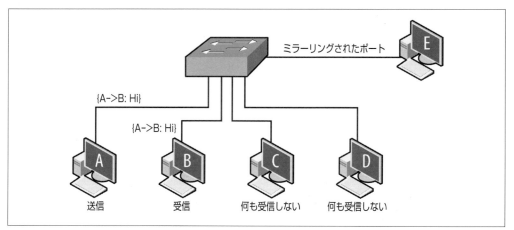

図2-3　スイッチネットワークにおける観測範囲

　プロミスキャスモードで動作しているキャプチャツールはインタフェースで受信したすべてのフレームをコピーする。しかし、レイヤ2スイッチを用いると、そのインタフェース宛のフレームだけがインタフェースに来ることになる。その簡単な構成例を図2-3に示す。ここで、コンピュータAがコンピュータBにパケットを送信するシナリオを考えてみよう。コンピュータDはプロミスキャスモードに設定されていると仮定する。スイッチは不要なパケットは中継しない。したがって、CやDにはAからBへのパケットは中継されない。

　この問題にはハードウェア的な解決法がある。多くのスイッチが実装している**ポートミラーリング**だ。スイッチはミラーポートとして設定されたポートに、スイッチが中継するすべてのパケットをコピーして出力する。したがって、ブロードキャストドメインですべてのパケットを取得したい場合には、センサーに用いるコンピュータや装置をこの特別なポートに接続すればよい。ただし、このポートも他のポートと同じ速度なので、すべてのパケットをこのポートから出力するとポートの速度の上限を超えてしまう場合もある。そこで、特定のポートに関するパケットや特定のVLANに関するパケットなど、ミラーリングするパケットを限定して処理する。

　スイッチから観測できる範囲は、スイッチのポートと設定によって定まる。デフォルトでは、個々のポートから観測できるのはそのポートに接続されたインタフェースを始点または終点とするトラフィックだけである。ミラーリングされたポートで観測できる範囲は、ミラーリングするように設定されたポート集合となる。

2.1.1.2　ルーティングネットワークでの観測範囲

　レイヤ3のルーティングネットワークではさらに状況は複雑になる。パケットがルータで転送される経路は管理者がルータを設定するが、信頼性を確保するために、ある程度は局所的に自律的に動

作するようにできているからだ。さらに、ルーティングにはTTLなどの性能と信頼性に関する機能があり、これも監視に影響を与える。

　最も簡単な場合にはレイヤ3での観測範囲は、レイヤ2の観測範囲と同じだ。スイッチと同様に、ルータにも特定のポートを介してトラフィックを送信する機能がある。正確な用語はルータのメーカーによって異なる。主な違いは、レイヤ2スイッチが個々のイーサネットアドレスに応じてパケットを制御するのに対して、レイヤ3ルータは、IPアドレスブロックでパケットを制御することである。これは、レイヤ3ルータのインタフェースはスイッチやハブを介して多数のホストに接続されているためである。

　ルーティングネットワークでの例として、図2-4に示すような、コンピュータが複数のルータに接続されている例を考えてみよう。これまでの例と異なり、パケットの経路が行きと帰りで異なる場合がある。例えば、AからBへのパケットはルータ1を通るが、BからAへのパケットはルータ2を通る。

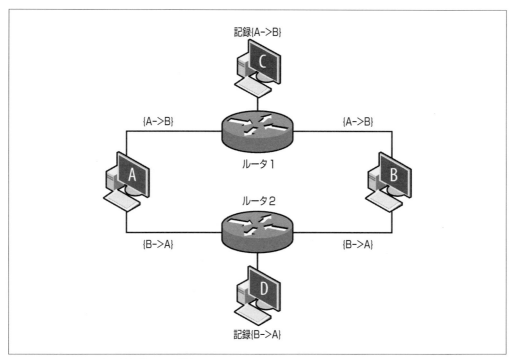

図2-4　ルーティングの観測範囲への影響

　図2-4では、コンピュータAとBとが通信を行っている。Aはパケット{A->B}をBに送り、Bはパケット{B->A}をAに送る。ルータには監視用のコンピュータCとDが、それぞれルータ1とルータ2に接続されている。これらは、それぞれのルータが中継したパケットに関する情報を取得する。ルー

タ1は、AからBへのパケットが通るように経路が設定されている。ルータ2は、BからAへのパケットが通るように経路が設定されている。CはAからBへのパケットが把握でき、DはBからAへのパケットが把握できるが、どちらも双方向のやり取りはわからない。このような経路が非対称な例は不自然に思えるかもしれないが、特殊な例ではない。例えば、インターネット接続の信頼性を向上させるため、複数のISPと契約している企業ネットワークも多いが、外部へのパケットと外部からのパケットが異なるISPを通るなどの非対称性はよく起こる。

IPパケットには、そのパケットの生存時間を決めるTTL（Time-To-Live）と呼ばれる領域がある。ルータはパケットを中継するときに、この値を1だけ減らす。これがゼロになると、パケットの中継経路にループが発生しているものと考え、当該パケットを破棄する。コンピュータにはこれを64という値に設定して送信するものが多い。インターネットで世界の端から端までに64個以上のルータを介するものは稀であり、64で十分であろう。OSごとにこの値は異なる。それを**表2-1**に示す。なお、TTLは変更可能で、TTLを極端に小さい値にすることによる攻撃も存在するので注意が必要である。

表2-1　OSごとの標準TTL

OS	TTL値
Linux（2.4、2.6）	64
FreeBSD	64
Mac OS X	64
Windows XP	128
Windows 7、Vista	128
Solaris	255

図2-5にパケットがコンピュータAからBへ中継される場合の、TTLの機能を示す。ここで、コンピュータCとDは、それぞれルータ1、ルータ2に接続され、中継するパケットを監視する。また、パケットのTTL初期値を2と仮定する。最初のルータ1はこのパケットを受信してルータ2に渡す。そのときにTTLが減るので、TTLが1となったパケットがルータ2に渡される。ルータ2ではこのパケットを破棄する。TTLが1減ると値がゼロになってしまうからである。ここが盲点である。あるルータまでは、コンピュータや測定装置でパケットが見えるが、それ以降のルータでは見えなくなる。例えば、Cではパケットが観測されても、Bは受信せず、Dではルータの設定によって観測される場合や観測されない場合がある。

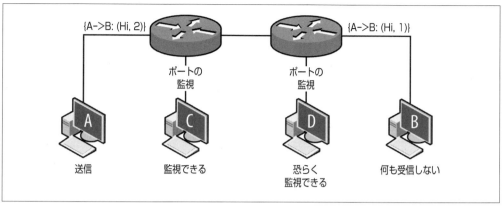

図2-5 TTLによるパケットの破棄

ネットワークタップ

　ポートミラーリングのように、観測を行う専用のポートは利用せず、イーサネットのようなネットワークケーブルに接続して利用するネットワークタップを使用する場合もある。ネットワークタップは、ケーブル上の信号を取り出し、監視のためにパケットを複製する。これにより、データの収集とコピーというタスクをネットワークハードウェアから取り去ることができる。ただし、ポートミラーリングでは任意のケーブル上のパケットを取得可能であるが、ネットワークタップは取り付けたケーブル上のパケットしか取得できないという制限がある。

2.1.2　ネットワーク階層とアドレス指定

　ネットワーク上のエンティティは、そのエンティティに到達するための複数のアドレスを持つ。例えば、ホストwww.mysite.comはIPアドレス196.168.1.1とイーサネットアドレス0F:2A:32:AA:2B:14を持つ。これらのアドレスは、ネットワークの異なる抽象レイヤにおいて、ホストを特定するために用いられる。ほとんどのネットワークでは、ホストはMAC（イーサネット）アドレスとIPv4またはIPv6アドレスを持つ。

　これらのアドレスはさまざまなプロトコルで動的に管理され、さまざまな種類のネットワークハードウェアがアドレス間の関係を変更する。最も一般的な例はDNS変換であり、1つの名前を複数のアドレスに関連付けたり、その逆を行ったりする。詳しくは8章で詳しく説明する。多くのネットワークでは以下のアドレスを用いる。

26 | 2章　ネットワーク型センサー

MACアドレス

イーサネット、FDDI、トークンリング、Bluetooth、ATMなどの大部分のレイヤ2プロトコルで使う48ビット識別子。通常、MACアドレスは6つの16進数の対として記録される（12:34:56:78:9A:BCなど）。MACアドレスは元の製造者がハードウェアに割り当て、インタフェースの最初の24ビットは製造者IDとして予約されている。レイヤ2アドレスなので、MACアドレスはルーティングを行わない。ルータをまたいでフレームを転送するときには、アドレス情報をルータインタフェースのアドレス情報に置き換える。IPv4とIPv6アドレスは、アドレス解決プロトコル（ARP：Address Resolution Protocol）によってMACアドレスと関連付けられる。

IPv4アドレス

IPv4アドレスは、予約済み動的アドレス空間のために作成された例外を除き（このアドレスに関する詳しい情報は8章を参照）、すべてのルーティング可能なホストに割り当てられた32ビット整数値である。IPv4アドレスは通常、ピリオドで4つに区切られた形式で表される。0から255までの4つの整数がピリオドで区切られている（例えば、128.1.11.3）。

IPv6アドレス

IPv6アドレスは、元のプロトコルの多くの設計上の欠陥（特にIPアドレスの割り当て）を修正し、着実にIPv4に取って代わりつつある。IPv6は128ビットアドレスを使ってホストを特定する。デフォルトでは、IPv6アドレスはコロンで区切られた一連の16ビット16進数値で表される（例えば、AAAA:2134:0918:F23A:A13F:2199:FABE:FAAF）。アドレスの長さを考慮し、IPv6アドレスは表現を短くするため多くの慣例手法を使う。最初のゼロは削除し、連続する最長の16ビットゼロ値を取り除いて二重コロンに置き換える（例えば、0019:0000:0000:0000:0000:0000:0000:0182は19::182になる）。

　これらのアドレスの関係はすべて動的であり、あるレイヤの複数のアドレスを別のレイヤの1つのアドレスに関連付けることができる。前に説明したように、DNSサービスを介して1つのDNS名を複数のIPアドレスに関連付けることができる。同様に、ARPプロトコルを介して1つのMACアドレスが複数のIPアドレスをサポートできる。このようなダイナミズムは利用（トンネリングなど）することも、悪用（なりすまし）することもできる。

2.2　パケットデータ

　本書では、libpcapツールを使ってイーサネット上を流れているパケットを取得した後に、IDSやtcpdumpなどのソフトウェアで処理した出力のことをパケットデータと呼ぶ。LibpcapはUnixや

Linuxなどの OS で動作し、無差別に受信できるプロミスキャス（無差別）モードでネットワーク上の
パケットをすべて取得できるネットワークキャプチャツールである。これは、最初に米国のローレン
スバークレー研究所 LBNL（Lawrence Berkeley National Laboratory）のネットワーク研究グルー
プ NRG（Network Research Group）で pcap という名前で開発され、Linux では libpcap という名前
で実装されている。また、Windows にも移植され WinPcap という名前で呼ばれている。

　これらで取得したパケットデータは、針のような小さな探し物がばらばらにうずもれている大きな
干し草にたとえることができる。ツールを使って膨大なパケットデータも収集するのは簡単だが、か
えって、侵入や攻撃の現象および兆候が見つけにくくなる。したがって、収集して意味のあるデー
タのことを考えながら、収集するパケットデータの量を調整しなければならない。ここではバランス
が重要である。

2.2.1　パケットとフレームフォーマット

　ほとんどの近代的なシステムでは、tcpdump はイーサネット上の IP をキャプチャする。つまり、
実際のデータは libpcap で取得した IP パケットを含むイーサネットフレームだということだ。IP には
80 以上のプロトコルがあるが、運用ネットワークでは、トラフィックの圧倒的多数は TCP（プロトコ
ル 6）、UDP（プロトコル 17）、ICMP（プロトコル 1）の 3 つのプロトコルから発生する。

　TCP、UDP、ICMP が IP トラフィックの圧倒的多数を占めるとはいえ、他のプロトコルもネット
ワークで観測されることがある。特に VPN が使われている場合には。IANA には IP スイートプロ
トコルの完全なリストがある（http://bit.ly/protocol-numbers）。注目すべきプロトコルとしては、
IPv6（プロトコル番号 41）、GRE（プロトコル番号 47）、ESP（プロトコル番号 50）がある。GRE と
ESP は VPN トラフィックで使う。

　pcap ですべてのフレームをキャプチャするのは現実的ではない。データのサイズが大きすぎるし、
冗長性も高いので、ネットワークトラフィックのごく一部であっても、許容できる時間内に保存する
ことはできない。収集するパケットデータをフィルタし制限するには以下の 3 通り方法がある。まず、
循環バッファを使って限定された時間分のデータだけを保護することによってデータ量を抑制する
方法である。次に、記録するパケットの長さを制限してヘッダ付近だけを取得して抑制する方法で
ある。3 番目は、tcpdump もその一例であるが、BPF（Berkeley Packet Filter）と呼ばれるパケット
のフィルタをするソフトウェアツールやその類似のフィルタを使用して抑制する方法である。いずれ
も一長一短がある。

2.2.2　循環バッファ

　循環バッファは、リングバッファとも呼ばれ、一般的にリング状につながった記憶領域のことであ
る。バッファの先頭から記録をしていき、最後までいくと、また先頭からデータを上書きしていく。
tcpdump では、限定された個数のファイルを、循環バッファとして使用するオプションを持つ。あ

るファイルが一杯になると、次のファイルへ記録を行い、空いたファイルがなくなると、最初のファイルを上書きし、それも一杯になると次のファイルを上書きするという作業を繰り返す。例2-1は、あるコンピュータ上で循環バッファを使ってtcpdumpコマンドでパケットデータを記録する例である。-iオプションの引数en1で、データを収集するインタフェース名を指定する。-sオプションは取得するデータのバイトサイズであり、何も指定しなければ標準では96バイトとなる。そこで、この例では、すべて取得させるための値である0を指定する。-wオプションでは取得したデータを記録するファイル名を指定する。ここではresultというファイル名である。このファイルサイズは-Cオプションで128MBに指定する。また、ファイル32個分のファイルまで循環バッファとして使用することを-Wオプションで指定する。

　以上の指定により、この例では、まずresult1というファイルに約128MBの上限まで記録される。それが一杯になると、次にresult2というファイルに書き込みを行う。このようにして32個のファイル、すなわち、result32まで一杯に書き込むと、次はresult1の先頭に戻って上書きを行っていく。

例2-1　tcpdumpでの循環バッファの実装

```
host$ tcpdump -i en1 -s 0 -w result -C 128 -W 32
```

　循環バッファの特徴は、記録される時間範囲にパケットデータの上限が設定されることである。上書きが行われる前に解析すれば問題はないが、何か異常を発見した場合には、それを即座にコピーして保存する必要がある。コピー時間を短縮するために、個々のファイルサイズは小さく指定しておいたほうがよい。

2.2.3　記録するパケット長の制限

　各パケットを丸ごと記録することはせず、パケットの頭から限定された長さ分だけを記録すると総パケットデータ量を抑制できる。tcpdumpでは、（-s）パラメータでこの長さ（バイト数）を指定する。イーサネットの場合には、少なくとも68バイトのサイズを指定すれば、TCPヘッダやUDPヘッダを記録できる[*1]。つまり、この方法はNetFlowの貧弱な代用品となり得る。

2.2.4　パケットのフィルタ

　スイッチでのフィルタの代わりに、スパニングポートでトラフィックを収集してからフィルタする方法がある。tcpdumpやその他のツールでは、バークレーパケットフィルタ（Berkeley Packet Filtering：BPF）を使って簡単に実現できる。BPFでは複雑なフィルタを指定できるため、tcpdumpでのフィルタ指定も柔軟性が高いものとなっている。ここでは、例を示して利用頻度の高いオプショ

[*1]　-sパラメータで指定する長さはリンクレイヤの先頭からの長さなので、イーサネットの場合、イーサネットのヘッダ、IPのヘッダ、TCPやUDPのヘッダ全部を含むように各ヘッダサイズを合計した値としなければならない。イーサネットのヘッダ長は忘れずに考慮するように。

ンを説明しておく。**図2-6**はイーサネット、IP、UDP、ICMP、TCPのヘッダの形式を詳細に示したものである。

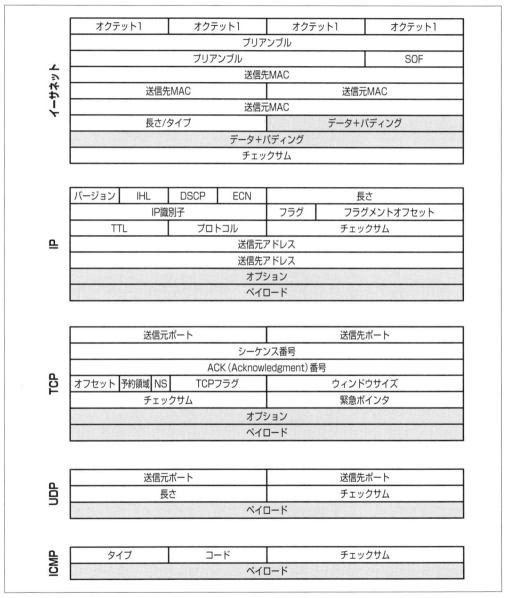

図2-6 イーサネットネット、IP、TCP、UDP、ICMPヘッダ形式

主要なフィールドを説明するとともに、そのフィールドをフィルタするBPFマクロを解説していく。多くのUnix系システムでは、pcap-filterのマニュアルページでBPF構文の概要を見ることができる。利用できるコマンドもFreeBSDのBPFマニュアルページにまとめられている（http://bit.ly/bsd-manpages）。

イーサネットヘッダの最も重要な領域は送信元と送信先との2つのMACアドレスである。これらそれぞれ48バイトの領域は、フレームを送受信するコンピュータやルータなどのリンク層（レイヤ2）のアドレスを示す。MACアドレスは1つのコリジョンドメインでだけ有効なので、パケットが複数のネットワークを横断する際には変更される（図2-5を参照）。これらのMACアドレスをフィルタするには、ether src句とether dst句を使って制御する。

---

tcpdumpとMACアドレス

tcpdumpのほとんどの実装では、リンクレベル（つまり、イーサネット）情報を表示させるには、コマンドラインスイッチで指定する必要がある。Mac OS Xでは、-eスイッチを用いるとMACアドレスが表示される。

IPヘッダでは、IPアドレス、長さ、TTL、プロトコルの領域に注目しよう。IP識別子、フラグ、フラグメントオフセットは、分割されたパケット（フラグメント）を再構成するときの脆弱性を狙った攻撃で使われることもある。これらの領域は、インターネットで転送できるパケットの長さの上限がイーサネットよりも小さかった古い時代にパケットを分割してインターネットに転送し、転送先のコンピュータで再構成するために用いられていた。今では、ほとんど利用されることのない歴史的遺物である。IPパケットをフィルタするには、src host句とdst host句を使うことができる。このとき、アドレスにマスクをかけてフィルタすることもできる。

---

tcpdumpでのアドレスフィルタ例

tcpdumpでは、さまざまなhostとnet句を使ってアドレスでフィルタを行うことができる。その機能を理解するために、簡単な例を考えてみよう。以下の例では、あらかじめパケットをsample.pcapというファイルに記録する。tcpdumpは-iオプションで指定したネットワークインタフェースからリアルタイムにパケットを収集することも、代わりに-rオプションを指定してすでに収集されているファイルから読み込むことも可能である。

以下ではまず、sample.pcapに入っているデータがどういうものか、また、tcpdumpの出力形式がどういうものであるかを示すため、tcpdumpの出力を示す。コマンドを入力すると、そ

れに対して sample.pcap からデータが読み込まれていること、そのリンクレイヤのフレームは10/100/1000 Mbps のイーサネットインタフェースを示す EN10MB であることが表示される。その次の行からは実際のデータである。各行はパケットの取得時刻で始まる。TCP パケットの場合、転送元の IP アドレスとポート番号、転送先の IP アドレスとポート番号、フラグ、順序番号、ウィンドウサイズ、オプション、データ長の順に並んでいる（1行の出力が長いため、読みやすくするために改行している）。UDP パケットの場合、転送元の IP アドレスとポート番号、転送先の IP アドレスとポート番号、データ長が示されている。

```
host$ tcpdump -n -r sample.pcap | head -5
reading from file sample.pcap, link-type EN10MB (Ethernet)
20:01:12.094915 IP 192.168.1.3.56305 > 208.78.7.2.389: Flags [S],
 seq 265488449, win 65535, options [mss 1460,nop, wscale 3,nop,
 nop,TS val 1111716334 ecr 0,sackOK,eol], length 0
20:01:12.094981 IP 192.168.1.3.56302 > 192.168.144.18.389: Flags [S],
 seq 1490713463, win 65535, options [mss 1460,nop,wscale 3,nop,
 nop,TS val 1111716334 ecr 0,sackOK,eol], length 0
20:01:12.471014 IP 192.168.1.102.7600 > 192.168.1.255.7600: UDP, length 36
20:01:12.861101 IP 192.168.1.6.17784 > 255.255.255.255.17784: UDP, length 27
20:01:12.862487 IP 192.168.1.6.51949 > 255.255.255.255.3483: UDP, length 37
```

src host や dst host 句を使うと IP アドレスでフィルタができる。例えば、以下では「src host 192.168.1.3」の部分で、192.168.1.3 を送信元とするパケット以外をフィルタするように tcpdump コマンドで指定している。

```
host$ tcpdump -n -r sample.pcap src host 192.168.1.3 | head -1
reading from file sample.pcap, link-type EN10MB (Ethernet)
20:01:12.094915 IP 192.168.1.3.56305 > 208.78.7.2.389: Flags [S],
 seq 265488449, win 65535, options [mss 1460,nop,wscale 3,nop,
 nop,TS val 1111716334 ecr 0,sackOK,eol], length 0
```

また、以下では「dst host 192.168.1.3」の部分で、192.168.1.3 を送信先とするパケット以外をフィルタするように tcpdump コマンドで指定し、その結果の先頭1行目だけを head -1 コマンドで表示する。すると、192.168.1.3 を送信先とするパケットが表示される。

```
host$ tcpdump -n -r sample.pcap dst host 192.168.1.3 | head -1
reading from file sample.pcap, link-type EN10MB (Ethernet)
20:01:13.898712 IP 192.168.1.6.48991 > 192.168.1.3.9000: Flags [S],
 seq 2975851986, win 5840, options [mss 1460,sackOK,TS val 911030 ecr 0,
 nop,wscale 1], length 0
```

src netとdst net句を使うと、IPアドレスではなく、そのうちのIPネットワークアドレス部分でフィルタできる。以下の例では、192.168.1のネットワークアドレスを持つコンピュータを転送元とするパケット以外をフィルタする。IPアドレスの上位3バイトが比較され、一致したアドレスだけが残る。つまり、192.168.1.0から192.168.1.255の範囲である。

```
host$ tcpdump -n -r sample.pcap src net 192.168.1 | head -3
reading from file sample.pcap, link-type EN10MB (Ethernet)
20:01:12.094915 IP 192.168.1.3.56305 > 208.78.7.2.389: Flags [S],
 seq 265488449, win 65535, options [mss 1460,nop,wscale 3,nop,nop,
 TS val 1111716334 ecr 0,sackOK,eol], length 0
20:01:12.094981 IP 192.168.1.3.56302 > 192.168.144.18.389: Flags [S],
 seq 1490713463, win 65535, options [mss 1460,nop,wscale 3,nop,
 nop,TS val 1111716334 ecr 0,sackOK,eol], length 0
```

以下の例では、src net句を使って、src hostと同じ処理ができることを示す。ネットワークアドレス部ではなくホストアドレス部も含む完全なIPアドレスを「src net 192.168.1.5」で指定する。

```
host$ tcpdump -n -r sample.pcap src net 192.168.1.5 | head -1
reading from file sample.pcap, link-type EN10MB (Ethernet)
20:01:13.244094 IP 192.168.1.5.50919 > 208.111.133.84.27017: UDP, length 84
```

以下の例では、CIDR（サイダー）形式でアドレス範囲を指定する。src net 192.168.1.64/26とは、192.168.1.64の上位26ビット部分がIPネットワークアドレスであり、そのネットワークアドレスを含む転送元IPアドレス以外はフィルタする。

```
host$ tcpdump -n -r sample.pcap src net 192.168.1.64/26 | head -1
reading from file sample.pcap, link-type EN10MB (Ethernet)
20:01:12.471014 IP 192.168.1.102.7600 > 192.168.1.255.7600: UDP, length 36
```

プロトコル種別でフィルタするには、ip proto句を使う。これには、tcp、udp、icmpなどのさまざまなプロトコルが指定できる。パケット長でフィルタするには、lessとgreater句を使う。また、TTL領域でのフィルタも可能である。

以下のコードは、このブロック内（ネットマスク/24のホスト）の受信トラフィックを除くすべてのトラフィックをフィルタする。

```
host$ tcpdump -i en1 -s 0 -w result src net 192.168.2.0/24
```

以下では、複数の条件を組み合わせた場合の指定方法を示す。**例2-2**は、転送元アドレスと転送先アドレスの両方の条件に一致するパケットだけを取得する例である。この例では、en1という名前のインタフェースから、転送元IPアドレスが192.168.2/24のネットワークアドレスを持ち、かつ、転

送先IPアドレスが192.168/16のネットワークアドレスであるパケットのみをフィルタして取得し、src.netファイルに記録する。ここで、&&は論理積を示す。

例2-2　複数の条件を指定した例1

```
host$ tcpdump -i en1 -s 0 -w result src net '192.168.2.0/24 && dst net \
192.168.0.0/16'
```

例2-3はさらに複雑な例である。これは、インタフェースen1から転送元ポート番号が80（暗号化されていないWebのパケットを示す）または443（暗号化されたWebのパケットを示す）であり、しかも、転送元のIPアドレスが192.168.2.0のパケットだけをresultという名前のファイルに記録するように指定する。ここで||は論理和を示す。

例2-3　複数の条件を指定した例2

```
host$ tcpdump -i en1 -s 0 -w result '((src port 80 || src port 443) && \
(src net 192.168.2.0))'
```

TCPプロトコルのパケットを分析する場合には、サービス種別を示すポート番号と、セッションの状態を示すフラグが最も重要である。ポート番号のフィルタ指定には、特定のポートだけを指定するsrc portとdst port句や、ポート番号の範囲で指定するsrc portrangeとdst portrange句を使う。フラグを指定する句には、tcp-fin、tcp-syn、tcp-rst、tcp-push、tcp-ack、tcp-urgなどがあり、これらはTCPのフラグ名と対応する。

アドレスクラスとCIDRブロック

　IPv4アドレスは32ビットの整数である。便宜上、この整数はo1.o2.o3.o4のようにピリオドで4つに区切る表記法を使って示すので、0x000010FFで表されるIPアドレスは0.0.16.255と記述する。レベル3ルーティングを個々のアドレスに対して行うことはほとんどなく、アドレスのグループ（これまでのクラス、現在ではネットブロック）に対して行う。

　以前は、クラスAアドレス（0.0.0.0 〜 127.255.255.255）は最上位ビットがゼロに設定され、次の7ビットがエンティティに割り当てられ、残りの24ビットを所有者が管理していた。このため、所有者は2^{24}のアドレスを扱うことができた。クラスBアドレス（128.0.0.0 〜 191.255.255.255）は16ビットを所有者に割り当て、クラスC（192.0.0.0 〜 223.255.255.255）は8ビットを割り当てていた。この方法により急速にアドレスが枯渇してしまったため、1993年に単純なクラスシステムを置き換えるCIDR（Classless Inter-Domain Routing：クラスレスドメイン間ルーティング）が開発された。CIDRスキームでは、ユーザにはアドレスと

> ネットマスクを使ったネットブロックが割り当てられる。ネットマスクはユーザが操作できる
> アドレス部のビットを示し、慣例によりこのビットはゼロに設定される。例えば、アドレス
> 192.28.3.0〜192.28.3.255を所有するユーザには、ブロック192.28.3.0/24が与えられる。

UDPポート番号の指定方法は、TCPと同じである。portやportrange句を使用する。

ICMPはインターネット上やコンピュータで発生したエラーや状態を把握したり、ネットワークの到達性をチェックする場合に使用されるため、非常に有用な情報を含んでいることが多い。ICMPパケットに関しては、種別を示すタイプ領域と状態を示すコード領域が最も重要である。これらによって、ペイロードのシンタックスが変わってしまうからだ。BPFは特定のICMPのコードとタイプに対する専用フィルタを用意している。icmp-echoreply、icmp-unreach、icmptstamp、icmp-redirectなどだ。

2.2.5　イーサネットではない場合

簡潔にするために、本書ではイーサネット上のIPだけに専念するが、他のトランスポートプロトコルやデータプロトコルに遭遇することもあるだろう。他のプロトコルの大部分は非常に専門的なので、libpcapを基にしたツール以外に追加のキャプチャソフトウェアが必要な場合がある。

ATM

90年代の優れたIP対抗馬であるATM（Asynchronous Transfer Mode：非同期転送モード）は、現在は主にISDNやPSTNの転送や一部のレガシー設備で使われている。

ファイバチャネル

主に高速記録で使われるファイバチャネルは、さまざまなSAN実装のバックボーンである。

CAN

Controller Area Network（コントローラエリアネットワーク）の略。車両ネットワークなどの組み込みシステムに主に関連するCANは、小規模な独立ネットワークでのメッセージ送信に使うバスプロトコルである。

フィルタを行うと、どのような装置でもその分の負荷がかかることには注意が必要だ。スイッチやルータでミラーリングポートを実装すると、本来ならパケットの中継に使っていた性能を犠牲にしてパケットのコピーを行うことになる。コンピュータの場合も同じで、tcpdumpを動かすとそれだけ負荷が増大し、他の処理が遅くなるなどの影響が出る。このフィルタが複雑になればなるほど、その処理で発生する負荷がさらに増大するため、問題が大きくなる。

2.3 NetFlow

NetFlowはCisco Systems社が開発したトラフィック要約の標準で、もともとはネットワークへの課金に用いられていた。セキュリティのために作られたものではないのだが、NetFlowは驚くほどセキュリティ解析に適していた。というのは、ネットワークトラフィックセッションをコンパクトに要約することができるからだ。その要約は、高速にアクセス可能で、比較的コンパクトなフォーマットとしては、価値の高い情報を含んでいる。NetFlowは、1999年に最初のflow-toolsパッケージが公開されて以来、セキュリティ分析にますます使われるようになり、さまざまなツールが開発されている。例えば、ペイロードの一部を抜き出してフィールドとして追加する機能などだ。

NetFlowの本質は、**フロー**の概念にある。これは、TCPセッションを近似したものである。TCPセッションは、前述の通り、通信の両端でシーケンス番号を比較することで組み上げられる。複数のTCPセッションに対するすべてのシーケンス番号をルータで管理することは不可能だが、タイムアウトを用いることで、それなりの近似を行うことは可能だ。フローは、時間的に近接した、同一アドレス間でやり取りされるパケットの集合である。

2.3.1 NetFlow v5のフォーマットと領域

NetFlowには複数のバージョンがある。最新のバージョンは9であるが、NetFlow v5が一般的に使用されている。そこで、このバージョンについて記録されるデータ形式を説明する。完全なデータは**表2-2**に示した形式の領域から構成される。これは、IPパケット中の値をそのまま記録する領域、フロー中のIPパケットを要約した領域、パケットの中継経路に関連する領域の3つの大きなカテゴリに分かれる。

表2-2　NetFlow v5で記録されるデータ形式

バイト	名前	説明
0〜3	srcaddr	送信元IPアドレス
4〜7	dstaddr	送信先IPアドレス
8〜11	nexthop	ルータでの次のホップのアドレス
12〜13	input	入力インタフェースのSNMPインデックス
14〜15	output	出力インタフェースのSNMPインデックス
16〜19	packets	フロー内のパケット
20〜23	dOctets	フロー内のレイヤ3バイト数
24〜27	first	フロー開始時のsysuptime[*1]
28〜31	last	最後のフローパケット受信時のsysuptime
32〜33	srcport	TCP/UDP送信元ポート
34〜35	dstport	TCP/UDP送信先ポート、ICMPタイプとコード
36	pad1	パディング

＊1　この値はルータのシステムアップタイムに対する相対値。

バイト	名前	説明
37	tcp_flags	フロー内のすべてのTCPフラグの論理和
38	prot	IPプロトコル
39	tos	IPサービスタイプ
40〜41	src_as	送信元のASN番号
42〜43	dst_as	送信先のASN番号
44	src_mask	送信元アドレスプレフィックスマスク
45	dst_mask	送信先アドレスプレフィックスマスク
46〜47	pad2	パディングバイト

フローごとに**表2-2**の形式のレコードが生成される。ここで、srcaddr、dstaddr、srcport、dstport、prot、tos領域は、IPパケットの対応する領域の値である。レコードはIPを使う**すべての**プロトコルに対して生成される。このため、srcportとdstport領域はTCPまたはUDPプロトコルの場合のみ有効である。また、ICMPの場合には、dstport領域にタイプとコードの値を記録する。その他のプロトコルではこれらのフィールドは無視してよい。

ルータやスイッチでは、パケットを中継するたびに、NetFlowのレコードを入れたテーブルを検査し、対応するレコードがまだなければ、新たなフローのエントリを生成する。firstとlastの値は、フローの開始時間と終了時間である。すでに存在すればフロー内のパケット数であるpacketsとデータ量を示すdOctetsを更新する。なお、dOctets値は、IP, TCP, UDPなどのヘッダも含んだバイト数である。例えば、データ部のないTCPパケットは40バイト、データ部のないUDPパケットは28バイトが加算される。

tcp_flagsには、フローに現れるすべてのTCPプロトコルのフラグが論理和された形式で入れられる。したがって、正常なTCPのコネクションではSYN、FIN、ACKフラグがどれも立っている。

パケットを中継する経路に関するnexthop、input、output、src_as、dst_as、src_mask、dst_maskであり、それぞれ、次に中継すべきルータのIPアドレス、パケットを受信したインタフェース番号、パケットを送信したインタフェース番号、送信元のISPの番号AS（Autonomous system Number）、送信先のISPのAS番号、転送元IPアドレスのマスク、転送先IPアドレスのマスクである。

2.3.1.1 NetFlow v9とIPFIX

Cisco社はさまざまなバージョンのNetFlowを開発したが、NetFlow v5が広く利用されている。しかし、v5は開発当時のプロトコルを基準とした古い規格で、収集できる項目が限定されている。このため、拡張が行われており、現時点ではv9が最新である。v9では、新しいプロトコルや製造メーカー独自の仕様に対応した領域を自由に追加できるような仕組みが取り入れられた。そして、インターネットプロトコルの標準化機関であるInternet Engineering Task Force（IETF）によってIPFIXというプロトコル名称で標準化された。これは、RFC 5011, RFC 5102, RFC 5013の番号が付与された文書で規定されている。

IPFIXでは、セキュリティよりもネットワーク監視とトラフィック分析に重きを置いている。IPFIXには「ベンダースペース」という概念がある。SiLKツールキットの開発過程で、カーネギーメロン大学のコンピュータ緊急事態対策チーム（CERT Network Situational Awareness Group）が、セキュリティ分析などに有効なデータ項目を追加した。

2.3.2 NetFlowの生成と収集

NetFlowレコードは、ルータやスイッチなどのネットワーク装置がハードウェアにより生成するか、ソフトウェアでパケットをフローに変換する。例えば、カーネギーメロン大学の開発したYet Another Flowmeter（YAF）は、コンピュータ上で動作し、pcapを経由して収集したパケットデータをIPFIX形式のデータにソフトウェアで変換する。どちらの方式にも一長一短がある。

前者は、使用する装置のメーカーによって提供される機能であるため、メーカーごとに名前や仕様が異なる。Juniper Networks はJflowと呼んでいるし、HuaweiはNetStreamと呼んでいる。NetFlowは、さまざまなメーカーが提供しており、それぞれ異なったルールを実装しているため、個々の設定に関して技術的な議論を行うことは、紙面の制約上難しい。しかし、いくつかの簡単なルールはある。

- 古いルータやスイッチ製品では、NetFlowを動作させると肝心のパケットの中継の性能が劣化して問題を引き起こす場合がある。これに対しては、NetFlowを処理する優先度を下げて一部のレコードを破棄する方法や、NetFlow専用の拡張装置を取り付ける方法がある。
- NetFlowを使う場合、これによる負荷を抑制して中継性能への影響を抑えるため、例えば、全部のパケットについてデータを収集するのではなく定期的なサンプリングを行うように設定することが多い。しかし、セキュリティ分析においては、全データを収集するようにしなければならない。
- ルータやスイッチによっては、NetFlowのデータを簡易な形式にしたり、複数のレコードをまとめてデータ量を減らすオプションも用意している。しかし、セキュリティの分析のことを考えれば、そのような処理を行わずにそのままのデータを収集するようにしたほうがよい。

CERTのYet Another Flowmeter（YAF）の他に、ソフトウェアでNetFlowのデータを収集するツールには、softflowdや豊富なフロー監視ツールなどを包含するQoSient社のArgusツールなどがある。これらは、どれもlibpcapを利用しており、そこを経由して取得したデータを分析してフローのレコードを生成する。ルーティングドメインのデータが収集できるルータやスイッチのNetFlowと異なり、これらが収集できるNetFlowデータは、コリジョンドメイン内のパケットに限定される。しかし、より多くの計算資源を割くことができるので、パケットのヘッダ部だけでなくデータ部まで解析した結果も総合して、より豊かなNetFlow出力を生成することができる。

2.4 参考文献

1. Richard Bejtlich, *The Tao of Network Security Monitoring: Beyond Intrusion Detection*（Addison-Wesley, 2004）

2. Kevin Fall and Richard Stevens, *TCP/IP Illustrated, Volume 1: The Protocols*（2nd Edition）（Addison-Wesley、2011、邦題『詳解TCP/IP』ソフトバンク、1997）

3. Michael Lucas, *Network Flow Analysis*（No Starch Press、2010、邦題『ネットワークフロー解析入門 : flow‐toolsによるトラブルシューティング』アスキー・メディアワークス、2011）

4. Radia Perlman, *Interconnections: Bridges, Routers, Switches, and Internetworking Protocols*（2nd Edition）（Addison-Wesley、1999、邦題『Interconnections 第2版 : ブリッジ、ルータ、スイッチとさまざまなプロトコル』翔泳社、2001）

5. Chris Sanders, *Practical Packet Analysis: Using Wireshark to Solve Real-World Problems*（No Starch Press、2011、邦題『実践パケット解析 : Wiresharkを使ったトラブルシューティング』オライリー・ジャパン、2012）

3章
ホスト型センサーとサービス型センサー：
　データの生成元でログに記録する

　本章では、ネットワークからデータの生成元であるコンピュータへ目を移す。そして、侵入検知システムIDS（Intrusion Detection System）のようなホストコンピュータ上で動作するホスト型センサーと、電子メールなどの特定のサービスが残すログなどを使うサービス型センサーとについて説明する。ログは、システムやアプリケーションが稼働状況を記録したものである。ホスト型センサーに分類されるものには、コンピュータシステムのOSが残すログ、アンチウィルスソフトウェアなどのホストコンピュータ上で動くセキュリティツール、McAfee社のホスト侵入防止システムHIPS（Host Intrusion Prevention System）などがある。これらは、ホストコンピュータやOSの状態を監視し、ディスクの使用状況や周辺デバイスのアクセスなどを追跡する。サービス型センサーに分類されるものは、Webサーバのサービスやメールサーバの転送ログに代表される特定のサービスの活動を記録したものである。例えば、誰が誰に電子メールを送信したか、過去5分間にアクセスされたURL（Universal Resource Locator）は何か、特定のサービスが拒否した要求がないかなどである。本章では「ログ」という言葉を、ホストログとサービスログの両方に用いる。

　ネットワーク型センサーで収集したデータよりもこれらのログの方が分析しやすい。というのは、ログは特定のサービスを提供するプログラムが直接生成するため、ネットワーク型センサーで収集したデータの分析に必要となる解釈や推測が必要ないからである。つまり、ログは、ネットワークで観測した場合よりも確実かつ詳細に事象を把握できる。

　その一方で、ログにもいくつかの問題がある。ログを利用するには、まず、そのログが存在し、それにアクセスすることができなければならない。さらに、サービスによって生成されるログの形式が異なる。その多くにはきちんとしたドキュメントがない。おおまかに言えば、ログはプログラムやホストコンピュータのデバッグやトラブルシューティングのために作られ、ネットワーク上のセキュリティ上の問題を発見することを目的としていない。このため、詳細なセキュリティ情報を収集するためには、ログ生成に関する設定を変更したり、既存の形式のログをさらに処理する独自のプログラムを書くことも必要となる。さらに、ログが侵入者や攻撃者の標的となるという問題もある。つまり、侵入者や攻撃者がその痕跡を消すためにログを改ざんしたり消去するという危険性である。

40 | 3章　ホスト型センサーとサービス型センサー：データの生成元でログに記録する

　以上のことから、ホスト型およびサービス型センサーと、ネットワーク型センサーとを組み合わせて使うと効果的なセキュリティシステムになる。後者により、広範囲の事象を捉えることができ、盲点の発見、ログで把握した事象の別の角度からの確認、ログではわからない事態の特定などの機能が強化できる。

　以下では、システムログなどの、さまざまなホストのログのデータ形式に焦点を当てる。まず、ログファイルとメッセージ形式を説明する。次に、Unixのシステムログ、WebサーバのHTTPサーバログ、メールサーバのログを説明する。

3.1　ログファイルのアクセスと操作

　OS上では、多数のプロセスが常にログデータを作成している。Unixシステムでは、通常ログファイルはテキストファイルとして/var/logディレクトリに格納される。例3-1に、Mac OS Xの/var/logディレクトリを示す（「...」は省略を表す）。

例3-1　Mac OS Xシステムの/var/logディレクトリ

```
drwxr-xr-x    2 _uucp         wheel        68 Jun 20  2012 uucp
...
drwxr-xr-x    2 root          wheel        68 Dec  9  2012 apache2
drwxr-xr-x    2 root          wheel        68 Jan  7 01:47 ppp
drwxr-xr-x    3 root          wheel       102 Mar 12 12:43 performance
...
-rw-r--r--    1 root          wheel       332 Jun  1 05:30 monthly.out
-rw-r-----    1 root          admin      6957 Jun  5 00:30 system.log.7.bz2
-rw-r-----    1 root          admin      5959 Jun  6 00:30 system.log.6.bz2
-rw-r-----    1 root          admin      5757 Jun  7 00:30 system.log.5.bz2
-rw-r-----    1 root          admin      5059 Jun  8 00:30 system.log.4.bz2
-rw-r--r--    1 root          wheel       870 Jun  8 03:15 weekly.out
-rw-r-----    1 root          admin     10539 Jun  9 00:30 system.log.3.bz2
-rw-r-----    1 root          admin      8476 Jun 10 00:30 system.log.2.bz2
-rw-r-----    1 root          admin      5345 Jun 11 00:31 system.log.1.bz2
-rw-r--r--    1 root          wheel    131984 Jun 11 18:57 vnetlib
drwxrwx---   33 root          admin      1122 Jun 12 00:23 DiagnosticMessages
-rw-r-----    1 root          admin      8546 Jun 12 00:30 system.log.0.bz2
-rw-r--r--    1 root          wheel    108840 Jun 12 03:15 daily.out
-rw-r--r--    1 root          wheel     22289 Jun 12 04:51 fsck_hfs.log
-rw-r-----    1 root          admin    899464 Jun 12 20:11 install.log
```

　このディレクトリにはいくつかの特徴がある。system.logファイルは毎日00:30に開始され、数値で区別されている。個別のサービスに対応するサブディレクトリもある。個々のサービスのログファイルの位置は設定によって変更できるが、多くのサービスではデフォルトで/var/logのサブディレ

クトリにダンプしている。

Unixログファイルはほとんどがプレーンテキストである。例えば、システムログの一部は以下のようになっている。

```
$ cat system.log
Jun 19 07:24:49 local-imac.home loginwindow[58]: in pam_sm_setcred(): Done
    getpwnam()
Jun 19 07:24:49 local-imac.home loginwindow[58]: in pam_sm_setcred(): Done
    setegid() & seteuid()
Jun 19 07:24:49 local-imac.home loginwindow[58]: in pam_sm_setcred():
    pam_sm_setcred: krb5 user admin doesn't have a principal
Jun 19 07:24:49 local-imac.home loginwindow[58]: in pam_sm_setcred(): Done
    cleanup3
```

Unixシステムログの大部分は、テンプレートに具体的なイベント情報を埋めて作成したテキストメッセージである。このような**テンプレート型テキスト**は読みやすいが、拡張性があまりよくない。

Windowsは、Vista以降ログ記録構造を大幅に改良している。Windowsは2種類のログファイルを認識する。Windowsログとアプリケーション/サービスログである。Windowsログは、さらに5つに分類される。

アプリケーションログ

アプリケーションログには、個々のアプリケーションからのメッセージが記録される。なお、IISなどのサービスは、補助的なログを使って追加情報を含める場合がある。

セキュリティログ

ログイン試行や監査ポリシーの変更などのセキュリティイベントが記録される。

セットアップ

ドメイン内でログイン認証やアカウントを集中管理するドメインコントローラとして動作しているコンピュータでは、ここに追加のログが記録される。

システムログ

ドライバ障害などのシステム状態に関するメッセージ。

転送されたイベント (Forwardedevents) ログ

リモートホストからのイベントを格納する。

ほとんどのWindowsインストールでは、これらのログはデフォルトで%SystemRoot%\System32\Configに記録される。しかし、これらのファイルにアクセスして読み出すには、**図3-1**に示すWindowsイベントビューアを使ったほうが効率的だ。

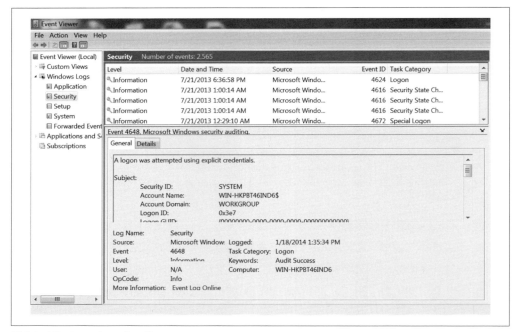

図3-1 Windowsイベントログ

図3-1でイベントIDを使っていることに注意する。Unixシステムと同様に、Windowsイベントメッセージはテンプレート型テキストだが、Windowsは一意の数値コードを使ってイベントの種類を明示的に識別する。これらのメッセージはMicrosoftのWebサイトで入手できる。

アプリケーションログファイルの位置はあまり一貫していない。/var/logディレクトリで見たように、管理構造を用意してログファイルを決まった位置に記録できるが、ほとんどすべてのアプリケーションには必要に応じてログファイルを移動する機能がある。個々のアプリケーションに対して、マニュアルを参照してログを記録する場所を調べる必要がある。

3.2　ログファイルの内容

通常、ログはホスト上の管理者にデバッギングやトラブルシューティングの情報を提供するように設計されている。そのため、ホストベースのログを有用なセキュリティログにするには、ある程度の解析と再構成が必要な場合が多い。この節では、ホストログデータの解釈、トラブルシューティング、変換のメカニズムを説明する。

3.2.1　優れたログメッセージの特徴

ログメッセージの変換方法を説明する前に、そして、大部分のログメッセージが不適切であることに不満を言う前に、優れたセキュリティメッセージとはどのようなものかを示しておこう。優れたセキュリティログは**説明的**で、他のデータと**関連付け**でき、**完全**なものである。

説明的なメッセージとは、メッセージが表すイベントに関するアクセス可能なすべての必要資源をアナリストが特定できるだけの情報を含むメッセージである。例えば、ユーザがファイルに不正アクセスを試みたことをホストログに記録する場合、そのユーザIDとアクセスされたファイルを記録する。ユーザのグループパーミッションの変更を記録するホストログは、ユーザとグループを記録する必要がある。失敗したリモートログイン試行を記録するログには、ログインを試みたIDとアドレスを記録する。

例えば、ホスト192.168.2.2（ローカル名myhost）での失敗したログイン試行に関するログメッセージを考えてみよう。説明的でないメッセージは以下のようになる。

```
Mar 29 11:22:45.221 myhost sshd[213]: Failed login attempt
```

このメッセージでは、失敗した理由について何もわからず、他の失敗したログイン試行と区別するための情報がない。攻撃対象に関する情報もない。**管理者**アカウントだろうか、それともあるユーザなのだろうか？この情報だけしか持たないアナリストはこの試行を時間データだけから再現しなければならず、ホスト名が説明的でなくアドレス情報がないので、どのホストにアクセスしたのかもわからない。

より説明的なメッセージは以下のようになる。

```
Mar 29 11:22:45.221 myhost (192.168.2.2) sshd[213]: Failed
    login attempt from host 192.168.3.1 as 'admin',
    incorrect password
```

調査やジャーナリズムでよく言われる「5W1H」（Who：誰が、What：何を、When：いつ、Where：どこで、Why：なぜ、そしてHow：どのように）を思い出すことは、説明的なメッセージ作成する上で効果的である。説明的でないログメッセージは何（失敗したログイン）といつには答えており、どこで（myhost）には部分的に答えている。説明的なログメッセージは、「誰が」（管理者として192.168.3.1）と「なぜ」や「どのように」（間違ったパスワード）に答えており、「どこで」に関しても詳しく示している。

関連付け可能なメッセージとは、イベントを他の情報源からの情報と簡単に関連付けられるメッセージである。ホストベースのイベントではIPアドレスと時間情報が必要である。この情報にはイベントがリモートかあるいは物理的にローカルであったかどうか、イベントがリモートだった場合はリモートイベントのIPアドレスとポート、そしてホストのIPアドレスとポートなどがある。関連付け可能かどうかは、サービスログを扱うときに特に頭痛の種になる。サービスログでは、IPの上に

さらにアドレス指定方式が加わることが多いからだ。例えば、以下は関連付け不可能なメールログメッセージである。

```
Mar 29 11:22:45.221 myhost (192.168.2.2) myspamapp[213]:
   Message <21394.283845@spam.com> title 'Herbal Remedies and Tiny Cars'
   from 'spammer@spam.com' rejected due to unsolicited commercial content
```

このメッセージには多くの情報が含まれているが、メッセージを送信したIPアドレスと、リジェクトしたメッセージを関連付ける方法がない。ログメッセージを検討するときには、この情報を他の情報源（**特に**ネットワークトラフィック）と関連付ける方法を考えてほしい。より関連付け可能なメッセージは以下のようになる。

```
Mar 29 11:22:45.221 myhost (192.168.2.2) myspamapp[213]:
   Message <21394.283845@spam.com> title 'Herbal Remedies and Tiny Cars'
   from 'spammer@spam.com' at SMTP host 192.168.3.1:2034 rejected due
   to unsolicited commercial content
```

この例にはクライアントポートとアドレス情報が含まれているので、ネットワークトラフィックに関連付けられる。

完全なログメッセージとは、1つのログメッセージ内の特定のイベントに関するすべての情報を記録したメッセージである。完全性はアナリストが調べなければいけないレコード数を減らし、このプロセスから取得すべき追加情報がないことをアナリストにはっきりと示す。不完全なメッセージは通常、複雑なプロセスで作成される。例えば、アンチスパムツールはメッセージに対して複数の異なるフィルタを実行でき、それぞれのフィルタと最終判断は別々のログ行になる。

```
Mar 29 11:22:45.221 myhost (192.168.2.2) myspamapp[213]:
   Received Message <21394.283845@spam.com> title
   'Herbal Remedies and Tiny Cars' from 'spammer@spam.com' at
   SMTP host 192.168.3.1:2034
Mar 29 11:22:45.321 myhost (192.168.2.2) myspamapp[213]:
   Message <21394.283845@spam.com> passed reputation filter
Mar 29 11:22:45.421 myhost (192.168.2.2) myspamapp[213]:
   Message <21394.283845@spam.com> FAILED Bayesian filter
Mar 29 11:22:45.521 myhost (192.168.2.2) myspamapp[213]:
   Message <21394.283845@spam.com> Dropped
```

不完全なメッセージでは、複数のメッセージから状態を追跡しなければならず、それぞれが情報の断片を提供するので、有益な分析を行うにはそれらをまとめる必要がある。そのため、以下のように最初からメッセージを集約する方が望ましいだろう。

```
Mar 29 11:22:45.521 myhost (192.168.2.2) myspamapp[213]:
   Received Message <21394.283845@spam.com> title
   'Herbal Remedies and Tiny Cars' from 'spammer@spam.com' at
```

```
SMTP host 192.168.3.1:2034 reputation=pass Bayesian=FAIL decision=DROP
```

　多くの場合、ログメッセージを直接変更できる範囲は小さい。したがって、効果的なメッセージを作成するには、何らかの補助プログラムを書く必要があるだろう。例えば、ログシステムがsyslogメッセージを出力する場合、そのメッセージを受信して解析し、扱いやすいフォーマットに変換してから転送する。ログファイルの変換を検討するときには、上記のルールに加え、以下を考慮する。

時間をエポック時間に変換する

　レコードの相関を見る場合、ほぼすべてのケースで、さまざまなセンサーからの同じ現象を特定することになる。したがって、時間の近いレコードを探す必要がある。すべての時間値をエポック時間に変換すると、解析が簡単になり、タイムゾーンや夏時間の悪夢から解放され、一貫した値に対する一貫した対処が保証される。

センサーを必ず同期する

　最初の注意から導かれる当然の結果だが、センサーが同じイベントを報告するときには、必ず同じ時刻を報告するようにしなければならない。事後に補正するのは非常に困難なので、すべてのセンサーが同期し、同じ時刻を報告するようにする。時計を定期的に補正し、常に同期する。

アドレス情報を入れる

　可能な限り、フローの5タプル（送信元IP、送信先IP、送信元ポート、送信先ポート、プロトコル）を入れる。一部の値をレコードから推測できる場合には（例えば、HTTPサーバはTCPで動作している）、その値を省略できる。

ロガーが区切り文字を理解できるようにする

　区切り文字としてスペースではなくパイプを使うようにHTTPログを設定しなおしている親切な管理者に出会ったことが何度かある。ログ記録モジュールがテキスト内にパイプが出現したときにパイプをエスケープすることを知らない場合を除き、これは素晴らしい心がけである。ロガーが区切り文字を変更でき、変更には文字のエスケープが必要なことを理解していれば、ロガーの区切り文字を変更する。

可能な限りテキストではなくエラーコードを使う

　テキストは拡張性がよくない。テキストはサイズが大きく、解析が困難で、反復的なことが多い。テンプレートメッセージを生成するログ記録システムには、メッセージのコンパクトな表現として何らかのエラーコードを記録してもよい。テキストではなくエラーコードを使ってスペースを節約する。

3.2.2　既存のログファイルとその操作方法

　ログファイルは、カラムナ（列指向）型、テンプレート型、注釈型の3つの大きなカテゴリに分類できる。カラムナ型ログは、区切り文字や固定テキスト幅で区別できる個別の列に記録する。テンプレート型ログファイルは英語のテキストのように見えるが、テキストがドキュメントテンプレートを基にしており、列挙可能である。注釈型ログファイルは、複数のテキストレコードを使って1つのイベントを表す。

　HTTPのCLFフォーマットなどのカラムナデータは、イベントごとに1つのメッセージを記録する。このメッセージはイベント全体の要約であり、固定フィールド群からなるカラムナフォーマットで記録される。カラムナ型ログはフィールドがきれいに区別され、フォーマットが固定なので、比較的扱いやすくなる。すべてのメッセージが同じ列と同じ情報を持つ。

　カラムナデータでは、以下のことに留意する。

- データは区切り文字で区切られているのか、それとも固定幅か。固定幅の場合、その幅を超える可能性があるフィールドがあるか、また、超える可能性があるならその結果はトリミングされるのか、それとも列が拡張されるのか。

- データが区切られている場合、区切り文字をフィールド内で使ったときにエスケープされるのか。カスタマイズ可能なフォーマット（HTTPログなど）の中には、デフォルト区切り文字があり、自動的にエスケープしてくれるものがある。独自の区切り文字を使うことにした場合、自動的にはエスケープされないかもしれない。

- 最大レコード長があるか。最大レコード長がある場合、フィールドが欠けたトリミングされたメッセージが出力される可能性がある。

　本章で後に説明するELFやCLFログファイルは、カラムナフォーマットのよい例である。

　テンプレート型テキストメッセージは、イベントごとに1つのメッセージを記録するが、イベントはフォーマットなしの英語テキストで記録される。メッセージは、固定された一連のテンプレート群を基にしているという意味で**テンプレート化**されている。可能ならば、テンプレート化されたテキストメッセージを何らかのインデックス値に置き換えたほうがよい。これがある程度実現されている場合もある。例えば、**図3-1**に示したWindowsイベントログにはイベントの種類を表すイベントIDがあり、これを使って提供される他の引数を判断できる。

　テンプレート型テキストを扱う際は以下の点に留意する。

- ログメッセージの完全なリストを入手できるか。例として、**図3-1**のWindowsログファイルを考える。このメッセージはテキストだが、メッセージには一意の整数IDが付加されている。ドキュメントで、出力される可能性のあるすべてのログメッセージを調べる必要がある。

テンプレート型からカラムナ型への変換

テンプレート型テキストは解析できる。テンプレート型メッセージの種類は限られているので、カラムナフォーマットに変換できると考えられる。しかし、このようなシステムを作成するには、テキストを読み取り、個々のメッセージを解析してその結果をスキーマに格納する中間アプリケーションを開発する必要がある。これは大変な開発タスクだが（さらに、新しいメッセージが追加されたら更新する必要があるが）、必要となるスペースを減らし、データの読みやすさを向上させることもできる。

1. テキストフォーマットのあらゆるドキュメントから、セキュリティに最も関連のあるメッセージを特定して選択する。変換スクリプトは一連の正規表現で構成される。保持すべき正規表現は少ないほうがよい。

2. それぞれのメッセージに含まれるパラメータを特定する。例として、下記のようなテンプレート型メッセージを考えてみよう。

```
Antispam tool SPAMKILLER identifies email <12938@yahoo.com> as Spam
Antispam tool SPAMKILLER identifies email <12938@yahoo.com> as Commercial
Antispam tool SPAMKILLER identifies email <12938@yahoo.com> as Legitimate
```

これには、アンチスパムツールの名前（列挙型）、メッセージID（文字列）、出力（列挙型）の3つのパラメータが考えられる。

3. 考えられるメッセージのパラメータを特定したら、パラメータをマージしてスーパーセットを作成する。この段階では、メッセージに含まれる可能性のあるすべてのパラメータのスキーマ表現を作成することが目的である。特定のメッセージにすべてのパラメータが含まれるとは限らない。

4. すべてのテンプレート型メッセージに少なくとも1つのイベントレコードを作成してテストする。ドキュメントは正しくない可能性がある。

注釈型ログでは、1つのイベントを共通IDで統一された複数のメッセージに分割する。イベントログ、システムログ、アンチスパムはどれもこのフォーマットを使う可能性がある。注釈型ログはイベントを複数のメッセージに分散するので、効率的に解析するには共通識別子を特定し、すべてのメッセージを取得し、メッセージが欠けている場合にも対処する必要がある。

48 | 3章　ホスト型センサーとサービス型センサー：データの生成元でログに記録する

3.3　代表的なログファイルフォーマット

　この節では、HTMLメッセージの標準ログフォーマットであるELFやCLFなどの一般的なログフォーマットを説明する。ここで取り上げるフォーマットはカスタマイズ可能であり、より多くのセキュリティ関連情報を提供するためにログメッセージを改良する指針を提供する。

3.3.1　HTTP：CLFとELF

　HTTPは最近のインターネットの存在理由であり、1991年の開発以来、簡単なライブラリプロトコルからインターネットの接合剤に変容している。10年前なら開発者が新しいプロトコルを実装していたアプリケーションが、現在では日常的にHTTPとWebサーバに任されている。

　HTTPを完全に把握することは容易ではない。中核プロトコルは信じられないほど単純だが、最近のWebブラウジングセッションではHTTP、HTML、JavaScriptを組み合わせ、非常に複雑なアドホッククライアントを作成する。この節では、分析的側面に重点を置いてHTTPの主要要素を簡潔に説明する。

　HTTPは、基本的には非常に簡単なファイルアクセスプロトコルである。どれほど簡単かを理解するために、netcatを使って**例3-2**の練習問題を試してみよう。netcat（おそらく管理者が簡単に起動できれば便利だと思ったため、ncでも起動できるようになっている）は、情報をポートに直接送信できる柔軟なネットワークポートアクセスツールである。netcatはスクリプトを作成するのに便利であり、最小限の自動化でさまざまなタスクを実行できる。

例3-2　コマンドラインを使ったHTTサーバへのアクセス

```
host$ echo 'GET /' | nc www.oreilly.com 80 > oreilly.html
host$ kill %1
```

　上記の例のコマンドを実行すると、有効なHTMLファイルが作成される。HTTPセッションの最も簡素な形式では、接続を開いてメソッドとURIを渡し、応答としてファイルを受信する。

　HTTPは、必要なら手動でコマンドラインから実行できるほど簡単である。しかし、膨大な量の機能がオプションのヘッダで実現されている。含めるべきヘッダと無視すべきヘッダを決めることが、HTTPログを扱う際の主な課題である。

着目すべきHTTPヘッダ

　RFC 4229（http://bit.ly/rfc-4229）を調べると、100個をはるかに超える固有のヘッダがある。その中で特に監視に不可欠なヘッダの数は限られている。それには以下のヘッダがある。

Cookie

> Cookieヘッダは、クライアントがサーバに送ったHTTP cookieの内容を表す。

Host

> Hostヘッダは、クライアントが通信しているホスト名を指定する。これは仮想ホスティングされたHTTPサーバ（ドメイン名で区別された同じIPアドレスでの複数サーバ）を扱うときに必須である。

Referer

> Referer[*1]ヘッダには、このリクエストを開始したリンクを含むWebページのURLが入る。

User-Agent

> User-Agentヘッダは、HTTPクライアントの情報（一般にクライアントとビルドの種類）を提供する。

HTTPログデータには2つの標準がある。CLF（Common Log Format：共通ログフォーマット）とELF（Extended Log Format：拡張ログフォーマット）である。ほとんどのHTTPログジェネレータ（Apacheのmod_logなど）は、幅広い設定オプションを提供している。

CLFは、初期のHTTPサーバのためにNCSAが開発した単一行ログ記録フォーマットである。W3Cがこの標準の最小限の定義を提供している（http://bit.ly/CLF-format）。CLFイベントは、以下のようなフォーマットの7つの値を持つ単一行レコードとして定義されている。

```
remotehost rfc931 authuser [date] "request" status bytes
```

remotehostはリモートホストのIP名またはアドレス、rfc931はユーザのリモートログインアカウント名、authuserはユーザの認証名、dateはリクエストの日時、requestはリクエスト、statusはHTTP状態コード、bytesはバイト数である。

純粋なCLFには、解析が難しくなってしまう点がいくつかある。rfc931フィールドとauthuserフィールドは過去の遺物である。大部分のCLFレコードでは、このフィールドを「-」に設定している。日時値の実際のフォーマットは規定されておらず、HTTPサーバ実装によって異なる可能性がある。

CLFを修正したよく用いられるフォーマットとして、**結合ログフォーマット**（Combined Log Format）がある。結合ログフォーマットは、CLFにHTTPリファラフィールドとユーザエージェント文字列の2つのフィールドを追加したものだ。

＊1　監訳者注：英語的にはReferrerとなるのが正しいが、スペルミスがヘッダ名としては定着している。

ELFは主にIISに限定された拡張可能なカラムナフォーマットだが、Bluecoatなどのツールもログ記録に使う。CLFと同様に、ELF標準はW3CのWebサイトにある（http://bit.ly/log-file-format）。

ELFファイルは、一連のdirectivesに続く一連のentriesで構成される。ディレクティブを使って、すべてのエントリの日時（Dateディレクティブ）などのエントリに共通な属性と、エントリ内のフィールド（Fieldsディレクティブ）を指定する。ELFの各エントリは1つのHTTPリクエストであり、ディレクティブで指定されたフィールドがそのエントリに存在する。

ELFフィールドには**識別子、プレフィックス-識別子、プレフィックス（ヘッダ）**の3つの形式のいずれかを指定する。プレフィックスは、情報が向かう方向を指定する1つまたは2つの文字である（クライアントを表すc、サーバを表すs、リモートを表すr）。識別子はフィールドの内容を表し、プレフィックス（ヘッダ）値には対応するHTTPヘッダが入る。例えば、cs-methodはプレフィックス-識別子形式であり、クライアントからサーバに送られたメソッドを表し、timeはセッションが終了した時刻を示す単なる識別子である。

例3-3に、CLF、結合ログフォーマット、ELFの簡単な出力を示す。この例が示すように、各イベントは1行で表される。

例3-3　CLFとELFの例

```
#CLF
192.168.1.1 - - [2012/Oct/11 12:03:45 -0700] "GET /index.html" 200
1294

# 結合ログフォーマット
192.168.1.1 - - [2012/Oct/11 12:03:45 -0700] "GET /index.html" 200 1294
"http://www.example.com/link.html" "Mozilla/4.08 [en] (Win98; I ;Nav)"

#ELF
#Version: 1.0
#Date: 2012/Oct/11 00:00:00
#Fields: time c-ip cs-method cs-uri
12:03:45 192.168.1.1 GET /index.html
```

ほとんどのHTTPログでは、何らかの形式のCLF出力が用いられている。ELFは拡張可能なフォーマットだが、筆者はヘッダが必要なことが問題だと感じている。フォーマットをそれほど変更するつもりはないからだ。ヘッダ情報がなくても個々のログレコードを解釈できるほうがいい。前述の原則に従い、筆者が通常行うCLFの設定を以下に示す。

1. rfc931とauthuserフィールドを削除する。このフィールドは遺物であり、スペースの無駄である。

2. 日時をエポック時間に変換し、数値文字列で表す。私が一般に数値表現のほうがテキスト表現

よりも好きだから、というだけでなく、HTTPログファイルでは時刻表現は標準化されていないからだ。数値フォーマットに変換し、サーバの気まぐれを無視した方がよいだろう。

3. サーバIPアドレス、送信元ポート、送信先ポートを追加する。ログファイルを転送して分析を1か所で行うので、区別するためのサーバアドレスが必要なのだ。このようにすると、他のデータと関連付けられる5タプルに近づく。

4. イベントの継続時間を追加する。これも時間相関に使う。

5. ホストヘッダを追加する。仮想ホストを扱っている場合には、仲介者としてDNSを**使わずに**サーバにアクセスしているシステムを特定できる。

詳細な説明：ログファイルの作成

Apacheでのログ設定には、mod_log_configモジュールを使う。mod_log_configモジュールは、一連の文字列マクロを使ってログを表す機能を提供する。例えば、デフォルトのCLFフォーマットを表すには、以下のように指定する。

```
LogFormat "%h %l %u %t \"%r\" %>s %b"
```

結合ログフォーマットは以下のように表す。

```
LogFormat "%h %l %u %t \"%r\" %>s %b \"%{Referer}i\" \"%{User-agent}i\""
```

本書の拡張フォーマットではホスト名、ローカルIPアドレス、サーバポート、エポック時間、リクエスト文字列、リクエスト状態、レスポンスサイズ、レスポンス時刻、リファラ、ユーザエージェント文字列、リクエストのホストを加える。

```
LogFormat "%h %A %p %{msec}t \"%r\" %>s %b %T \"%{Referer}i\"
  \"${User-Agent}i\" \"${Host}i\""
```

nginxでのログ記録はHttpLogModuleで制御し、同様のlog_formatディレクティブを使う。CLFを設定するには、以下のように指定する。

```
log_format clf $remote_addr - $remote_user [$time_local] "$request"
 $status $body_bytes_sent;
```

結合ログフォーマットは以下のように定義する。

```
log_format combined $remote_addr - $remote_user [$time_local] "$request"
 $status $body_bytes_sent "$http_referer" "$http_user_agent";
```

拡張フォーマットは以下のように定義する。

52 | 3章　ホスト型センサーとサービス型センサー：データの生成元でログに記録する

```
log_format extended $server_addr $remote_addr $remote_port $msec
 "$request$" $status $body_bytes_sent $request_time $http_referer
 $http_user_agent $http_host
```

3.3.2　SMTP

SMTPログメッセージは使用するMTAによって異なる上、さまざまな設定が可能である。この節では、主なUnixおよびWindowsファミリーを代表する2つのログフォーマットであるsendmailとMicrosoft Exchangeを説明する。

この節では、メールメッセージ転送のログ記録に重点を置く。このアプリケーションのログ記録ツールは、サーバの内部状態、接続の試行など、その他の情報も大量に提供することができる。これらは非常に有用ではあるが、それだけで1冊本が必要になってしまうので、本書では扱わない。

sendmailはsyslogでログを管理することができるので、実際のメールのやり取りに加え、膨大な数の情報メッセージを送信することになる。本書の目的から、2種類のログメッセージを対象とする。メールサーバとの接続を表すメッセージと実際のメール配信を表すメッセージである。

デフォルトでは、sendmailはメッセージを/var/maillogに送るが、送信するログ記録メッセージはsendmailの内部ログ記録レベルで制御する。sendmailは、1から96までの独自の内部ログ記録レベルを使う。ログレベルnは、深刻度1からnまでのすべてのメッセージをログ記録する。重要なログレベルには、9（配信されたすべてのメッセージをログ記録）、10（インバウンド接続をログ記録）、12（アウトバウンド接続をログ記録）、14（接続拒否をログ記録）がある。ログレベル8以上はsyslogでは情報ログと見なされ、11以上はデバッグログメッセージと見なされる。

sendmailログ行には、5つの固定値に続いて1つ以上のパラメータ式（equate）が入る。

```
<date> <host> sendmail[<pid>]: <qid>: <equates>
```

<date>は日時、<host>はホスト名、sendmailはリテラル文字列、<pid>はsendmailプロセスID、<qid>はメッセージを一意に特定するための内部キューIDである。sendmailはメールメッセージの送信時に少なくとも2つのログメッセージを送信し、そのメッセージをまとめる唯一の方法がqidである。パラメータ式（equate）は、<key>=<value>の形式で与えられる記述パラメータである。sendmailは、メッセージに対して**表3-1**に列挙するようなパラメータ式を出力できる。

表3-1　関連するsendmailのパラメータ式

パラメータ式のキー	説明
arg1	現在のsendmail実装がルールセットを使って内部フィルタできるようにする。arg1はルールセットに渡す引数。
from	エンベロープのfromアドレス。
msgid	メールのメッセージID。

パラメータ式のキー	説明
quarantine	sendmailがメールを隔離する場合、保留された理由。
reject	sendmailがメールを拒否する場合、拒否の理由。
relay	メッセージを送信したホストの名前とアドレス。受信側の行では送信したホスト、送信側の行では受信したホスト。
ruleset	メッセージを処理したルールセットであり、拒否、隔離、またはメッセージの送信の理由を示す。
stat	メッセージの配信状態。
to	対象のメールアドレス。同じ行に複数のtoが出現できる。

受信したすべてのメールに対し、sendmailは少なくとも2行のログを作成する。最初の行は**受信側**の行であり、メッセージの始点を表す。2行目は**送信側**の行であり、メールの結果（送信済み、隔離済み、どこに配信されたか）を表す。

sendmailは、メッセージに対して拒否、隔離、差し戻し、送信の4つの基本処理のいずれかを実行する。「拒否」はメッセージフィルタで実現し、スパムフィルタに使う。拒否されたメッセージは破棄される。「隔離」されたメッセージはさらに再調査するためにキューから別個の領域に移動される。「差し戻し」はメールが対象者に送信されなかったことを意味し、配信不能レポートが送信元に送り返される。

メールルールの管理とフィルタ

メールトラフィック分析は複雑である。メールは（スパムによって）常に攻撃され、スパム発信者と防御者の争いが絶えずエスカレートしていることが主な理由である。比較的小規模な企業でも、比較的わずかな作業で複雑な防御インフラを簡単に構築できる。スパムや防御問題に加え、メールは独自の小さな世界で閉じていることも問題を複雑にする。メールインフラがログ記録するIPアドレスは、ほとんどメールインフラだけが使っているものだけだ。

例のごとく、メールの経路を見つけることがメールインフラの最初の手順である。BarracudeやIronPortボックスのような何らかの専用アンチスパムハードウェアがゲートウェイに設置されているだろうか。SMTPサーバはいくつあり、実際のメールサーバ（POP、IMAP、Eudora、Exchange）とどのように接続されているだろうか。正しくルーティングされている場合、隔離された場合、拒否された場合、または差し戻された場合にメールがどこに送られるかを調べよう。webmailを利用できる場合、そのサーバが実際にはどこにあるかを理解しなければならない。SMTPへの経路はどうなっているだろうか。

ハードウェアを特定したら、どのようなブロッキングが行われているかを理解する。ブロッキング手法には、ブラックボックスソース（AVやIronPortのレピュテーションサービスなど）、SpamHausのSBLなどの公開ブラックリスト、内部ルールなどがある。それぞれ少し異なる対応が必要である。

ブラックボックス検知システムは基本的に不透明なので、使用しているシステムのナレッジベースのバージョンとシステムアップデートの時期を把握することが重要である。ネットワーク監視でアップデートを確認するのはよいアイデアだ。同じ検知システムが複数ある場合には、必ずすべてのアップデートを連係させること。

ほとんどのブラックリストサービスは公的にアクセスできる。ブラックリストを運営している組織、アップデートの頻度、配信メカニズムを知るのはどれも望ましい。AVの場合と同様に、通信の検証（特にDNSBLの場合）も大切である。

内部監視の特定、検査、バージョン管理を行う必要がある。これは最も制御可能なルールなので、残りのブロッキングインフラと比較し、メールシステムから取り除けるものを調べるのも名案である。例えば、特定のアドレスをブロッキングしている場合、ルータやファイアウォールでブロッキングした方がよいだろう。

メールは独自の世界内で動作し、メールログに記録されるIPアドレスの圧倒的多数は他のメールサーバのアドレスである。そのため、SMTPトラッキングは重要であるが、多くの場合、メッセージに何が起こったかを完全に理解するにはIMAPやPOP3サーバも追跡する必要がある。

3.3.3 Microsoft Exchange：メッセージ追跡ログ

Exchangeには、メッセージを処理するための1つのマスタログフォーマットであるメッセージ追跡ログ（MTL：Message Tracking Log）がある。

表3-2　MTLフィールド

フィールド名	説明
date-time	日付と時刻のフォーマットのISO 8601表現。
client-ip	メッセージをサーバに送信したホストのIPアドレス。
client-hostname	client-ipのFQDN。
server-ip	サーバのIPアドレス。
server-hostname	server-ipのFQDN。
source-context	転送エージェントの識別子などの送信元に関するオプションの情報。
connector-id	コネクタの名前。
source	Exchangeは、インボックスルール、転送エージェント、DNSなどのメッセージの送信元を指定するための送信元識別子を列挙する。sourceフィールドにはこの識別子が含まれる。
event-id	イベントの種類。これも列挙可能な値であり、メッセージの処理方法に関する状態メッセージが含まれる。
internal-messageid	Exchangeがメッセージを区別する内部整数識別子。このIDはExchangeサーバ間で共有されず、メッセージが回覧されると、この値は変更される。
message-id	標準SMTPメッセージID。ExchangeはメッセージにまだIDがないとIDを作成する。

フィールド名	説明
network-messageid	internal-messageidのようなメッセージID。ただし、メッセージのコピー間で共有され、配布リストに送られた場合などメッセージを複製したときに作成される。
recipient-address	受信者のアドレス。名前のセミコロン区切りリスト。
recipient-status	各受信者の対処方法を示す受信者ごとの状態コード。
total-bytes	メッセージの総サイズ（バイト単位）。
recipient-count	受信者数の観点でのrecipient-addressのサイズ。
related-recipient-address	特定のExchangeイベント（リダイレクトなど）ではリストに受信者が追加される。そのようなアドレスがここに追加される。
reference	メッセージ固有の情報。内容は（event-idで指定される）メッセージの種類による。
message-subject	Subject:ヘッダにある件名。
sender-address	Sender:ヘッダに指定された送信者。Sender:がない場合は代わりにFrom:を使う。
return-path	Mail From:に指定された返信メールアドレス。
message-info	イベントの種類に応じたメッセージ情報。
directionality	メッセージの方向。列挙可能な数量。
tenant-id	使われなくなっている。
original-clientip	クライアントのIPアドレス。
original-serverip	サーバのIPアドレス。
custom-data	イベントの種類に応じた追加データ。

3.4　ログファイル転送：転送、Syslog、メッセージキュー

　ホストログをホストから転送する方法はたくさんある。どの方法を使うべきかは、ログの生成方法とOSの機能に依存する。最も一般的な方法は、通常のファイル転送やsyslogプロトコルを使う方法である。さらに新しい方法としては、**メッセージキュー**を使ってログ情報を転送する方法がある。

3.4.1　転送とログファイルローテーション

　ほとんどのログ記録アプリケーションはローテーションするログファイルに書き込む（「3.1　ログファイルのアクセスと操作」を参照）。この場合、ログファイルは一定期間後にクローズされてアーカイブされ、新しいログファイルが作られる。ファイルがクローズされたら、別の場所にコピーして分析できる。

　ファイル転送は単純である。sshや他のコピープロトコルを使って実現できる。面倒なのは、コピー時にファイルが実際に完成しているかを保証しなければならないことだ。このため、ファイルのローテーション期間で応答時間が決まってしまう。例えば、ファイルが24時間ごとにローテーションする場合、最新のイベントを入手するのに平均して1日待たなければいけない。

3.4.2　syslog

　体系的なシステムログ記録ユーティリティの祖先はsyslogである。syslogは、元来はUnixシステムのために開発されたログ記録の標準手法であり、現在ではメッセージのログ記録を議論するための標準であり、プロトコルであり、汎用フレームワークである。syslogは、ホスト上またはリモート

に位置するロガーデーモンにメッセージを送信するための固定メッセージフォーマットと機能を定めている。

syslogメッセージには、時刻、ファシリティ（facility）、深刻度（severity）、テキストメッセージなどがある。**表3-3**と**表3-4**にsyslogプロトコルで符号化されたファシリティと優先度を示す。**表3-3**に示すように、syslogが示すファシリティには、さまざまな基本システム（一部は非常に古いシステムである）がある。さらに注目すべきは、多用されているのにファシリティが用意されていない項目が多々あることだ（例えば、DNSやHTTP）。優先度（**表3-4**）の方は適切である。ここで用いられている用語が、深刻度を表す一般的な言い回しになっている。

表3-3　syslogファシリティ

値	意味
0	カーネル
1	ユーザレベル
2	メール
3	システムデーモン
4	セキュリティ/承認
5	syslogd
6	ラインプリンタ
7	ネットワークニュース
8	UUCP
9	クロックデーモン
10	セキュリティ/承認
11	ftpd
12	ntpd
13	ログ監査
14	ログ警告
15	クロックデーモン
16〜23	ローカル使用のために予約済み

表3-4　syslog優先度

値	意味
0	Emergency（緊急）：システムが利用できない。
1	Alert（警告）：即座に対策が必要。
2	Critical（重大）：致命的な状態。
3	Error（エラー）：エラー状態。
4	Warning（警告）：警告状態。
5	Notice（通知）：通常だが重要な状態。
6	Informational（情報）：情報メッセージ
7	Debug（デバッグ）：デバッギング情報

syslogの基準実装はUDPベースであり、UDP標準にはいくつかの制約がある。最も重要なのは、UDPデータグラム長はデータグラムを運ぶレイヤ2プロトコルのMTUで制限されていることである。つまり、syslogメッセージには約1,450文字の厳しい制限が課せられる。syslogプロトコルではメッセージは1,024文字未満でなければいけないと規定しているが、観測されることはほとんどない。

ただし、UDPカットオフは長いメッセージに影響を与える。さらに、syslogはUDPで動作するので、メッセージが破棄されると、永遠に失われてしまう。

　この問題を解決する最も簡単な方法はTCPベースのsyslogを使うことであり、これはオープンソースのsyslog-ng（http://bit.ly/syslog-ng）やrsyslog（http://www.rsyslog.com）などのツールで実装されている。どちらのツールもTCPトランスポートに加え、データベースインタフェース、メッセージを途中で書き換える機能、syslogメッセージのさまざまな受信者への選択的転送など他の多くの機能も提供している。WindowsはsyslogをサポートしていないがThis, 同様の機能を提供する商用アプリケーションが数多く存在する。

CEF：共通イベントフォーマット（Common Event Format）

　syslogはトランスポートプロトコルである。syslogは、メッセージの実際の内容については何も規定していない。さまざまな組織が、CIDF（Common Intrusion Detection Framework：共通侵入検知フレームワーク）やIDMEF（Intrusion Detection Message Exchange Format：侵入検知メッセージ交換フォーマット）などのセキュリティアプリケーションのための相互運用標準の開発を試みている。しかし、どれも業界から本格的な承認は受けていない。

　広く受け入れられているのがCEFである。CEFは元来、メッセージをSIEMに送るための標準フォーマットをセンサー開発者に提供するためにArcSight社（現在はHewlett-Packard社の一部）によって開発された。CEFは、数値ヘッダと一連のキーと値のペアを使ってイベントを規定するレコードフォーマットである。例えば、ホスト192.168.1.1からの攻撃に対するCEFメッセージは以下のようになる。

```
CEF:0|My Attack Detector|Test|1.0|1000|Attack|5|src=192.168.1.1
```

　CEFはトランスポート非依存だが、大部分のCEF実装はトランスポートとしてsyslogを使っている。実際の仕様とキーと値の割り当てはHP社から入手できる。

3.5　参考文献

1. Richard Bejtlich, *The Practice of Network Security Monitoring: Understanding Incident Detection and Response* (No Starch Press, 2013)
2. Anton Chuvakin, *Logging and Log Management: The Authoritative Guide to Dealing with Syslog, Audit Logs, Alerts, and other IT 'Noise'* (Syngress, 2012)

4章
分析のためのデータ記録：
リレーショナルデータベース、
ビッグデータ、その他の選択肢

　本章は、トラフィック分析に用いるデータを格納する方法に焦点を当てる。データ記録は、情報セキュリティ分析における基本的な問題を提起する。情報セキュリティイベントは大量の無害なログファイルに散在している。そのため、効率的にセキュリティ分析を行うには大量のデータを迅速に処理する必要がある。

　迅速なデータアクセスを容易にするにはさまざまな方法が利用できる。フラットファイル、従来のデータベース、新興のNoSQLパラダイムが主な選択肢として挙げられる。それぞれ、格納するデータの構造や関与するアナリストのスキルによって、設計上のさまざまな長所と短所がある。

　フラットファイルシステムではデータをディスクに記録する。通常はアナリストが簡単な解析ツールを使って直接アクセスする。ほとんどのログシステムはデフォルトでフラットファイルデータを作成する。ある一定数のレコードを作成すると、ファイルを閉じて新しいファイルを開く。フラットファイルは読み取りや分析が簡単だが、最適なアクセスを実現するようなツールはない。

　OracleやPostgresなどのデータベースシステムは、エンタープライズコンピューティングの根幹をなす。データベースシステムは明確に定義されたインタフェース言語を使い、システム管理者や管理者を容易に探すことができ、安定した拡張性のある解決策を提供するように設定できる。その一方で、ログデータを扱うようには**設計されていない**。本書で扱うデータには、リレーショナルデータベースの能力の多くが役に立たなくなるような特徴がある。

　最後に、大きく「NoSQL」や「ビッグデータ」に分類される新興技術がある。これにはHadoopなどの分散プラットフォーム、MongoDBやMonetなどのデータベース、RedisやApache Solrなどの専門的なツールが挙げられる。このようなツールは有能であり、適切なハードウェアインフラを持ち、非常に強力で信頼性のある分散問い合わせツールを提供する。しかし、高度なプログラミングとシステム管理能力はもちろん、ハードウェアへの投資も必要である。

　分析には何度も反復が必要である。問題に取り組む際、アナリストは主要なデータリポジトリに戻って関連データを取得する。パターンが明らかになり、疑問が具体的になってくると、すでにどのようなデータを選んでいるかによって次に選択するデータが変わってくる（この作業の詳細な流れは

10章を参照）。そのため、効率的なデータアクセスは技術的に大きな課題である。直接データにアクセスするための時間は、アナリストが実行できる問い合わせ数に影響し、具体的には実行する分析の種類に影響を及ぼす。

　適切なデータシステムの選択は、格納するデータ量、格納するデータの種類、データを分析する人数に左右される。唯一の適切な選択はなく、予想される問い合わせと格納するデータの組み合わせによって、最善の戦略を定める。

4.1　ログデータとCRUDパラダイム

　CRUD（Create、Read、Update、Delete：作成、読み取り、更新、削除）パラダイムは、永続記録システムに求められる基本操作を表す。永続記録で最も普及しているリレーショナルデータベース管理システム（RDBMS：Relational Database Management System）は、ユーザが既存のコンテンツを定期的に非同期に更新することを前提としている。リレーショナルデータベースは、性能ではなく主にデータの整合性を目的として設計されている。

　データの整合性を保証するには、大量のシステム資源が必要である。データベースは、各行での追加処理やメタデータなどさまざまなメカニズムを使って整合性を確保する。RDBMSが本来対象としている種類のデータにはこのような機能が必要である。しかし、ログデータにはこのような機能は必要ない。

　この違いを**図4-1**に示す。RDBMSでは、ユーザはシステムに対して絶えずデータを追加したり問い合わせたりし、システムはそのやり取りの追跡に資源を消費する。しかし、ログデータは変更されない。イベントが発生したら、そのイベントは決して更新されない。このため、データの流れが変わり、図の右側に示すようになる。ログ収集システムでは、ディスクに書き込むのはセンサーに限られる。ユーザはディスクから**読み取る**だけである。

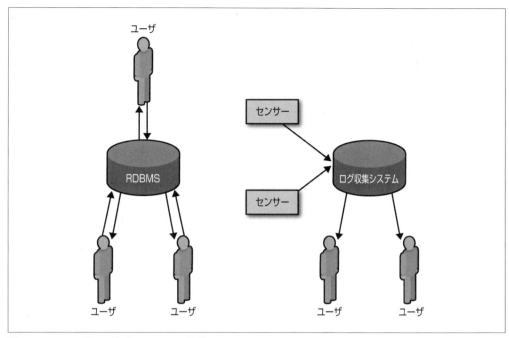

図4-1　RDBMSとログ収集システムの比較

　ユーザとセンサー間でこのように役割が分離されているため、ログデータでは、データベースが使う整合性メカニズムは無駄である。ログデータでは多くの場合、適切に設計されたフラットファイル収集システムがリレーショナルデータベースと同様に高速になる。

4.1.1　適切に構成されたフラットファイルシステムの作成：SiLKからの教訓

　5章では、大規模なNetflowに対応するためにCERTが開発した分析システムSiLKについて説明する。SiLKは非常に初期のビッグデータシステムだった。現在のビッグデータ技術は使わないが、同様の原理で設計されている。その原理の仕組みを理解すれば、最新のシステム開発の参考になるだろう。

　ログ分析は主にI/Oバウンドである。つまり、性能上の主な制約は読み取るレコード数であって、レコードに対して実行するアルゴリズムの複雑さではない。例えば、SiLKを最初に設計する際、ディスク上にファイルを圧縮したほうが高速に保存できることがわかった。ディスクからレコードを読み取る際の性能上の負荷が、ファイルをメモリに解凍する際の負荷よりはるかに大きいからだ。

　性能がI/Oバウンドであるため、問い合わせシステムは最小限の関連レコードを読み取るようにしなければならない。ログ収集システムにおいてレコードの読み取りを減らす最も効果的な方法は、レコードに時刻でインデックスを付け、**必ずユーザに問い合わせる時刻を指定してもらう方法**

である。SiLK では、ログレコードは日ごとの階層で時間ごとのファイルに格納されている。例えば、`/data/2013/03/14/sensor1_20130314.00` から `/data/2013/03/14/sensor1_20130314.23` である。SiLK コマンドは、実際のファイル名をユーザに隠す機能を持つ。問い合わせでは開始日と終了日を指定し、その日付を使用してファイルを取得する。

この分割処理は時刻で終わらせる必要はない。通常、ネットワークトラフィック（およびログデータ）はいくつかの主要プロトコルが占めており、それぞれのプロトコルを独自のファイルに分割できる。SiLK インストールでは、Web トラフィックを他のすべてのトラフィックから分離することも多い。大部分のネットワークでは、Web トラフィックはトラフィックの 40%～80% を占めるからだ。

ほとんどのデータ分割スキームと同様に、データの細分化を止めるタイミングを決めるのは科学ではなく経験である。経験則では、時間以外の分割は 3～5 を超えない程度にするべきだ。これ以上分割してしまうと、ユーザと開発者にとって複雑になりすぎる。さらに、正確な分割スキームを決めるにはネットワーク上のトラフィックに関する知識が必要なので、ネットワークの構造、構成、データの種類をよく理解してからでないと決められない。

データフォーマットとデータの最適化

フラットファイルにデータを格納し、1 日に 10 億のレコードを受け付けるシステムを作成するとする。ASCII テキストを使い、送信元および送信先 IP アドレスをゼロで上位を埋めた形式で記録する。すると、個々の IPv4 アドレスは、15 バイトの記録を占めることになる。バイナリ表現なら 4 バイトだ。つまり、このテキスト表現のために毎日 22 GB の空間が犠牲になる。1 つの GigE インタフェースを使ってこのデータを転送する場合、無駄な空間を転送するためだけに 3 分かかる。

大容量のデータセットを扱う際は、ディスク（問い合わせ時間と格納期間に影響する）だけでなくネットワーク（問い合わせ時間と性能に影響する）においても空間的依存性が問題になる。操作が I/O バウンドなので、表現をバイナリフォーマットに変換することで、空間が節約でき性能を向上させることができる。したがって、設計を実際に実装できる可能性がはるかに大きくなる。

データのコンパクトなバイナリ表現を実際に開発する際の問題は、Google や他の企業が開発したさまざまな表現スキームでほとんどが解決されている。このようなツールはどれもほぼ同様に機能する。インタフェース定義言語（IDL：Interface Definition Language）を使ってスキーマを指定し、そのスキーマでツールを実行してコンパクトなフォーマットでデータを読み書きできるリンク可能なライブラリを作成する。XML や JSON に少し似ているが、非常にコンパクトなバイナリ表現に重点を置いている。

Google は、Protocol Buffers という形で最初のシステムを開発した。現在では以下のような

複数のツールを利用できるが、もちろんこれだけではない。

Protocol Buffers (http://bit.ly/protocolbuff)

Googleは、XMLの「小型、高速、簡単」なバージョンと表現している。Java、C++、Pythonで言語バインディングが利用できる。Protocol Buffers（PB）は最古の実装であり、他の実装よりも機能は豊富ではないが、非常に安定している。

Thrift (http://thrift.apache.org)

もともとはFacebookが開発し、現在はApache財団がメンテナンスを行う。シリアライゼーションとデシリアライゼーション機能だけでなく、データ転送とRPCメカニズムも備えている。

Avro (http://bit.ly/avro-doc)

Hadoopと並行して開発され、PBやThriftよりも動的である。AvroはJSON（JavaScript Object Notation）を使ってスキーマを指定し、スキーマをメッセージコンテンツの一部として転送する。そのため、Avroはスキーマ変更に対してより柔軟性がある。

他にも、MessagePack (http://www.msgpack.org)、ICE (http://www.zeroc.com)、Etch (http://etch.apache.org) などのシリアライゼーション標準が存在する。しかし、本書の出版時点では、PB、Thrift、Avroが3大ツールとみなされている。

テキスト形式でログレコードを取得していると、バイナリフォーマットに変換してもそれほど小さくはならない。変換するのは、レコード内の余計なデータ量を減らすためだ。レコードサイズを抑える方法については、「3.2.1　優れたログメッセージの特徴」を参照のこと。

4.2　NoSQLシステムの簡単な紹介

過去10年間でのビッグデータの大きな進歩は、NoSQLビッグデータシステム、特にGoogleが導入したMapReduceパラダイムの普及である。MapReduceは、関数型プログラミングの2つの概念をベースにしている。リスト内のすべての要素に独立した関数を適用するマップ（map）と、リスト内の連続した要素を1つの要素に結合するリデュース（reduce）である。**例4-1**を見てみよう。

例4-1　Pythonでのmapおよびreduce関数

```
>>> # mapは配列内のすべての要素に、関数を適用する。例えば、
... # 1から10までのサンプル配列を作成する。
```

```
>>> sample = range(1,11)
>>> # 2倍にする関数を定義する。
...
>>> def double(x):
...     return x * 2
...
>>> # サンプル配列に2倍にする関数を適用する。
... # すると、各要素が元の要素の2倍となった
... # リストができる。
...
>>> map(double, sample)
[2, 4, 6, 8, 10, 12, 14, 16, 18, 20]
>>> # 次に2つの要素を加算する2引数関数を定義する。
...
>>> def add(a, b):
...     return a + b
...
>>> # addとサンプル配列に対してreduceを実行する。addは
... # すべての要素に順に適用される。まず、add(1,2)は3となり、
... # 配列が[1,2,3,4,....]から[3,3,4,...]になる。
... # この処理をもう一度行うと3に3に追加し、
... # 配列は[6,4,...]になる。
... # これを、最後まで繰り返すと、55が得られる。
...
>>> reduce(add, sample)
55
```

　MapReduceは並列化に便利なパラダイムである。map関数はリスト要素に個々に適用されるので、map操作は暗黙的に並列である。また、reduceは結果の結合方法を明確に示す。この簡単な並列化により、さまざまなビッグデータアプローチが実装できる。

　ビッグデータシステムは大量の並列化に依存する分散データ記録アーキテクチャである。フラットファイルシステムでは、合理的にデータにインデックスを付けることで、性能を向上できることは前に述べた。ビッグデータシステムでは、単に時間ごとのファイルをディスクに格納するのではなく、複数のホストにファイルを分割し、それらのホストで同じ問い合わせを並列に実行させることができる。詳細はストレージシステムの種類によって異なる。ストレージシステムの種類は、以下のように主に3つに分類できる。

キーストア

　　MongoDB、Accumulo、Cassandra、Hypertable、LevelDBなどがある。これらのシステムは、ドキュメント構造やデータ構造全体が後の検索のためにキーと関連付けられているため、巨大なハッシュテーブルとして動作する。他の2つの選択肢とは異なり、キーストアシ

ステムはスキーマを使わない。構造と解釈は実装者によって決まる。

カラムナ（列指向）データベース
    MonetDB、Sensage、Paraccelなどがある。カラムナデータベースは、各行を同じインデックスを持つ複数の列ファイルに分割する。

リレーショナルデータベース
    MySQL、Postgres、Oracle、MicrosoftのSQL Serverなどがある。一般に、RDBMSはレコード全体を個々に区別できる行として格納する。

図4-2は上記の関係を図式的に説明する。キーストアでは、レコードをキーによって格納し、記録されたデータとスキーマの関係はユーザに任されている。カラムナデータベースでは、行を個々のフィールドに分解し、個々の列ファイルに1フィールドずつ格納する。RDBMSでは、各行が一意で区別可能なエンティティである。スキーマは各行の内容を決め、各行はファイルに逐次的に格納する。

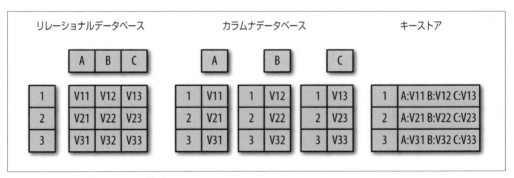

図4-2　データ記録システムの比較

データ構造がわからない場合、独自の低水準問い合わせ（画像処理やSQLでは表されないものなど）を実装する場合、またはデータが構造を持っていない場合でもキーストアが適している。これは、キーストアの当初の目的が、Webページでの非構造化テキスト検索だったことに由来している。キーストアは、Webページ、ペイロードを含むtcpdumpレコード、画像、個々のレコードサイズが比較的大きい（最近のWebページでのおおよそのHTMLサイズである60 KB以上）他のデータセットに効果的である。しかし、データが列に分割できたり、同じデータへの参照が広範囲に繰り返されるような構造を持つ場合には、カラムナモデルやリレーショナルモデルの方が向いているだろう。

データを個々のログレコードに簡単に分割できて相互参照する必要がない場合や、3章で説明したCLFやELFレコードフォーマットのように中身が比較的小さい場合には、カラムナデータベースが向いているだろう。カラムナデータベースは、各レコードの列のサブセットからデータを選んで処理

することで、問い合わせを最適化する。したがって、問い合わせる列が少ないとき、返す列が少ないときに性能が発揮する。スキーマの列数が限られている場合には（例えば、小さなデータフィールド、小さなIDフィールド、大きな画像フィールドから構成される画像データベース）、カラムナ方式では性能は向上しない。

　RDBMSはもともと、1つの情報が複数のレコードに頻繁に現れるようなデータを扱うために設計された。例えば、課金データベースでは1人のユーザに対して複数の課金エントリが存在する。RDBMSは、複数の表に分割できるデータに対して威力を発揮する。セキュリティ環境では通常、人事記録、イベント報告、他の情報（データを処理した後に生成されるものや組織の構造を反映したもの）の保存に適している。RDBMSは、整合性と同時並行性の維持に優れる。行を更新する必要がある場合には、RDBMSがデフォルトの選択肢になる。データが作成後に変更されない場合、個々のレコードに相互参照がない場合、またはスキーマが大きなblobを格納する場合には、RDBMS方式はおそらく適さないだろう。

他のさまざまな記録ツール

　前述の3つの主な記録システムの他にも、アクセス速度を改善するツールやテクニックがいくつかある。3大システムよりは普及していないものの、特定の種類のデータや問い合わせに最適化されているものを紹介しよう。

　グラフデータベースにはNeo4j、ArangoDB、Titanがある。グラフデータベースは、グラフデータを扱う際に拡張性があり効率的な問い合わせができる（13章を参照）。3大データベースをはじめとする従来のデータベースシステムはグラフの管理には向かない。どのような表現でも、グラフを生成するには、複数の問い合わせを行う必要があるためだ。グラフデータベースは、グラフ構造を解析するための問い合わせとツールを提供する。

　Luceneライブラリと付属する検索エンジンSolrを用いると、オープンソースでテキスト検索エンジンツールを構成することができる。

　Redisはメモリベースのキーバリュー記録システムである。メモリに収まるデータに迅速にアクセスする場合には（例えば、探索表など）、探索と変更が最も行いやすいRedisが適している。

　予算が十分にあるなら、SSDは検討に値する。SSDは高価だが、ファイルシステムの一部として機能的にトランスペアレントに利用できるという大きなメリットがある。ハイエンドでは、Violin Memory社、Fusion-IO社、STEC社などの企業が、マルチTBラックマウントユニットを提供している。これらのシステムを用いると、ネットワークからデータが入ってくるスピードで、データを受け取り処理することができる。

4.3　どのストレージを使うべきか？

　ストレージアーキテクチャを選ぶときには、収集するデータの種類とそのデータを使う報告の種類を検討する。主に決まった形式の報告を作成するのだろうか。あるいは、アナリストが大量の探索的な問い合わせをするだろうか。

　記録方式を選ぶときの判断の種類を**表4-1**にまとめた。判断は優先度順に列挙している。1が最善、3が最悪、×は全く考慮しないことを意味する。記録選択に与える影響を説明するために、それぞれの選択肢について詳細に述べていく。

表4-1　データシステムに関する判断

状況	リレーショナル	カラムナ	キーストア
複数のディスクやホストにアクセスする	2	1	1
単一ホストにアクセスする	1	×	×
データがテラバイト未満	1	2	3
データが数テラバイト	2	1	1
行を更新する予定がある	1	×	×
行は決して更新しない	2	1	1
データが非構造化テキスト	2	3	1
データが構造を持つ	2	1	3
個々のレコードが小さい	2	1	3
個々のレコードが大きい	3	2	1
アナリストに開発スキルがある	1	1	1
アナリストに開発スキルがない	1	1	2

　最初の判断は、ハードウェアの問題だ。カラムナデータベースやキーストアなどのビッグデータシステムが性能上のメリットを発揮するのは、並列ノードで実行できる場合だけだ。その場合は並列ノードが多ければ多いほどメリットがある。単一ホストや利用できるホストが4つ未満の場合には、おそらく従来のデータベースアーキテクチャを選んだ方がよいだろう。そのほうが、管理および開発に用いる機構が成熟している。

　次の2つの質問は、ハードウェアに非常に関連している。データは実際に大きいのだろうか。1 TBのSSDが現実的な値段で購入できるので、私はビッグデータの独自の境界点としてテラバイトを使う。データがそれほど大きくない場合は、やはりデフォルトではリレーショナルデータベースになるだろう。Redisなどのインメモリ記録システムでもよい。

　次の質問はデータフローとCRUDパラダイムに関連している。定期的に行の内容を更新するつもりなら、リレーショナルデータベースを選んだほうがよい。カラムナや他の分散アーキテクチャは、内容があまり変更されないことを前提に設計されている。データの更新は可能だが、通常は元のデータを削除して置き換えるバッチ処理を伴う。

ストリーミング分析と1か所への格納の対比

古典的な分析システムは中央集約リポジトリである。複数のセンサーからのデータを巨大なデータベースに投入し、アナリストが巨大なデータベースからデータを取り出す。これは唯一の方法ではなく、最近ではストリーミング分析が流行しつつある。本書の執筆時点では、Storm（http://storm-project.net）やIBM社のWebsphere（http://ibm.co/ibm-websphere）などの分散ストリーミング分析システムがユーザを獲得している。

ストリーミング方式は、データを情報のストリームとして処理することで、高度なリアルタイム分析を可能にする。ストリームの中では、データは一度だけアクセスされ、過去の情報は最小限しか保持されない。

ストリーミング処理は、処理が明確に定義され、リアルタイム分析が必要な分野で用いられている。そのため、探索的な分析ではあまり役に立たない（10章を参照）。しかし、明確に定義された警告や処理を扱う際は、ストリーミング分析では中央リポジトリで必要となるデータのオーバーヘッドが減るので、大規模なデータシステムでは非常に有益である。

更新に関する問題が解決できたら、次はデータの構造とサイズを考えてみる。適切に構造化された小さなレコード（最適化されたログファイルなど）には、カラムナデータベースとリレーショナルデータベースが向いているだろう。これらの方式ではスキーマを活用できる。例えば、カラムナデータベースが2列だけを使用する場合には、後の処理ではその2列しか返さないが、キーストアではレコード全体を返さなければいけない。レコードが小さいか構造化されている場合には、カラムナデータベースが向いていて、その次はリレーショナルデータベースである。レコードが大きいか構造化されていない場合には、キーバリュー方式の方が柔軟性がある。

このリストの最後の問題は技術的ではなく社会的な問題である。分析システムの設計を検討するときにはこれも重要である。アナリストに比較的オープンで体系化されていないデータ分析を許可するつもりなら、そのために明確に定義された安全なフレームワークが必要である。アナリストがMapReduce関数を記述できる場合には、どのシステムでも使えるだろう。しかし、最小限のスキルしかないアナリストの場合には、SQLインタフェースを持つカラムナまたはリレーショナルシステムが向いている。最近では、キーストア向けのSQL的インタフェースの開発（特にApacheのHiveとPigなど）も進んでいる。

可能な限り、アナリストがデータストアに直接アクセスしないようにした方がよい。代わりに、SiLKやRなどのEDAツールで処理できるサンプルを抽出できるようにする。

4.3.1　記録階層、問い合わせ時間、エージング

どのような収集システムでも、次々と出現する新規データを扱わなければならないので、時間とともに古いデータを、遅くて安価な記録システムに移動する必要がある。分析システムにおいては、データのための記録階層を4階層に分割できる。

- RAM
- SSDとフラッシュ記録
- ハードドライブと磁気記録
- テープドライブと長期アーカイブ

フロー監視システムがあれば、流入トラフィック量を見積ることができ、そのデータを使って初期のストレージ要件を定められる。重要なのは、アナリストが必要とするデータ量である。

ビジネス環境での経験則として、アナリストは約1週間分のデータには高速に、90日分のデータには適度な速度でアクセスできる必要がある。それ以前のデータはテープアーカイブに保存すればよい。90日ルールは、アナリストが少なくとも前の四半期のデータを振り返れることを意味する。当然ながら、予算が許すならディスク上のデータが多いほどよいが、90日は最小限の要件として適切である。テープにアーカイブする場合には、テープデータに適切にアクセスできるようにする。ほとんどのネットワーク上のボットは最低でも約1年間存続するので、完全な活動を追跡するにはアーカイブを調べる必要がある。

外部の制約、特に個々の業種に対するデータ保護要件も、データストレージの設計に影響を与える。例えば、EUのデータ保護指令（指令2006/24/EC）は、電気通信プロバイダのための保護要件を定義している。

データを下の階層に移す際に、データを要約、もしくは格納しやすいフォーマットに変換しておくとよい。例えば、迅速な応答を容易にするために、パケットのローリングアーカイブを高速記録に保存していたとしよう。しかし、データを低速なストレージに移した場合には（RAMからSSD、SSDからディスク、ディスクからテープ）、パケットデータではなく、NetFlowなどの要約に頼ることになる。

NetFlowなどの簡単な要約だけでなく、最も明らかな挙動を特定して要約すると、長期記録が容易になる。例えば、大規模ネットワークではスキャンやバックスキャッタ（詳細は11章を参照）が膨大なディスク空間を占める。これらのトラフィックにはペイロードがなく、パケット全体を格納する価値がほとんどない。スキャンを識別して要約し、圧縮または削除すると、生のデータが占有する空間が減る。特に大規模ネットワークでは、このようなバックグラウンドトラフィックが、不相応な数のレコードを消費するので、このような最適化が重要になる。

他のアプローチとして、データ融合（同じレコードの削除または結合）も実現可能なテクニックで

ある。複数ソースからデータを収集するときに、（IPアドレス、ポート、時間を調べて）同じ現象を表すレコードを結合すると、個々のレコードのペイロードを削減できる。

第II部
ツール

　第II部ではデータ解析に使うツールを取り上げる。主にSiLKとRに焦点を当てる。SiLK（System for Internet-Level Knowledge）は、カーネギーメロン大学でCERTが開発したNetFlow分析ツールキットであり、高度なフロー分析システムの迅速かつ効率的な開発を可能にする。Rは、オークランド大学で開発された統計分析パッケージで、探索的データ解析や可視化を可能にする。

　現時点では、ネットワーク分析のキラーアプリケーションはない。分析には多くのツールが必要で、本来の目的とは異なる使い方をすることも多い。ここで扱うツールは、アナリストにとって基本的な機能ツールキットになる。これらのツールをPythonなどの軽量スクリプト言語と組み合わせれば、データを調査することができるし、さらには、実運用に使える製品を開発できるだろう。

　第II部は5つの章に分かれている。5章ではSiLKスイート、6章ではR、7章ではIDSを紹介する。IDSは第I部でも簡単に説明したが、7章ではIDEツールの構築とメンテナンスについて説明する。多くの場合、アナリストはアドホックなIDEを作成して攻撃の特定や対応を行う。8章ではホストがどのようにインターネットに接続されているかを特定するツール、つまりリバースDNSルックアップ、ルッキンググラス、tracerouteやpingなどを取り上げる。最後に、9章では特定の分析タスクに便利な他のツールを紹介する。

5章
SiLKスイート

SiLK（System for Internet-Level Knowledge）は、もともとカーネギーメロンのCERTが大規模なNetFlow分析を行うために開発したツールキットである。現在SiLKは、米国国防総省、学術機関、産業界で基本的な分析ツールキットとして使われている。

本章はSiLKを主に分析ツールとして使う。CERT Network Situational Awarenessチームが、SiLKの使用法、コレクタのインストール、SiLKスイートの設定に関する豊富な参考文献（http://tools.netsa.cert.org/）を公開している。

5.1　SiLKとその機能

SiLKは、NetFlowデータの問い合わせや分析を行うためのツール群である。SiLKスイートは、膨大なネットワークトラフィックを迅速かつ効率的に問い合わせることを可能にする。複雑な情報を集約して現象を特定したり、個々のイベントを抽出することができる。

SiLKは、コマンドラインで用いるデータベースだと考えてもよい。各ツールコマンドは特定の問い合わせ、操作、データの集約を実行する。コマンドを鎖状につなげることで結果を生成する。SiLKでは、パイプで複数のレコードをつなげることで、複数チャネルのデータを同時に処理する複雑なコマンドを作成できる。例えば、以下の一連のSiLK問い合わせは、フローデータからHTTP（ポート80）トラフィックを取得し、最も活発なアドレスでの活動の時系列とリストを作成する。SiLKの基本操作は**例5-1**を参照してほしい。コマンドがパイプで接続する。パイプはstdin、stdout、またはfifo（名前付きパイプ）にすることができる。

例5-1　非常に複雑なrwfilterのおまじない

```
$ mkfifo out2
$ rwfilter --proto=6 --aport=80 data.rwf --pass=stdout |
        rwfilter --input=stdin  --proto=6 --pass=stdout
        --all=out2 | rwstats --top --count=10 --fields=1 &
```

```
rwcount out2 --bin-size=300
```

SiLKでは、ギリギリまで効率的なバイナリ表現でデータを保持する。テキストまたは何らかのオプショナルな出力を作成するコマンドが呼び出されて初めて、テキスト表現になる。

SiLKは正真正銘の昔ながらのUnixアプリケーションスイートである。一連のツールをパイプでつなげ、多くのオプション引数を使う。この手法で強力な分析スクリプトを作成できるのは、SiLKがバイナリデータを効率的に処理できる明確に定義されたインタフェースを備えているからである。効率的に使うには、処理はバイナリデータで行い、処理の最後の最後でのみテキストを作成するように、適切なツールを連結する必要がある。

本章ではls、cat、headなどの基本的なUnixシェルコマンドも使うが、シェルについて専門家レベルの知識は必要はない。

5.2　SiLKの入手とインストール

SiLKのWebサイトは、CERT NetSA Security SuiteのWebサイトでメンテナンスされている。SiLKパッケージは無料でダウンロードでき、簡単にほとんどのUnixシステムにインストールできる。CERTは、それだけで使用できるライブCDイメージも提供している。

SiLKのライブCDには、LBNL-05（2005年のローレンスバークレー国立研究所の匿名ヘッダトレース）というトレーニングデータセットが付属している。ライブCDをインストールすると、このデータにアクセスできる。インストールしていない場合には、LBNL-05参照データページ（http://bit.ly/lbnl-ref）からデータを取得できる[1]。

また、ライブCDだけでなく、homebrewなどのパッケージマネージャを使って入手することもできる。

5.2.1　データファイル

LBNLデータファイルはファイル階層として格納されている。**例5-2**は、LBNLデータファイルをダウンロードして解凍した結果を示す。

例5-2　SiLKアーカイブのダウンロード

```
$ gunzip -c SiLK-LBNL-05-noscan.tar
$ gunzip -c SiLK-LBNL-05-scanners.tar
$ cd SiLK-LBNL-05
$ ls
```

---

[1]　スキャンありとなしの2つのデータセットがあることに気付くだろう。その理由を理解するには、Pang他著、『The Devil and Packet Trace Anonymization』（ACM CCR 36(1)、2006年1月）を参照のこと。

```
README-S0.txt    in              out          silk.conf
README-S1.txt    inweb                        outweb
$ ls in/2005/01/07/*.01
in/2005/01/07/in-S0_20050107.01 in/2005/01/07/in-S1_20050107.01
```

データ収集時には、SiLKはデータをサブディレクトリに分割し、トラフィックの種類とイベント
発生時間でトラフィックを分割する。これによりスケーラブルになり分析が高速化する。しかしこの
方法だとブラックボックスになってしまうので、ここでは取り扱うファイルを明示する。以下の4つ
の具体的なファイルを扱う。

- inweb/2005/01/06/iw-S0_20050106.20
- inweb/2005/01/06/iw-S0_20050106.21
- in/2005/01/07/in-S0_20050107.01
- in/2005/01/07/in-S1_20050107.01

上記のファイルは特に意味があって選んだわけではない。スキャンと非スキャントラフィックの例
を提示するためだけのものだ。以下では、データの分割方法とファイル名の意味を説明する。

5.3　出力フィールドの選択およびフォーマット操作：rwcut

SiLKレコードは、コンパクトなバイナリフォーマットで格納される。直接読むことはできないた
め、rwcutツール（**例5-3**を参照）を使ってアクセスする。以降、出力が80文字を超える場合には、
行を手作業で分割してわかりやすくしている。

例5-3　rwcutを使った簡単なファイルアクセス

```
$ rwcut inweb/2005/01/06/iw-S0_20050106.20 | more
          sIP|            dIP|sPort|dPort|pro|  packets|      bytes|\
   flags|              sTime|  dur|                      eTime|sen|
  148.19.251.179|   128.3.148.48| 2497|   80|  6|       16|      2631|\
 FS PA   |2005/01/06T20:01:54.119| 0.246|2005/01/06T20:01:54.365|   ?|
  148.19.251.179|   128.3.148.48| 2498|   80|  6|       14|      2159|\
  S PA   |2005/01/06T20:01:54.160| 0.260|2005/01/06T20:01:54.420|   ?|
...
```

デフォルトの呼び出しでは、rwcutは12個のフィールドを出力する。つまり、送信元および送信先
IPアドレスとポート、プロトコル、パケット数、バイト数、TCPフラグ、開始時間、継続時間、終
了時間、フローのセンサーである。これらの値については、sensorフィールドを除いて2章ですでに
説明した。SiLKは個々のセンサーを特定するように設定できるので、トラフィックがどこから来た

76 | 5章 SiLKスイート

かやどこに向かうかが割り出せる。センサーフィールドは、設定中に割り当てられたIDである。デフォルトデータにはセンサーがなく、値は疑問符（?）に設定されている。

SiLKコマンドはマニュアルを内蔵している。rwcut --helpと入力すると、膨大なヘルプページが表示される。ここでは基本的なオプションを取り上げる。オプションの完全な説明は、SiLKのrwcutマニュアル（http://bit.ly/silk-rwcut）にある。

最も一般的に使用するrwcutコマンドは、表示するフィールドを選択するものだろう。rwcutは29個の異なるフィールドを任意の順序で出力することができる。フィールドのリストを表5-1に示す。

表5-1　rwcutフィールド

フィールド	数値ID	説明
sIP	1	送信元IPアドレス
dIP	2	送信先IPアドレス
sPort	3	送信元ポート
dPort	4	送信先ポート：ICMPの場合はICMPタイプとコードもエンコードされる
protocol	5	レイヤ3プロトコル
packets	6	フロー内のパケット数
bytes	7	フロー内のバイト数
flags	8	TCPフラグの論理和
sTime	9	開始時間（秒単位）
eTime	10	終了時間（秒単位）
dur	11	継続時間（eTime − sTime）
sensor	12	センサー
in	13	ルータの入力インタフェースのSNMP ID
out	14	ルータの出力インタフェースのSNMP ID
nhIP	15	次のホップアドレス
sType	16	送信元アドレスの区分（内部、外部）
dType	17	送信先アドレスの区分（内部、外部）
scc	18	送信元IPの国コード
dcc	19	送信先IPの国コード
class	20	フローのクラス
type	21	フローのタイプ
sTime +msec	22	ミリ秒単位のsTime
eTime +msec	23	ミリ秒単位のeTime
dur +msec	24	ミリ秒単位の継続時間
icmpTypeCode	25	ICMPタイプとコード
initialFlags	26	最初のTCPパケットのフラグ
sessionFlags	27	最初を**除く**すべてのパケットのフラグ
attributes	28	ジェネレータが観測したフローの属性
application	29	フロー内のアプリケーションに関する推測

rwcutフィールドは--fields=オプションを使って指定する。このオプションは、**例5-4**に示すように**表5-1**の数値か文字列値を取り、要求されたフィールドを指定した順に出力する。

5.3 出力フィールドの選択およびフォーマット操作：rwcut | **77**

例5-4 フィールド順序付けの例

```
$# 限られたフィールド群を表示する。 - に注目
$ rwcut --field=1-5 inweb/2005/01/06/iw-S0_20050106.20 | head -2
            sIP|            dIP|sPort|dPort|pro|
 148.19.251.179|    128.3.148.48| 2497|   80|  6|
$# 明示的に列挙
$ rwcut --field=1,2,3,4,5 inweb/2005/01/06/iw-S0_20050106.20 | head -2
            sIP|            dIP|sPort|dPort|pro|
 148.19.251.179|    128.3.148.48| 2497|   80|  6|
$# フィールド順は --field での順で指定できる
$ rwcut --field=5,1,2,3,4 inweb/2005/01/06/iw-S0_20050106.20 | head -2
pro|            sIP|            dIP|sPort|dPort|
  6| 148.19.251.179|    128.3.148.48| 2497|   80|
$# 数値の代わりにテキストを使用することもできる
$ rwcut --field=sIP,dIP,proto inweb/2005/01/06/iw-S0_20050106.20 |head -2
            sIP|            dIP|pro|
 148.19.251.179|    128.3.148.48|  6|
```

rwcutは他の多くの出力フォーマットおよび操作ツールもサポートする。特に便利なものは、以下のように出力に現れる行を制御するオプションである。

--no-title

表形式出力を作成するSiLKコマンドでよく使用される。出力表のタイトルを取り除く。

--num-recs

指定の数のレコードだけを出力する。先ほどの例のheadパイプが必要なくなる。デフォルト値はゼロで、その場合、rwcutは読み込んでいるファイルの内容全体をダンプする。

--start-rec-num および --end-rec-num

ファイル内のある範囲のレコードを取得する。

例5-5は、レコードの数とヘッダを操作する方法を示す。

例5-5 レコードの数とヘッダの操作

```
$# タイトルを取り除く
$ rwcut --field=1-9 --no-title inweb/2005/01/06/iw-S0_20050106.20 | head -5
 148.19.251.179|    128.3.148.48| 2497|   80|  6|          16|        2631|FS PA
     |2005/01/06T20:01:54.119|
 148.19.251.179|    128.3.148.48| 2498|   80|  6|          14|        2159| S PA
     |2005/01/06T20:01:54.160|
 148.19.251.179|    128.3.148.48| 2498|   80|  6|           2|          80|F  A
     |2005/01/06T20:07:07.845|
```

```
   56.71.233.157|    128.3.148.48|48906|   80|  6|          5|         300| S
       |2005/01/06T20:01:50.011|
    56.96.13.225|    128.3.148.48|50722|   80|  6|          6|         360| S
       |2005/01/06T20:02:57.132|
```

$# ヘッダ文をなくす
```
$ rwcut --field=1-9 inweb/2005/01/06/iw-S0_20050106.20 --num-recs=5
              sIP|            dIP|sPort|dPort|pro|    packets|       bytes|    flags
    |           sTime|
 148.19.251.179|    128.3.148.48| 2497|   80|  6|         16|        2631|FS PA
       |2005/01/06T20:01:54.119|
 148.19.251.179|    128.3.148.48| 2498|   80|  6|         14|        2159| S PA
       |2005/01/06T20:01:54.160|
 148.19.251.179|    128.3.148.48| 2498|   80|  6|          2|          80|F  A
       |2005/01/06T20:07:07.845|
   56.71.233.157|    128.3.148.48|48906|   80|  6|          5|         300| S
       |2005/01/06T20:01:50.011|
    56.96.13.225|    128.3.148.48|50722|   80|  6|          6|         360| S
       |2005/01/06T20:02:57.132|
```

$# 3番目から5番目のレコードだけを出力する
```
$ rwcut --field=1-9 inweb/2005/01/06/iw-S0_20050106.20 --start-rec-num=3
   --end-rec-num=5
              sIP|            dIP|sPort|dPort|pro|   packets|       bytes|    flags
    |           sTime|
 148.19.251.179|    128.3.148.48| 2498|   80|  6|         2|          80|F  A
       |2005/01/06T20:07:07.845|
   56.71.233.157|    128.3.148.48|48906|   80|  6|         5|         300| S
       |2005/01/06T20:01:50.011|
    56.96.13.225|    128.3.148.48|50722|   80|  6|         6|         360| S
       |2005/01/06T20:02:57.132|
```

　オプションを使って出力フォーマットを操作することもできる。表形式は--column-separator、
--no-final-column、--no-columnsスイッチで制御できる。--column-seperatorは列を区別する文
字を変更し、--no-final-columnは行の最後の区切り文字を取り除く。--no-columnsは、列間に埋
められた空白を削除する。--delimitedスイッチはこの3つを組み合わせる。引数として文字を取り、
その文字を列区切り文字として使い、列のパディングをすべて削除し、最後の列区切り文字を取り
除く。

　さらに、列の内容を変更するためのさまざまなスイッチがある。

--integer-ips

　　IPアドレスをピリオドで4つに区切られた形式ではなく整数に変換する。このスイッチは
　　SiLK v3で非推奨となっており、現在は--ip-format=decimalを使うことが推奨されている。

--ip-format

　　--integer-ipsの更新バージョン。--ip-formatはアドレスの表示方法を指定する。canonical（IPv4ではピリオドで4つに区切られた形式、IPv6ではカノニカルIPv6）、zero-padded（各フォーマットでゼロを最大値まで拡張したcanonical。127.0.0.1は127.000.000.001になる）、decimal（対応する32ビットまたは128ビット整数として出力する）、hexadecimal（整数を16進数フォーマットで出力する）、force-ipv6（すべてのアドレスをカノニカルIPv6フォーマットで出力する。::ffff:0:0/96ネットブロックにマップされたIPv4アドレスを含む）が指定できる。

--epoch-time

　　タイムスタンプをミリ秒精度の浮動小数点数を使ったエポック値として出力する。

--integer-tcp-flags

　　TCPフラグを対応する整数に変換する。

--zero-pad-ips

　　ピリオドで4つに区切ったIPアドレスフォーマットにゼロを埋める。そのため、128.2.11.12は128.002.011.012と出力する。SiLK v3で非推奨となり、--ip-formatが推奨されている。

--icmp-type-and-code

　　送信元ポートにICMPタイプ、送信先ポートにICMPコードを配置する。

--pager

　　出力のページングに使うプログラムを指定する。

例5-6に上記のオプションの使用例を示す。

例5-6　他のフォーマットの例

```
$# 固定の列間を変更する
$ rwcut --field=1-5 inweb/2005/01/06/iw-S0_20050106.20 --no-columns --num-recs=2
sIP|dIP|sPort|dPort|protocol|
148.19.251.179|128.3.148.48|2497|80|6|
148.19.251.179|128.3.148.48|2498|80|6|
$# 列区切り文字を変更する
$ rwcut --field=1-5 inweb/2005/01/06/iw-S0_20050106.20 --column-sep=:
  --num-recs=2
           sIP:          dIP:sPort:dPort:pro:
 148.19.251.179:   128.3.148.48: 2497:   80:  6:
 148.19.251.179:   128.3.148.48: 2498:   80:  6:
$# --delimを使いすべてを一度に変更する
```

```
$ rwcut --field=1-5 inweb/2005/01/06/iw-S0_20050106.20 --delim=: --num-recs=2
sIP:dIP:sPort:dPort:protocol
148.19.251.179:128.3.148.48:2497:80:6
148.19.251.179:128.3.148.48:2498:80:6
$# IPアドレスを整数に変換する
$ rwcut --field=1-5 inweb/2005/01/06/iw-S0_20050106.20 --integer-ip --num-recs=2
        sIP|          dIP|sPort|dPort|pro|
2484337587|2147718192| 2497|   80|  6|
2484337587|2147718192| 2498|   80|  6|
$# エポック時間を使う
$ rwcut --field=1-5,9 inweb/2005/01/06/iw-S0_20050106.20 --epoch --num-recs=2
            sIP|             dIP|sPort|dPort|pro|           sTime|
 148.19.251.179|    128.3.148.48| 2497|   80|  6|1105041714.119|
 148.19.251.179|    128.3.148.48| 2498|   80|  6|1105041714.160|
$# ゼロを埋めたIPアドレス
$ rwcut --field=1-5,9 inweb/2005/01/06/iw-S0_20050106.20 --zero-pad --num-recs=2
            sIP|             dIP|sPort|dPort|pro|                   sTime|
148.019.251.179|128.003.148.048| 2497|   80|  6|2005/01/06T20:01:54.119|
148.019.251.179|128.003.148.048| 2498|   80|  6|2005/01/06T20:01:54.160|
```

複雑なコマンドラインでは、長いオプションを短縮していることに気付いただろうか。SiLKは
GNU形式の長いオプションを全面的にサポートしているので、オプションを指定するには、一意に
なるだけの文字を入力するだけでよいのだ。さらに複雑なコマンドを作成するにしたがって、短縮も
増えていくことになる。

5.4　基本的なフィールド操作：rwfilter

分析上の価値がある最も基本的なSiLKコマンドは、rwcutとrwfilterをパイプでつないだコマン
ドである。例5-7に簡単なrwfilterコマンドを示す。

例5-7　簡単なrwfilterコマンド

```
$ rwfilter --dport=80 inweb/2005/01/06/iw-S0_20050106.20 --pass=stdout
  | rwcut --field=1-9 --num-recs=5
            sIP|             dIP|sPort|dPort|pro| packets|     bytes|  flags
  |                   sTime|
 148.19.251.179|    128.3.148.48| 2497|   80|  6|      16|      2631|FS PA
  |2005/01/06T20:01:54.119|
 148.19.251.179|    128.3.148.48| 2498|   80|  6|      14|      2159| S PA
  |2005/01/06T20:01:54.160|
 148.19.251.179|    128.3.148.48| 2498|   80|  6|       2|        80|F  A
  |2005/01/06T20:07:07.845|
  56.71.233.157|    128.3.148.48|48906|   80|  6|       5|       300| S
```

```
|2005/01/06T20:01:50.011|
 56.96.13.225|   128.3.148.48|50722|   80|  6|          6|         360| S
|2005/01/06T20:02:57.132|
```

1つのフィルタ（この例では --dport オプション）と1つのリダイレクト（--pass=stdout）は、rwfilter の最も単純な形である。rwfilter は SiLK スイートの主力ツールである。入力を読み取り（ファイルから直接、日時を指定して、またはパイプの利用）、データ内の各レコードに1つ以上のフィルタを適用し、レコードがフィルタに一意するか（passes）しないか（fails）に基づいてレコードをリダイレクトする。

SiLK の rwfilter マニュアル（http://bit.ly/rwfilter-doc）は膨大だが、主にすべてのフィールドに対してフィルタ仕様を繰り返し説明するだけなので、恐れる必要はない。rwfilter オプションは、基本的にデータのフィルタ方法の指定、データの読み取り方の指定、フィルタ結果のリダイレクト方法の指定のうちのいずれかを行う。

5.4.1 ポートとプロトコル

手始めとして最も簡単なフィルタは --sport、--dport、--protocol である。その名の通り、それぞれ送信元ポート、送信先ポート、プロトコルでフィルタする（**例5-8**を参照）。各値は、指定の値（例えば、--sport=80 では送信元ポートが80のトラフィックとマッチする）や、ハイフンやカンマで指定した範囲（--sport=79-83 では送信元ポートが79から83（境界を含む）のトラフィックが合致し、--sport=79,80,81,82,83 とも書ける）でフィルタできる。

例5-8　sport でのフィルタの例

```
$ rwfilter --dport=4350-4360  inweb/2005/01/06/iw-S0_20050106.20
 --pass=stdout | rwcut --field=1-9 --num-recs=5
           sIP|            dIP|sPort|dPort|pro|    packets|       bytes|    flags
|               sTime|
 218.131.115.42| 131.243.105.35|   80| 4360|  6|          2|          80|F  A
|2005/01/06T20:24:21.879|
 148.19.96.160|131.243.107.239|   80| 4350|  6|         27|       35445|FS PA
|2005/01/06T20:59:42.451|
 148.19.96.160|131.243.107.239|   80| 4352|  6|          4|         709|FS PA
|2005/01/06T20:59:42.507|
 148.19.96.160|131.243.107.239|   80| 4351|  6|         15|       16938|FS PA
|2005/01/06T20:59:42.501|
 148.19.96.160|131.243.107.239|   80| 4353|  6|          4|         704|FS PA
|2005/01/06T20:59:42.544|
$ rwfilter --sport=4000-  inweb/2005/01/06/iw-S0_20050106.20
 --pass=stdout | rwcut --field=1-9 --num-recs=5
           sIP|            dIP|sPort|dPort|pro|    packets|       bytes|    flags
```

```
|                sTime|
    56.71.233.157|   128.3.148.48|48906|  80|  6|          5|          300| S
   |2005/01/06T20:01:50.011|
     56.96.13.225|   128.3.148.48|50722|  80|  6|          6|          360| S
   |2005/01/06T20:02:57.132|
     56.96.13.225|   128.3.148.48|50726|  80|  6|          6|          360| S
   |2005/01/06T20:02:57.432|
    58.236.56.129|   128.3.148.48|32621|  80|  6|          3|          144| S
   |2005/01/06T20:12:10.747|
     56.96.13.225|   128.3.148.48|54497| 443|  6|          6|          360| S
   |2005/01/06T20:09:30.124|
$ rwfilter --dport=4350,4352  inweb/2005/01/06/iw-S0_20050106.20
  --pass=stdout | rwcut --field=1-9 --num-recs=5
             sIP|           dIP|sPort|dPort|pro|    packets|       bytes|    flags
   |                sTime|
    148.19.96.160|131.243.107.239|  80| 4350|  6|         27|       35445|FS PA
   |2005/01/06T20:59:42.451|
    148.19.96.160|131.243.107.239|  80| 4352|  6|          4|         709|FS PA
   |2005/01/06T20:59:42.507|
    148.19.96.160|131.243.107.239|  80| 4352|  6|          1|          40|   A
   |2005/01/06T20:59:42.516|
$ rwfilter --proto=1 in/2005/01/07/in-S0_20050107.01 --pass=stdout
 | rwcut --field=1-6 --num-recs=2
             sIP|           dIP|sPort|dPort|pro| packets|
   35.223.112.236|   128.3.23.93|   0| 2048|  1|       1|
   62.198.182.170|   128.3.23.81|   0| 2048|  1|       1|
$ rwfilter --proto=1,6,17 in/2005/01/07/in-S0_20050107.01 --pass=stdout
 | rwcut --num-recs=2 --fields=1-6
             sIP|           dIP|sPort|dPort|pro| packets|
   116.66.41.147|131.243.163.201| 4283| 1026| 17|       1|
   116.66.41.147|131.243.163.201| 3131| 1027| 17|       1|
$ rwfilter --proto=1,6,17 in/2005/01/07/in-S0_20050107.01 --fail=stdout
 | rwcut --num-recs=2  --fields=1-6
             sIP|           dIP|sPort|dPort|pro| packets|
   57.120.186.177|   128.3.26.171|   0|   0| 50|      70|
   57.120.186.177|   128.3.26.171|   0|   0| 50|      81|
```

　最後の例での--failの使い方に注意する。255個のプロトコルがあるので、「TCP、ICMP、UDP以外のすべて」を指定するには2通りの方法がある。必要なプロトコルすべてを指定するか（--proto=0,2-5,7-16,18-）、または--failオプションを使う方法である。--passと--failのさらに高度な扱いについては、次の章で説明する。

5.4.2 サイズ

ボリューム（サイズ）オプション（バイト数とパケット数）は、数値で表すという点でプロトコルやポートオプションに似ている。列挙の場合（ポートとプロトコル）とは異なり、この数値はカンマ区切り値ではなく1つの数値か範囲でしか指定できない。そのため、--packets=70-81は使えるが、--bytes=1,2,3,4は使えない。

5.4.3 IPアドレス

IPアドレスフィルタの最も簡単な形式では、IPアドレスを直接指定するだけである（例5-9を参照）。以下は、送信元（--saddress）と送信先（--daddress）アドレスの厳密なフィルタと--any-addressオプションの例を示す。--any-addressは、送信元か送信先のどちらのアドレスでも一致する。

例5-9　IPアドレスでのフィルタ

```
$ rwfilter --saddress=197.142.156.83 --pass=stdout
   in/2005/01/07/in-S0_20050107.01 | rwcut --num-recs=2
            sIP|            dIP|sPort|dPort|pro|  packets|     bytes|    flags|
                 sTime|      dur|                  eTime|sen|
    197.142.156.83|  224.2.127.254|44510|  9875| 17|      12|      7163|         |
 2005/01/07T01:24:44.359|   16.756|2005/01/07T01:25:01.115|  ?|
    197.142.156.83|  224.2.127.254|44512|  9875| 17|       4|      2590|         |
 2005/01/07T01:25:02.375|    5.742|2005/01/07T01:25:08.117|  ?|
$ rwfilter --daddress=128.3.26.249 --pass=stdout
   in/2005/01/07/in-S0_20050107.01 | rwcut --num-recs=2
            sIP|            dIP|sPort|dPort|pro|  packets|     bytes|    flags|
                 sTime|      dur|                  eTime|sen|
 211.210.215.142|   128.3.26.249| 4068|   25|  6|       7|       388|FS PA  |
  2005/01/07T01:27:06.789|    5.052|2005/01/07T01:27:11.841|  ?|
 203.126.20.182|   128.3.26.249|51981| 4587|  6|      56|      2240|F   A  |
  2005/01/07T01:27:04.812|   18.530|2005/01/07T01:27:23.342|  ?|
$ rwfilter --any-address=128.3.26.249
   --pass=stdout in/2005/01/07/in-S0_20050107.01 | rwcut --num-recs=2
            sIP|            dIP|sPort|dPort|pro|  packets|     bytes|    flags|
                 sTime|      dur|                  eTime|sen|
 211.210.215.142|   128.3.26.249| 4068|   25|  6|       7|       388|FS PA  |
  2005/01/07T01:27:06.789|    5.052|2005/01/07T01:27:11.841|  ?|
 203.126.20.182|   128.3.26.249|51981| 4587|  6|      56|      2240|F   A  |
  2005/01/07T01:27:04.812|   18.530|2005/01/07T01:27:23.342|  ?|
```

アドレスオプションはさまざまな範囲記述子を受け付ける。プロトコルとポートではカンマとハイフンの形式を使うが、これと同じ形式でIPアドレスの4つの各部分を表す。IPアドレスでは、0〜

255を意味する文字*x*も使える。この表現はIPアドレスの4つの各部分に使える。SiLKは4つの各部分を個別に照合する。このカンマとハイフンのフォーマットだけでなく、SiLKはCIDRブロックでもマッチできる。

　SiLKは、IPv6のコロンベースの表記法を使ってIPv6をサポートする。以下はすべてSiLKでの有効なIPv6フィルタの例である。**例5-10**にフィルタ方法を示す。

```
::ffff:x
::ffff:0:aaaa,0-5
::ffff:0.0.5-130,1,255.x
```

例5-10　IP範囲のフィルタ

```
$# 4つの最後の部分でのフィルタ
$ rwfilter --daddress=131.243.104.x inweb/2005/01/06/iw-S0_20050106.20
  --pass=stdout | rwcut --field=1-5 --num-recs=5
            sIP|            dIP|sPort|dPort|pro|
 150.52.105.212|131.243.104.181|   80| 1262|   6|
 150.52.105.212|131.243.104.181|   80| 1263|   6|
  59.100.39.174| 131.243.104.27|   80| 3188|   6|
  59.100.39.174| 131.243.104.27|   80| 3191|   6|
  59.100.39.174| 131.243.104.27|   80| 3193|   6|
# 3番目の部分の特定の値の範囲でのフィルタ
$ rwfilter --daddress=131.243.104,107,219.x inweb/2005/01/06/iw-S0_20050106.20
  --pass=stdout | rwcut --field=1-5 --num-recs=5
            sIP|            dIP|sPort|dPort|pro|
  208.122.23.36|131.243.219.201|   80| 2473|   6|
 205.233.167.250|131.243.219.201|  80| 2471|   6|
   58.68.205.40| 131.243.219.37|   80| 3433|   6|
 208.233.181.122| 131.243.219.37|  80| 3434|   6|
   58.68.205.40| 131.243.219.37|   80| 3435|   6|
# CIDRブロックの使用
$ rwfilter --saddress=56.81.0.0/16 inweb/2005/01/06/iw-S0_20050106.20
  --pass=stdout | rwcut --field=1-5 --num-recs=5
            sIP|            dIP|sPort|dPort|pro|
   56.81.19.218|131.243.219.201|   80| 2480|   6|
   56.81.16.73|131.243.219.201|   80| 2484|   6|
   56.81.16.73|131.243.219.201|   80| 2486|   6|
   56.81.30.48|131.243.219.201|  443| 2490|   6|
  56.81.31.159|131.243.219.201|  443| 2489|   6|
```

5.4.4 時間

時間オプションには、--stime、--etime、--active-timeがある。このフィールドには時間範囲が必要であり、SiLKでは以下のフォーマットで記述する。

YYYY/MM/DDTHH:MM:SS-YYYY/MM/DDTHH:MM:SS

Tで日付と時間を区切る点に注意する。--stimeと--etimeフィールドは指定の時間で厳密にフィルタするので、少し直観に反しているかもしれない。--stime=2012/11/08T00:00:00-2012/11/08T00:02:00と指定すると、**開始時間**が2012年11月8日の真夜中から真夜中2分過ぎまでのレコードをフィルタする。真夜中**前**に開始し、この範囲中にまだ転送中のレコードは該当しない。特定の期間内に発生したレコードを探すには、--active-timeフィルタを使う。

5.4.5 TCPオプション

フローはパケットの集合体であり、ほとんどの場合、この集合体は比較的容易に理解できる。例えば、フローのバイト数は、フローを構成するすべてのパケットのバイト数の合計である。しかし、TCPフラグはもう少し面倒だ。NetFlow v5では、フローのフラグは構成するパケットのフラグのビット論理和である。つまり、フローはフラグがフロー**全体**に存在するかしないかを示すが、どこに存在するかはわからない。FINの後に、ACK、SYNと来るような、わけのわからないセッションがあったとしてもそれはフローからはわからない。YAFなどの監視ソフトウェアは、設定でフラグフィールドを拡張できる。拡張したフラグフィールドはSiLKで利用できる。

主なフラグフィルタスイッチは--flags-initial、--flags-all、--flagssessionである。このオプションはハイフラグ/マスクフラグの形式でフラグを受け付ける。フラグがマスクに指定されている場合、SiLKは必ずそのフラグを解析する。フラグが高位フラグに指定されている場合には、SiLKはそのフラグ値がハイ（オン）の場合のみ（つまり、そのフラグがフローに現れている場合だけ）検出する。フラグは**表5-2**の文字を使って表す。

表5-2 rwfilterでのTCPフラグの表現

文字	フラグ
F	FIN
S	SYN
R	RST
P	PSH
A	ACK
U	URG
E	ECE
C	CWR

高位フラグとマスクフラグの組み合わせは混乱しやすいので、例を使って復習してみよう。基本

ルールとしては、フラグを評価するにはマスクに指定する。ハイフラグに指定してもマスクに指定していないフラグは無視される。

- 値をS/Sに設定すると、SYNフラグがハイのレコードを検出する。
- 値をS/SAに設定すると、SYNフラグがハイかつACKフラグがロー（オフ）のレコードを検出する。
- 値をSA/SAに設定すると、SYNとACKフラグの**両方**がハイのレコードを検出する。
- SAF/SAFRのような組み合わせは、SYN、ACK、FINフラグがハイかつRSTフラグがローのレコードを返す。これは通常のTCP接続で起こり得る。

上記のオプションだけでなく、SiLKは--syn-flag、--fin-flagといった形式で各フラグ固有のオプションを提供している。このオプションは引数として1または0を取る。値を1に設定するとフラグが高位のレコードを検出し、0はフラグが低位のレコードを検出し、オプションを指定しないとすべてのレコードを検出する。

TCPフラグ

フローのTCPフラグの組み合わせは、そのフローの挙動を示す便利な指標になる。しかし、疑わしいフラグの組み合わせもある。

ほぼすべてのTCPフローは、SAFR/SAFRにマッチせず、SAF/SAFRかSAR/SAFRにマッチする。ほとんどのセッションはFINで終わり、異常なセッションはRSTで終わるからだ。FINとRSTの両方がある場合は疑わしい。

ACKフラグのないTCPセッションは、**特に**4つ以上のバケットを持つ場合、疑わしい。通常、TCPスタックはn個（nは3程度）パケットを送ったら諦めるようにハードコーディングされているからだ。

クライアントでは最初のフラグはSYNになり、サーバではSYN+ACKになるだろう。最初のフラグの後にSYNが現れることはない。再度SYNが現れるということは、同じエフェメラルポートを使って新しいセッションが開始されたことを意味する。TCPではこれはおかしい。

PSHとURGフラグは、退屈なセッションの一般的な指標であると考えている。PSH**のない**セッション、特にそのセッションが長い場合は疑わしい。「通常の」TCPセッションは、FSPAがハイであると考えてよい。PAだけがハイのフローは、キープアライブが見えているだけで、フローが壊れている（セッションの一部だけが見えている）可能性が高い。リポジトリから同じアドレスの組み合わせを探すと、おそらくその前に発生しているSAPフローが見つかるだろう。

バックスキャッタ/応答メッセージにはA、SA、RAフローが入っている。大規模ネットワークでは、なりすましたDDoS攻撃からのバックスキャッタのために大量のRAパケットが到着する。このようなパケットに関して対応できることはあまりない。個別のネットワークを直接狙っているわけではないからだ。

5.4.6　ヘルパーオプション

rwfilterのオプションを用いたフィルタとtcpdumpのBPFフィルタを比較すると、rwfilterのやり方が原始的であることがわかるだろう。rwfilterは大容量をできるだけ高速に処理することに重点を置いており、ある種の言語解析処理に伴うオーバーヘッドはコストがかかりすぎるのだ。

rwfilterの明らかな問題点は、notやor演算子がないことだ。例えば、すべてのWebセッションを抽出することを考える。一方のポートが80で他のポートがエフェメラルポートであるトラフィックをフィルタすればよい。まず以下を試してみる。

```
rwfilter --sport=80,1024-65535 --dport=80,1024-65535 --pass=stdout
```

しかし、これでは送信元と送信先ポートの両方が80のフローと、送信元と送信先ポートの両方がエフェメラルポートであるフローも検出してしまう。このような問題を解決するために、rwfilterには一連のヘルパー関数が用意されている。--failや複数のフィルタと組み合わせれば、このような問題を解決できる。

ポートについては、--aportオプションがある。これは送信元**または**送信先ポートのどちらかを表す。--aportと2つのフィルタを使うと、以下のようにして適切なセッションを抽出できる。

```
rwfilter --aport=80 --pass=stdout | rwfilter --input-pipe=stdin
        --aport=1024-65535 --pass=stdout
```

最初のフィルタはポート80に関与するすべてのトラフィックを特定し、2つ目のフィルタがその結果からエフェメラルポートも使っているトラフィックを特定する。

複数のIPアドレスヘルパーオプションもある。--anyaddressは、送信元と送信先アドレスを同時にフィルタする。--not-saddressと--not-daddressは、オプション指定にマッチ**しない**アドレスを持つレコードを検出する。

5.4.7　他のフィルタオプションとテクニック

rwfilterには、--print-stat（**例5-11**を参照）と--print-volume-statの2つの直接テキスト出力オプションがある。このオプションを使うと、rwcutやrwcountなどの表示ツールを使わずに、トラフィックの要約を出力できる。また、フィルタにマッチ**しなかった**レコードの量も出力する。

88 | 5章 SiLKスイート

例5-11　--print-statの使用

```
$ rwfilter --print-volume-stat in/2005/01/07/in-S0_20050107.01 --proto=0-255
|            Recs|         Packets|           Bytes|    Files|
Total|       2019|         2730488|       402105501|        1|
Pass|        2019|         2730488|       402105501|         |
Fail|           0|               0|               0|         |
$ rwfilter --print-stat in/2005/01/07/in-S0_20050107.01 --proto=0-255
Files    1. Read     2019. Pass     2019. Fail        0.
```

例5-11では--proto=0-255オプションを使っている点に注意する。rwfilterは、ほぼすべての呼び出しで**何らかの形式のフィルタが適用されること**を期待する。すべてにマッチするフィルタには、すべてのプロトコルを指定するのが一番簡単なのだ。--printstatと--print-volume-statはstderrに出力するので、マッチ、マッチ失敗など、すべてのチャネルにstdoutを使える。

rwcutと同様に、rwfilterにはレコード制限コマンドがある。--max-pass-recordsと--maxfail-recordsを使うと、合致や失敗チャネルを通過するレコード数を制限できる。

5.5　rwfileinfoとデータの起源

SiLKフィルタファイルには大量のメタデータが含まれており、rwfileinfoコマンドを使ってアクセスできる（例5-12を参照）。rwfileinfoは以下の例に示すようにファイルを扱うこともできれば、引数としてstdinや-を使ってstdinを直接扱うこともできる。

例5-12　rwfileinfoの使用

```
$ rwfileinfo in/2005/01/07/in-S0_20050107.01
in/2005/01/07/in-S0_20050107.01:
  format(id)          FT_RWAUGMENTED(0x14)
  version             2
  byte-order          littleEndian
  compression(id)     none(0)
  header-length       28
  record-length       28
  record-version      2
  silk-version        0
  count-records       2019
  file-size           56560
  packed-file-info    2005/01/07T01:00:00 ? ?
$ rwfilter --print-stat in/2005/01/07/in-S0_20050107.01 --proto=6
  --pass=example.rwf
Files    1. Read     2019. Pass     1353. Fail      666.
$ rwfileinfo example.rwf
```

```
example.rwf:
  format(id)        FT_RWGENERIC(0x16)
  version           16
  byte-order        littleEndian
  compression(id)   none(0)
  header-length     156
  record-length     52
  record-version    5
  silk-version      2.1.0
  count-records     1353
  file-size         70512
  command-lines
                1  rwfilter --print-stat --proto=6 --pass=example.rwf
  in/2005/01/07/in-S0_20050107.01
$ rwfilter --aport=25 example.rwf --pass=example2.rwf --fail=example2_fail.rwf
$ rwfileinfo example2.rwf
example2.rwf:
  format(id)        FT_RWGENERIC(0x16)
  version           16
  byte-order        littleEndian
  compression(id)   none(0)
  header-length     208
  record-length     52
  record-version    5
  silk-version      2.1.0
  count-records     95
  file-size         5148
  command-lines
                1  rwfilter --print-stat --proto=6 --pass=example.rwf
  in/2005/01/07/in-S0_20050107.01
                2  rwfilter --aport=25 --pass=example2.rwf
  --fail=example2_fail.rwf example.rwf
```

rwfileinfoが報告するフィールドを以下に示す。

example2.rwf

> rwfileinfoダンプの最初の行はファイル名である。

format(id)

> SiLKファイルは最適化されたさまざまなフォーマットで格納されている。format値はファイルの種類を表すCマクロ名であり、その後ろは16進数IDである。

version

> ファイルフォーマットのバージョン。

90 | 5章 SiLKスイート

byte-order

ディスクに格納されているバイトオーダ。SiLKは高速に読み取るために明確に区別できる
リトルエンディアンおよびビッグエンディアンフォーマットを使う。

compression(id)

高速に読み取るために、ファイルが圧縮されているかどうか。

header-length

ファイルヘッダのサイズ。レコードを持たないSiLKファイルのサイズはヘッダ長だけにな
る。

record-length

個々のファイルレコードのサイズ。レコードが可変長の場合、この値は1になる。

record-version

レコードのバージョン（レコードバージョンはファイルバージョンやSiLKバージョンとは異
なる）。

silk-version

ファイル作成に使うSiLKスイートのバージョン。

count-records

ファイル内のレコード数。

file-size

ファイルの総サイズ。ファイルが圧縮されていない場合、この値はヘッダ長にレコード長と
レコード数の積を加えたものに等しくなるだろう。

command-lines

ファイル作成に使うSiLKコマンドの記録。

　--note-addオプションを用いると、注釈をデータファイルに書き込むことができる。例5-13に
--note-addオプションの使い方を示す。

例5-13　--note-addの使用

```
$ rwfilter --aport=22 example.rwf --note-add='Filtering ssh' --pass=ex2.rwf
$ rwfileinfo ex2.rwf
ex2.rwf:
  format(id)            FT_RWGENERIC(0x16)
```

```
version              16
byte-order           littleEndian
compression(id)      none(0)
header-length        260
record-length        52
record-version       5
silk-version         2.1.0
count-records        10
file-size            780
command-lines
                1  rwfilter --print-stat --proto=6 --pass=example.rwf
in/2005/01/07/in-S0_20050107.01
                2  rwfilter --aport=22 --note-add=Filtering ssh
--pass=ex2.rwf example.rwf
annotations
                1  Filtering ssh
```

5.6　情報フローの結合：rwcount

　rwcountは、rwfilterコマンドの出力から時系列データを作成する。rwcountはバイト、パケット、フローレコードの数を一定期間の**ビン**に分ける。ビンはユーザが指定した等間隔の期間である。rwcountは比較的単純なアプリケーションである。フロー（フローに継続時間がある）とビンの関連付けを理解できれば、rwcountは難しいものではない。

　rwcountの最も簡単な呼び出しを**例5-14**に示す。まず最初に、--bin-sizeオプションの使い方に注意する。この例では、ビンは30分（1,800秒）である。--bin-sizeを指定しないと、rwcountはデフォルトでビンを30秒にする。ビンサイズは整数である必要はない。出力に**多数**のビンが欲しい人には、精度をミリ秒にした浮動小数点数での指定も使える。

例5-14　簡単なrwcount呼び出し

```
$ rwfilter in/2005/01/07/in-S0_20050107.01 --all=stdout |
   rwcount --bin-size=1800
              Date|        Records|            Bytes|          Packets|
2005/01/07T01:00:00|        257.58|      42827381.72|        248724.14|
2005/01/07T01:30:00|       1589.61|     211453506.60|       1438751.93|
2005/01/07T02:00:00|        171.81|     147824612.67|       1043011.93|
```

　例5-14が示すように、rwcountは4つの列を出力する。SiLK標準日時フォーマットでの日時列の次にレコード数、バイト数、パケット数の列が続く。浮動小数点値は、各ビンに含まれるトラフィック量をrwcountが内挿すると発生する。rwcountではこれを**ロードスキーム**と呼ぶ。

ロードスキームとは、rwcountがビンで指定された期間に発生したフロー量を見積る方法である。デフォルトのロードスキームでは、rwcountはフローが発生していた期間のすべてのビンに各フローを比例的に分割する。例えば、フローが00:04:00から00:11:00まで発生している場合には、ビンは5分間になり、フローの1/7を最初のビン（00:00:00〜00:04:59）、5/7を2番目のビン（00:05:00〜00:09:59）、1/7を3番目のビン（00:10:00〜00:14:59）に追加する。rwcountは--load-schemeオプションに整数パラメータを取り、以下のように動作する。

0	対象となるすべてのビンに均一にトラフィックを分割する。 上記の例では、フローは3分割され、3分の1を各ビンに追加する。
1	フロー全体をフロー期間の最初のビンに追加する。 上記の例では、00:00:00〜00:04:59に追加する。
2	フロー全体をフロー期間の最後のビンに追加する。 上記の例では、00:10:00〜00:14:59に追加する。
3	フロー全体をフロー期間の中間のビンに追加する。 上記の例では、00:05:00〜00:09:59に追加する。
4	デフォルトのロードスキーム。

rwcountは提供されたフローデータを使って必要な時間ビンを推測するが、特に複数ファイルをまとめるときなど、明示的に時間を指定する場合もある。これを行うには、--start-epochと--end-epochオプションを使って開始および終了ビン時刻を指定する。このパラメータには、エポック時刻かyyyy/mm/dd:HH:MM:SSフォーマットを使える。rwcountには、エポック時刻を使って日時を出力するオプション（--epoch-slots）もある。

--skip-zeroオプション（**例5-15**を参照）は、出力フォーマットオプションの1つである。通常、rwcountは割り当てたビンをすべて出力するが、--skip-zeroは出力から空のビンを除く。さらに、rwcountはrwcutで触れた多くの出力オプション（--no-titles、--no-columns、--columnseparator、--no-final-delimter、--delimited）をサポートしている。

例5-15　エポックスロットと--skip-zeroオプションの使用

```
rwfilter in/2005/01/07/in-S0_20050107.01 --all=stdout |
   rwcount --bin-size=1800.00 --epoch
               Date|        Records|            Bytes|           Packets|
         1105059600|         257.58|      42827381.72|        248724.14|
         1105061400|        1589.61|     211453506.60|       1438751.93|
         1105063200|         171.81|     147824612.67|       1043011.93|
$ rwfilter in/2005/01/07/in-S0_20050107.01 --all=stdout |
   rwcount --bin-size=1800.00
             --epoch --start-epoch=1105057800
               Date|        Records|            Bytes|           Packets|
         1105057800|           0.00|            0.00|             0.00|
```

```
                   1105059600|         257.58|        42827381.72|       248724.14|
                   1105061400|        1589.61|       211453506.60|      1438751.93|
                   1105063200|         171.81|       147824612.67|      1043011.93|
$ rwfilter in/2005/01/07/in-S0_20050107.01 --all=stdout |
    rwcount --bin-size=1800.00
            --epoch --start-epoch=1105056000
                         Date|       Records|              Bytes|         Packets|
                   1105056000|           0.00|              0.00|            0.00|
                   1105057800|           0.00|              0.00|            0.00|
                   1105059600|         257.58|        42827381.72|       248724.14|
                   1105061400|        1589.61|       211453506.60|      1438751.93|
                   1105063200|         171.81|       147824612.67|      1043011.93|
$ rwfilter in/2005/01/07/in-S0_20050107.01 --all=stdout |
    rwcount --bin-size=1800.00
            --epoch --start-epoch=1105056000 --skip-zero
                         Date|       Records|              Bytes|         Packets|
                   1105059600|         257.58|        42827381.72|       248724.14|
                   1105061400|        1589.61|       211453506.60|      1438751.93|
                   1105063200|         171.81|       147824612.67|      1043011.93|
```

5.7 rwsetとIPセット

IPセットはSiLKの最も強力な機能であり、他の多くの分析ツールとの差を生み出している機能である。IPセットはIPアドレスの任意の集合のバイナリ表現である。IPセットはテキストファイル、SiLKデータ、または他のバイナリSiLK構造から作成できる。

まず手始めとしてIPセットを作成してみよう。例5-16に示す。

例5-16 rwsetを使ったIPセットの作成

```
$ rwfilter in/2005/01/07/in-S0_20050107.01 --all=stdout |
    rwset --sip-file=sip.set --dip-file=dip.set
$ ls -l *.set
-rw-r--r-- 1 mcollins staff   580 Jan 10 01:06 dip.set
-rw-r--r-- 1 mcollins staff 15088 Jan 10 01:06 sip.set
$ rwsetcat sip.set | head -5
0.0.0.0
32.16.40.178
32.24.41.181
32.24.215.49
32.30.13.177
$ rwfileinfo sip.set
sip.set:
    format(id)          FT_IPSET(0x1d)
```

```
version            16
byte-order         littleEndian
compression(id)    none(0)
header-length      76
record-length      1
record-version     2
silk-version       2.1.0
count-records      15012
file-size          15088
command-lines
                 1  rwset --sip-file=sip.set --dip-file=dip.set
```

rwsetはフローレコードを取り、最大4つの出力ファイルを作成する。--sip-fileで指定したファイルにはフローからの送信元IPアドレス、--dip-fileには送信先アドレス、--any-fileには送信元と送信先IPアドレス、--nhip-fileには次のホップアドレスが入っている。出力はバイナリで、rwsetcatで読み取る。また、すべてのSiLKファイルと同様にrwfileinfoを使って調べることができる。

IPセットの威力はrwfilterと組み合わせたときに発揮される。rwfilterには、IPセットを受け付ける8つのコマンドがある（--sipset、--dipset、--nhipset、--anyset、およびそれぞれの否定形）。IPセットはrwfilterがIPセットを使って迅速に問い合わせできるように明確に設計されているので、**例5-17**に示すようにさまざまな便利な問い合わせが可能である。

例5-17　セット操作と応答

```
$ # まず、IPセットを作成する。aport=123（UDP上のNTP）を使って
$ # 妥当なアドレスセットに絞り込む。NTPクライアントとサーバは
$ # 同じポートを使用する。
$ rwfilter in/2005/01/07/in-S0_20050107.01 --pass=stdout --aport=123 |
  rwset --sip-file=sip.set --dip-file=dip.set
$ # いくつのIPアドレスが作成されたかを見てみよう。
$ rwsetcat --count-ip sip.set
15
$ # rwfilterを使って出力を作成する。sipセットとして--dipsetファイル
$ # を使う点に注意する。これは、これらのアドレスに応答するメッセージ
$ # を探すことを意味する。つまり、このアドレスを始点または終点とするntpが
$ # わかり、ポート123のスキャンではなく、
$ # おそらく正規のNTP利用者であることがわかる。
$ rwfilter out/2005/01/07/out-S0_20050107.01 --dipset=sip.set --pass=stdout
  --aport=123 | rwcut | head -5
            sIP|            dIP|sPort|dPort|pro|     packets|        bytes|   \
flags|                sTime|       dur|                eTime|sen|
   128.3.23.152|    56.7.90.229|  123|  123| 17|           1|           76|   \
     | 2005/01/07T01:10:00.520|     0.083|2005/01/07T01:10:00.603|   ?|
```

```
      128.3.23.152|  192.41.221.11|  123|  123|  17|         1|      76|   \
          |  2005/01/07T01:10:15.519|       0.000|2005/01/07T01:10:15.519|   ?|
      128.3.23.231|  87.221.134.185|  123|  123|  17|         1|      76|   \
          |  2005/01/07T01:24:46.251|       0.005|2005/01/07T01:24:46.256|   ?|
      128.3.26.152|  58.243.214.183|  123|10123|  17|         1|      76|   \
          |  2005/01/07T01:27:08.854|       0.000|2005/01/07T01:27:08.854|   ?|
$ # 統計データを見てみよう。
$ # 同じファイルを使って応答したホストを調べる。
$ rwfilter out/2005/01/07/out-S0_20050107.01 --dipset=sip.set  --aport=123
  --print-stat
Files       1.  Read      12393.  Pass         21.  Fail      12372.
$ # 次に他のすべてを調べる。not-dipsetは、ポート123でこれらのアドレスに
$ # 向かっていないすべてのトラフィックを調べていることを表す。
$ rwfilter out/2005/01/07/out-S0_20050107.01 --not-dipset=sip.set  --aport=123
  --print-stat
Files       1.  Read      12393.  Pass        337.  Fail      12056.
```

　rwsetbuildを使って手動でセットを作成することもできる。rwsetbuildはテキスト入力を取り、出力としてセットファイルを作成する。rwsetbuildでは、rwfilterでの--saddressオプションで使うすべてのIPアドレス表記（リテラルアドレス、整数、ピリオドで区切られた4つの中での範囲、ネットマスク）を使える。**例5-18**に例を示す。

例5-18　rwsetbuildを使ったセットの作成

```
$ cat > setsample.txt
# セットファイル内のコメントはハッシュ記号で始まる。
# リテラルアドレス
255.230.1.1
# アドレスはほぼランダムな順序で配置している。
# 出力は順序付けされる。
111.2.3-4.1-2
# ネットマスク
22.11.1.128/30
^D
$ rwsetbuild setsample.txt setsample.set
$ rwsetcat --print-ip setsample.set
22.11.1.128
22.11.1.129
22.11.1.130
22.11.1.131
111.2.3.1
111.2.3.2
111.2.4.1
111.2.4.2
255.230.1.1
```

96 | 5章 SiLKスイート

セットはrwsettoolコマンドを使って操作することもでき、rwsettoolはセットの追加や削除のためのさまざまなメカニズムを提供する。rwsettoolは以下の4つの操作をサポートする。

--union

いずれかのセットに出現するあらゆるアドレスを含むセットを作成する。

--intersect

指定されたすべてのセットに出現するアドレスだけを含むセットを作成する。

--difference

前者のセットから後者のセットのアドレスを削除する。

--sample

セットからランダムにサンプルを抽出してサブセットを作成する。

通常、rwsettoolは出力パス（--output=_file_）を使って呼び出すが、何も指定しないと、stdoutに書き出す。rwfilterと同様に、rwsettool出力はバイナリなので、端末にそのまま出力するとエラーを引き起こす。例5-19にrwsettoolでの操作を示す。

例5-19　rwsettoolでのセット操作

```
$ rm setsample2.set
$ cat > setsample2.txt
# 元のsetsampleファイルを対象とするセットを作成し、
# さまざまな関数によってどうなるかを確認する。
22.11.1.128/29
$ rwsetbuild setsample2.txt setsample2.set
$ rwsettool --union setsample.set setsample2.set | rwsetcat
22.11.1.128
22.11.1.129
22.11.1.130
22.11.1.131
22.11.1.132
22.11.1.133
22.11.1.134
22.11.1.135
111.2.3.1
111.2.3.2
111.2.4.1
111.2.4.2
255.230.1.1
$ rwsettool --intersect setsample.set setsample2.set | rwsetcat
22.11.1.128
```

```
22.11.1.129
22.11.1.130
22.11.1.131
$ rwsettool --difference setsample.set setsample2.set | rwsetcat
111.2.3.1
111.2.3.2
111.2.4.1
111.2.4.2
255.230.1.1
```

5.8 rwuniq

rwuniqは万能なカウントツールである。1つ以上のフィールドをキーとして指定すると、個々の
フィールド値に対して、バイト、パケット、フローレコード、ユニークIPアドレスの総数などさま
ざまな値の数を数える。

rwuniqは、デフォルトで特定のキーに対して発生したフローの数を数える。キーは--fieldオ
プションを使って指定する。--fieldオプションには表5-1に示したフィールド指定子を用いる。
rwuniqは複数のフィールドを取ることができ、コマンドラインで指定した順にキーが作成される。
例5-20に--fieldオプションの主な機能の例を示す。この例が示すように、このオプションでの
フィールド順は出力のフィールド順に影響する。

例5-20　rwuniqを使ったさまざまなフィールド指定子

```
$ rwfilter out/2005/01/07/out-S0_20050107.01 --all=stdout |
  rwuniq --field=sip,proto | head -4
          sIP|pro|   Records|
 131.243.142.85| 17|        1|
131.243.141.187| 17|        6|
    128.3.23.41| 17|        4|
$ rwfilter out/2005/01/07/out-S0_20050107.01 --all=stdout |
  rwuniq --field=1,2 | head -4
          sIP|          dIP|  Records|
 128.3.174.158|    128.3.23.44|        2|
   128.3.191.1|239.255.255.253|        8|
  128.3.161.98|131.243.163.206|        1|
$ rwfilter out/2005/01/07/out-S0_20050107.01 --all=stdout |
  rwuniq --field=sip,sport | head -4
          sIP|sPort|   Records|
 131.243.63.143|53504|        1|
 131.243.219.52|61506|        1|
131.243.163.206| 1032|        1|
$ rwfilter out/2005/01/07/out-S0_20050107.01 --all=stdout |
```

```
rwuniq --field=sport,sip | head -4
sPort|           sIP|   Records|
55876|   131.243.61.70|         1|
51864|131.243.103.106|         1|
50955| 131.243.103.13|         1|
```

フィールドの順序が変わると、出力されるレコードの順序も変わることに注意しよう。rwuniqは、デフォルトではレコードの順序付けを保証して**いない**。--sort-outputオプションを使うとソートできる。

rwuniqは、さまざまな値を数えるように指示するカウントスイッチを提供している（**例5-21**を参照）。カウントスイッチには--bytes、--packets、--flows、--sipdistinct、--dip-distinctがある。各フィールドはそのまま使うこともできれば、閾値を指定することもできる（例えば、--bytes、--bytes=10、--bytes=10-100など）。単一値の閾値（--bytes=10）は最小値を示し、二値の閾値（--bytes=10-100）は最小値と最大値を使って範囲を示す。引数を指定しないと、スイッチはすべての値を返す。

例5-21　rwuniqでのフィールド指定

```
$ rwfilter out/2005/01/07/out-S0_20050107.01 --all=stdout |
  rwuniq --field=sport,sip --bytes --packets | head -5
sPort|           sIP|        Bytes|  Packets|
55876|   131.243.61.70|          308|        4|
51864|131.243.103.106|          308|        4|
50955| 131.243.103.13|          308|        4|
56568|   128.3.212.145|          360|        5|
$ rwfilter out/2005/01/07/out-S0_20050107.01 --all=stdout |
  rwuniq --field=sport,sip --bytes --packets=8 | head -5
sPort|           sIP|        Bytes|  Packets|
    0| 131.243.30.224|         2520|       30|
  959|   128.3.215.60|          876|       19|
 2315|131.243.124.237|          608|        8|
56838| 131.243.61.187|          616|        8|
$ rwfilter out/2005/01/07/out-S0_20050107.01 --all=stdout |
  rwuniq --field=sport,sip --bytes --packets=8-20 | head -5
sPort|           sIP|        Bytes|  Packets|
  959|   128.3.215.60|          876|       19|
 2315|131.243.124.237|          608|        8|
56838| 131.243.61.187|          616|        8|
  514|   128.3.97.166|         2233|       20|
```

5.9 rwbag

　最後のツール群として、**バッグツール**を取り上げる。**バッグ**は格納構造の形式である。バッグにはキー（IPアドレス、ポート、プロトコル、インタフェースインデックスがキーになり得る）とそのキーの値の数が入る。バッグはゼロから作成するか、またはrwbagコマンドを使ってフローデータから作成できる（**例5-22**を参照）。

例5-22　IPアドレスバッグを作成するrwbag呼び出し

```
$rwfilter out/2005/01/07/out-S0_20050107.01 --all=stdout |
  rwbag --sip-bytes=sip_bytes.bag
$rwbagcat sip_bytes.bag | head -5
     128.3.2.16|          10026403|
     128.3.2.46|             27946|
     128.3.2.96|            218605|
     128.3.2.98|               636|
    128.3.2.102|              1568|
```

　セットと同様に、バッグはSiLKの二次的なバイナリ構造である。つまり、独自のツールキット（rwbagcat、rwbagtool、rwbagbuild）を持ち、データはバイナリであり（そのため、catやテキストエディタでは読めない）、フローデータから抽出するかデータファイルから作成できる。

　基本的なバッグ作成ツールはrwbagであり、**例5-22**に示したように、フローデータからバッグファイルを作成する。rwbagは27種類のバッグを（必要なら同時に）作成できる。この27種類は、3種類のカウント（bytes、packets、flows）と9種類のキー（sip、dip、sport、dport、proto、sensor、input、output、nhip）からなる。キー型とカウント型を組み合わせると、バッグを作成するスイッチが得られる。例えば、送信元と送信先IPアドレスからのすべてのパケットを数えるには、rwbag --sip-packets=b1.bag --dip-packets=b2.bagを呼び出す。

5.10　高度なSiLK機能

　この節では、さらに高度なSiLK機能、特にPMAPの使用とSiLKデータの収集や変換を取り上げる。

5.10.1　PMAP

　SiLKのPMAP（Prefix MAP）は、特定のサブネットワーク（プレフィックス）とタグを関連付けるバイナリファイルである。PMAPは、ネットワークを特定の組織（ASN）や国コードなどにマッピングする。GeoIP（http://www.maxmind.com）などの情報源を使うと、IPアドレスと国を関連付ける

PMAPを作成できる。

SiLKツールスイートでは、以下の基本的なPMAPを利用できる。

address_types.pmap

アドレスの種類を表す。通常、アドレスが監視しているネットワークの内側か外側かを表す。このPMAPのデフォルトファイルシステム位置は`SILK_ADDRESS_TYPES`環境変数を使って指定する。

country_codes.pmap

このPMAPはアドレスの国コードを表す。このPMAPのデフォルト位置は`SILK_COUNTRY_CODES`環境変数を使って指定する。

PMAPは、セットファイルと同様にテキストから作成できる。例5-23に簡単なPMAPファイルを示す。以下の属性に注意する。

- 最初の一連のラベル。PMAPは文字列を格納せず、整数で特定される列挙型を格納する。この列挙型をラベルで定義する。例えば、例5-23のPMAPでは通常のトラフィックは3で表される。
- デフォルトキー。マップに列挙されたネットワークブロックのいずれにも一致しない値がデフォルト値になる。
- 実際の宣言。宣言は、192.168.0.0/16などのネットワーク指定とそれに続くラベルで構成される。

例5-23 PMAP入力

```
# RFC 1918規格の予約済みアドレスの一部を指定する
# サンプルPMAPファイル
#
# まず、ラベルを作成する。
label 0 1918-reserved
label 1 multicast
label 2 future
label 3 normal
#
# モードを指定する。ipかproto-portでなければいけない。
# この場合のipはv4アドレスを示す。
#
mode ip
#
# 指定されていないものはすべて通常 (normal)
default normal
# マップ
192.168.0.0/16    1918-reserved
```

10.0.0.0/8	1918-reserved
172.16.0.0/12	1918-reserved
224.0.0.0/4	multicast
240.0.0.0/4	future

PMAPのテキスト表現を作成したら、rwpmapbuildコマンドを使ってバイナリPMAPにコンパイルする。rwpmapbuildには2つの必須引数がある。入力ファイル名（上記のテキストフォーマットのファイル）と出力ファイルの名前である。ほとんどのSiLKコマンドと同様に、rwpmapbuildは既存の出力ファイルを上書きしない。以下に例を示す。

```
$ rwpmapbuild -i reserve.txt -o reserve.pmap
$ ls -l reserve.*
  -rw-r--r-- 1 mcollins staff 406 May 27 17:16 reserve.pmap
  -rw-r--r-- 1 mcollins staff 526 May 27 17:00 reserve.txt
```

PMAPファイルを作成したら、pmap-file引数を使ってrwfilterやrwcutに与えることができる。PMAPファイルを指定すると、フィルタコマンドやカットコマンドに新しいフィールド群が作成される。PMAPファイルは明示的にIPアドレスに関連付けられているので、新しいフィールドはIPアドレスに結び付けられる。

rwcutを使う例5-24を考えてみよう。この例では、--pmap-file引数はコロンで区切られている。コロンの前の値（この例ではreserve）はラベルであり、コロンの後ろの値はファイル名である。rwcutはpmapに予約された単語を送信元と送信先IPアドレスに結び付け、（送信元アドレスをPMAPにマッピングするための）src-reserveと（送信先アドレスをPMAPにマッピングするための）dst-reserveの2つの新しいフィールドを作成する。

例5-24　src-reserveとdst-reserveフィールドの作成

```
$ rwcut --pmap-file=reserve:reserve.pmap --fields=1-4,src-reserve,dst-reserve
  traceroute.rwf | head -5
          sIP|          dIP|sPort|dPort|   src-reserve|    dst-reserve|
  192.168.1.12|  192.168.1.1|65428|   53| 1918-reserved| 1918-reserved|
  192.168.1.12|  192.168.1.1|56126|   53| 1918-reserved| 1918-reserved|
  192.168.1.12|  192.168.1.1|52055|   53| 1918-reserved| 1918-reserved|
   192.168.1.1|  92.168.1.12|   53|56126| 1918-reserved| 1918-reserved|


$ # フィルタにpmapを使う。rwcutはpmapを使っていない。
$ rwfilter --pmap-file=reserve:reserve.pmap --pass=stdout traceroute.rwf
    --pmap-src-reserve=1918-reserved  | rwcut --field=1-5
    | head -5
sIP|  dIP|sPort|dPort|pro|
192.168.1.12| 192.168.1.1|65428| 53| 17|
```

```
192.168.1.12|  192.168.1.1|56126|  53|  17|
192.168.1.12|  192.168.1.1|52055|  53|  17|
192.168.1.1|  192.168.1.12|  53|56126|  17|
```

5.11 SiLKデータの収集

データを収集してSiLKに渡すためのさまざまなツールがある。主なツールはフローコレクタの YAFと、他のデータをSiLKフォーマットに変換するrwptoflowとrwtucである。

5.11.1 YAF

YAF（Yet Another Flowmeter）はIETF IPFIX標準のリファレンス実装であり、SiLKツールキットのための標準フロー収集ソフトウェアである。YAFはファイルからpcapデータを読み取るかパケットを直接キャプチャし、そこからフローレコードを組み立ててディスクに書き出す。YAFにはオンラインマニュアル（http://bit.ly/yaf-docu）がある。YAFツールはコマンドラインオプションを使って完全に設定できるが、オプションの数は恐ろしく多い。最も簡単なYAFコマンドは以下のようになる。

```
$ sudo yaf -i en1 --live=pcap -out /tmp/yaf/yaf
```

インタフェースen1からデータを読み込み、一時ディレクトリのファイルに出力している。これにオプションを加えて、データの読み込み方法、フローへの変換方法、出力フォーマットを制御することができる。

yaf出力は、--outスイッチに--ipfixやrotateスイッチを組み合わせて指定する。デフォルトでは、--outはファイルに出力する。上記の例では、ファイルは/tmp/yaf/yafだが、有効なファイル名なら何でも構わない（--outを-に設定すると、yafはstdoutに出力する）。

--outを--rotateと一緒に指定すると、yafは--rotateスイッチで指定した時間でローテーションするファイルに出力する（例えば、--rotate 3600は1時間ごとにファイルを更新する）。このモードでは、yafは--outで指定した名前をベースファイル名として使い、YYYYMMDDhhmmss形式で指定した接尾語を付加し、さらに10進数のシリアル番号と.yafファイル拡張子を追加する。

yafに--ipfixスイッチを指定すると、IPFIXデータをネットワーク上の他のどこかにあるデーモンへ伝える。これは最も複雑なオプションで、--ipfixに引数としてトランスポートプロトコルを指定し、--outはホストのIPアドレスを指定する。さらに--ipfix-portスイッチで、必要に応じてポート番号を与える。詳細はマニュアルを参照してほしい。

最も重要なオプションを以下に示す。

オプション	役割
--live	読み込むデータの種類を指定する。指定できる値フォーマットはpcap、dag、napatechである。dagとnapatechは商用のパケットキャプチャシステムを示すので、そのハードウェアを持っていない限り--liveはpcapに設定しておけばよい。
--filter	pcapデータにBPFフィルタを適用する。
--out	前述の出力指定子。出力指定子は他にどのスイッチを使うかによってファイル、ファイルプレフィックス、またはIPアドレスになる。
--ipfix	引数としてトランスポートプロトコル（tcp、udp、sctp、spread）を取り、出力がネットワークを介して転送されるIPFIXであることを指定する。詳しい情報はyafのマニュアルを参照すること。
--ipfix-port	--ipfixを指定した場合のみ使用する。IPFIXデータを送信するポートを指定する。
--rotate	ファイルを指定した場合のみ使う。これを指定すると、--outのファイル名をプレフィックスとして使い、タイムスタンプを付加したファイルを書き出す。--rotateオプションは、新しいファイルに移行するまでの秒数を引数として取る。
--silk	SiLKのrwflowpackツールで解析できる出力を指定する。
--idle-timeout	フローのアイドルタイムアウトを秒単位で指定する。フローがフローキャッシュに存在し、アクティブでない場合、アイドルタイムアウトの期間アクティブでなければ即座に解放する。デフォルトは300秒（5分）。
--active-timeout	フローのアクティブタイムアウトを指定する。アクティブタイムアウトは、アクティブなフローをキャッシュから解放するまで格納しておく最大時間である。デフォルトは30分（1,800秒）。アクティブタイムアウトで収集したフローの最大観測期間が決まる。

　YAFにはさらに多くのオプションがあるが、上記のオプションはフローの設定時に検討すべき基本的なオプションである。詳細はYAFのマニュアルページを参照すること。

YAFのレシピ

　YAFには多数のオプションがあり、それぞれがどのような影響を与えるかが少しわかりにくい。以下にYAF呼び出しの例を示す。

　インタフェース（en1）からyafを読み込み、ディスク上のファイルに書き込む。

```
$sudo yaf -i en1 --live=pcap -o /tmp/yaf/yaf
```

　5分ごとにファイルをローテーションする。

```
$sudo yaf -i en1 --rotate 300 --live=pcap -o /tmp/yaf/yaf
```

　ディスクからファイルを読み込んで変換する。

```
$yaf <example.pcap >yafout
```

　データにBPFフィルタを実行し、TCPデータのみを取り出す。

```
$ sudo yaf -i en1 --rotate 300 --live=pcap -o /tmp/yaf/yaf --filter="tcp"
```

IPFIXのYAFデータをアドレス128.2.14.11:3059にエクスポートする。

```
$ sudo yaf --live pcap --in eth1 --out 128.2.14.11 --ipfix-port=3059
  --ipfix tcp
```

5.11.2 rwptoflow

SiLKは独自のコンパクトなバイナリフォーマットを使ってNetFlowデータを表現しており、人が読める形式にするにはrwcutやrwcountなどを用いる。アナリストが他のデータをSiLKフォーマットに変換したい場合がある。IDSの警告からパケットキャプチャを取得し、そのデータにIPセットフィルタを行いたい場合などだ。

このようなタスクにはrwptoflowを用いる。rwptoflowは、パケットデータをフローに変換してくれる。フローの集約は**行わない**。rwptoflowで作成されるフローは1パケットが1フローレコードに変換される。生成されるファイルは、他のフローファイルと同様にSiLKで操作できる。

rwptoflowは、引数として入力ファイルを指定して比較的簡単に呼び出すことができる。例5-25では、rwptoflowを使ってtracerouteからのpcapデータをフローデータに変換している。その結果の生ファイルをrwcutを使って読み込み、tracerouteレコードと結果のフローレコードの対応を確認できる。

例5-25 rwptoflowを使ったpcapデータの変換

```
$ tcpdump -v -n -r traceroute.pcap  | head -6
reading from file traceroute.pcap, link-type EN10MB (Ethernet)
21:06:50.559146 IP (tos 0x0, ttl 255, id 8010, offset 0, flags [none],
              proto UDP (17), length 64)
    192.168.1.12.65428 > 192.168.1.1.53: 63077+ A? jaws.oscar.aol.com. (36)
21:06:50.559157 IP (tos 0x0, ttl 255, id 37467, offset 0, flags [none],
              proto UDP (17), length 86)
    192.168.1.12.56126 > 192.168.1.1.53: 30980+ PTR?
    dr._dns-sd._udp.0.1.168.192.in-addr.arpa. (58)
21:06:50.559158 IP (tos 0x0, ttl 255, id 2942, offset 0, flags [none],
              proto UDP (17), length 66)
    192.168.1.12.52055 > 192.168.1.1.53: 990+ PTR? db._dns-sd._udp.home. (38)
$ rwptoflow traceroute.pcap > traceroute.rwf
$ rwcut --num-recs=3 --fields=1-5 traceroute.rwf
   sIP|    dIP|sPort|dPort|pro|
 192.168.1.12|   192.168.1.1|65428|   53| 17|
 192.168.1.12|   192.168.1.1|56126|   53| 17|
```

```
192.168.1.12|  192.168.1.1|52055|   53| 17|
```

5.11.3 rwtuc

さまざまな情報源のデータを関連付けるときには、SiLKのフォーマットに変換したい場合もあるだろう。rwtucはカラムで構成されたテキストファイルに対応しているので、さまざまなデータをSiLK表現に変換することができる。rwtucを使うと、IDS警告や他のデータを後に操作するためにSiLKデータに変換できる。

rwtucを呼び出す最も簡単な方法は、rwcutの逆として使う方法である。カラムナエントリを持つファイルを作成する。この際、ラベルをrwcutで使うものと一致させる。

```
$cat rwtuc_sample.txt
sIP        |dIP        |proto
128.2.11.4  | 29.3.11.4 | 6
11.8.3.15   | 9.12.1.4  | 17
$ rwtuc < rwtuc_sample.txt > rwtuc_sample.rwf
$ rwcut rwtuc_sample.rwf --field=1-6
 sIP| dIP|sPort|dPort|pro|   packets|
  128.2.11.4|  29.3.11.4|    0|    0|  6|         1|
   11.8.3.15|   9.12.1.4|    0|    0| 17|         1|
```

以下のコードが示すように、rwtucは列を読み込み、ヘッダを使って列の内容を判断し、列が提供されていないフィールドはデフォルト値で埋める。以下のように --fields や --column-separator スイッチを使ってコマンドラインで列を指定することもできる。

```
$cat rwtuc_sample2.txt
128.2.11.4  x 29.3.11.4 x 6 x 5
7.3.1.1     x 128.2.11.4 x 17 x 3
$ rwtuc --fields=sip,dip,proto,packets --column-sep=x < rwtuc_sample2.txt
 > rwtuc_sample2.rwf
$ rwcut --fields=1-7 rwtuc_sample2.rwf
 sIP| dIP|sPort|dPort|pro|   packets|      bytes|
  128.2.11.4|  29.3.11.4|    0|    0|  6|         5|         5|
    7.3.1.1| 128.211.4|    0|    0| 17|         3|         3|
```

SiLKのバイナリフォーマットではすべてのフィールドに値が必要なので、rwtucは存在しないフィールド値を推測することになる。例えば、前述の例はフィールドとしてパケットを指定しているがバイトは指定せず、rwtucはパケット値とバイト値を同じ値に指定している。

共通デフォルト値がある場合には (例えば、すべてのトラフィックが同じプロトコルの場合など)、rwtucのフィールド埋めオプションの1つを使ってこの値を指定できる。このオプションはrwfilterのフィールドフィルタオプションと同じだが、1つの値しか取らない。例えば、--proto=17はすべて

のエントリのプロトコルを17に設定する。

　以下では、フィールド埋めコマンド`--bytes=300`を使い、`rwtuc_sample2.txt`のすべてのエントリに300バイトの値を設定している。

```
$ rwtuc --fields=sip,dip,proto,packets --column-sep=x --bytes=300 <
  rwtuc_sample2.txt > rwtuc_sample2.rwf
$ rwcut --fields=1-7 rwtuc_sample2.rwf
      sIP|    dIP|sPort|dPort|pro|  packets|      bytes|
 128.2.11.4|    29.3.11.4|    0|    0| 6|        5|        300|
    7.3.1.1|   128.2.11.4|    0|    0|17|        3|        300|
```

　元のテキストファイルにはバイト値は存在しないにもかかわらず、結果のRWFファイルには300バイトの値が指定されている。ファイルに指定されているパケット値は、指定の値に設定されている。

5.12　参考文献

1. Time Shimeall, Sid Faber, Markus DeShon, and Drew Kompanek, "Using SiLK for Network Traffic Analysis," Software Engineering Institute.

6章
セキュリティ分析のためのR入門

　Rは、オークランド大学のRoss IhakaとRobert Gentlemanが開発したオープンソースの統計分析パッケージである。主に統計学者やデータアナリストによって設計された。SやSPSSなどの商用統計パッケージとも関係している。Rは探索的データ分析のためのツールキットである。統計的モデリングやデータ操作機能、可視化ができるだけでなく、フル機能のプログラミング言語としても利用できる。

　Rは、分析のための特殊な万能ナイフのような役割を果たす。分析作業には、生のデータを要約するために、小さなアドホックデータベースを作成して操作するツールが必要である。例えば、特定のホストからのトラフィック量をサービスごとに分割した時間要約などである。このような表は生のデータよりも複雑だが、最終的に公開するためのものではなく、さらに分析するための一時的なものである。これまでは、Microsoft Excelがこのような分析のために用いられてきた。Microsoft Excelは、数値解析やグラフ化機能を提供しており、フィルタ、ソート、順序付けが可能な簡単な列形式でのデータを提示する。アナリストはExcelファイルを紙切れのようにやり取りしてきた。

　著者は、Rのほうが大規模な数値解析において優れていると考え、ExcelからRに乗り換えた。大規模なデータセットを扱うには、ExcelのGUIは有効ではない。表操作機能においてもRのほうが優れており、途中経過をワークスペースとして保存、共有できるし、可視化機能も強力である。さらに、フル機能のスクリプト言語があるために迅速な自動化が可能である。本章で取り上げる内容の多くはExcelでも実行できるが、Rの学習に時間をつぎ込めるなら、その価値はある。

　本章の前半では、Rのプログラミング環境を使ったデータのアクセスと操作に重点を置く。後半では、Rを使った統計的検定の手順に焦点を当てる。

6.1　インストールと設定

　Rはよくメンテナンスされたオープンソースプロジェクトである。CRAN（The Comprehensive R Archive Network：包括的Rアーカイブネットワーク、http://cran.r-project.org）がWindows、Mac

OS X、Linux システム用の現在のバイナリ、R パッケージリポジトリ、豊富なドキュメントのメンテナンスを行っている。

最も簡単に R をインストールするには、（ホームページの先頭にある）適切なバイナリを入手すればよい。また、R は主要なパッケージマネージャでサポートされている。以降では、R のグラフィカルインタフェースで使うことを前提とする。

R を利用するためのツールは他にもたくさんある。これまで使ってきたツールや環境に応じて選ぶことができる。RStudio（http://www.rstudio.com）は、より伝統的な IDE フレームワークでデータ、プロジェクト、タスク管理ツールを提供する統合開発環境である。Emacs ユーザであれば、Emacs Speaks Statistics や ESS-mode（http://ess.r-project.org）が対話的な環境を提供する。

6.2　R言語の基礎

この節は R 言語の短期集中コースである。R は機能豊富な言語であり、著者はかろうじて表面をなでているにすぎない。本節では、簡単な R プログラムを記述してコマンドラインで実行し、ライブラリとして保存するまでの基本的な機能に絞って説明する。

6.2.1　Rプロンプト

R の手始めとして、ウィンドウとコマンドプロンプトを紹介する。R コンソールの例を図6-1に示す。この図が示すように、コンソールは大きなテキストウィンドウがあり、その上に補足機能を提供するボタン群がある。ボタン行の下に 2 つのテキストフィールドがある。最初のフィールドは現在の作業ディレクトリを示し、2 つ目はヘルプ機能を提供する。R はドキュメントが充実しているので、このボックスを有効に活用しよう。

6.2 R言語の基礎

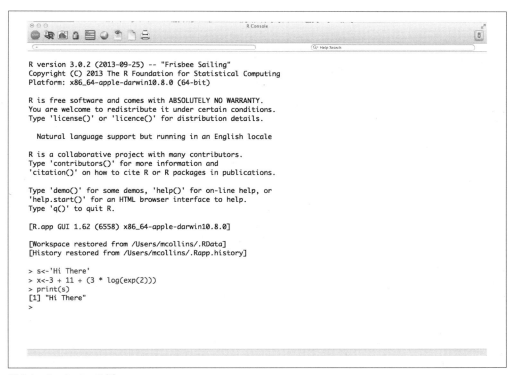

図6-1　Rコンソール例

図6-1では複数のコマンドを入力している。以下にそれを示す。Rでは変数への代入を<-で示す。最初のコマンドでは、変数sに文字列型の値'Hi There'を代入している。その次の行では、変数xに数値計算の結果を代入している。print文は変数の値を表示する。

```
> s<-'Hi There'
> x<- 3 + 11 + (3 * log(exp(2)))
> print(s)
[1] "Hi There"
> print(x)
[1] 20
```

Rのプロンプト（入力促進記号）は>である。その後にプログラム文やコマンドを入力する。1行分のプログラム文の入力が完了していない場合（例えば、かっこを開いているのに閉じていない場合）、改行（リターン）を入力してもプロンプトは>とならず+になる。これに続いて文の残りを入力し、一行分のプログラム文を完了させて改行を入力するとプロンプトは>に戻る。

```
> s<- 3 * (
+ 5 + 11
```

```
+ + 2
+ )
> s
[1] 54
```

Rが値を返すときには（例えば、上記の例のsの出力）、角かっこで[1]と出力される。かっこ内の値は配列インデックスである。出力が複数行に渡る場合には、行ごとに、その最初の要素の位置を示す番号が示される。例えば、以下の例では、変数sの出力は2行に渡っているため、最初の行では[1]が、2行目では[13]がそれぞれの行の先頭に出力されている。

```
> s<-seq(1,20)
> s
 [1]  1  2  3  4  5  6  7  8  9 10 11 12
[13] 13 14 15 16 17 18 19 20
```

help(term)や?termを使うとヘルプを呼び出すことができる。ヘルプの検索にはhelp.search()や??を使う。

Rを終了するには、ウィンドウを閉じるための終了ボタンをクリックするか、q()コマンドを入力する。純粋なコマンドラインR（グラフィカルインタフェースのないR）を使用している場合には、プロンプトでCtrl-Dもしくはq()と入力するとセッションが終了する。

このとき、ワークスペース（とヒストリー）を保存するかを尋ねられる。ワークスペースとはユーザの定義したデータが保存されるファイル（図6-1の例では、/Users/mcollins/.RData）であり、ヒストリーとは前回の利用時にユーザが入力したコマンドが保存されているファイル（図6-1の例では、/Users/mcollins/.Rapp.history）である。保存をしておくと、次回の起動時にこれらが自動的にロードされ、作業を継続できる。

6.2.2　R変数

Rは、スカラ整数、文字データ（文字列）、論理値、浮動小数点値、ベクトル、行列、リストなどのさまざまなデータ型をサポートしている。以下の例に示すスカラ型は、<-、=、->演算子を使って代入することができる。Rの代入演算子には面倒なスコープルールがあるが、本書の範囲では（そして、ほとんどすべてのRプログラミングでは）、Rスタイルガイドの推奨する<-演算子を使えばよい。

```
> # 変数に値を直接代入する。
> a<-1
> b<-1.0
> c<-'A String'
> d<-T
> # dをeに代入
> e<-d
> e
```

```
[1] TRUE
> d
[1] TRUE
> # dに別の値を代入。dは変更されるがeはそのままであることを確認。
> d<-2
> d
[1] 2
> e
[1] TRUE
```

Rベクトルは同じ型（文字、論理、または文字列）の1つ以上の値の順序付き集合である。ベクトルは、c関数などの関数で作成する。ベクトルはRで最も一般的に使う要素である。前に示したスカラ値は、厳密には長さ1のベクトルである[*1]。

```
> # 整数ベクトルの例
> int.vec<-c(1,2,3,4,5)
> int.vec
[1] 1 2 3 4 5
> # 必要に応じて浮動小数点数から整数、または
> # 整数から浮動小数点数にキャストされる。
> float.vec<-c(1,2.0,3)
> float.vec
[1] 1 2 3
> float.vec<-c(1,2.45,3)
> float.vec
[1] 1.00 2.45 3.00
> # 論理値ベクトル
> logical.vec<-c(T,F,F,T)
> logical.vec
[1]  TRUE FALSE FALSE  TRUE
> # 数値ベクトルに入れると、整数にキャストされる。
> mixed.vec<-c(1,2,FALSE,TRUE)
> mixed.vec
[1] 1 2 0 1
> # 文字ベクトルは1つ以上の文字列で構成される。
> # 1つの文字列が1つの要素である。
> char.vec <c("One","Two","Three")
> char.vec
[1] "One"   "Two"   "Three"
> # lengthはベクトル長を示す。
> length(int.vec)
[1] 5
> # 文字ベクトルの長さは文字列の総数の長さであり、
```

[*1] 変数名にピリオドが使えることに注意。Rの祖先（SとS-Plus）によってこの慣習が確立された。アンダースコアも使えるが、多くのRコードでは、他の言語でアンダースコアを用いるような場合に、代わりにピリオドを使う。

```
> # 個々の文字の長さではない。
> length(char.vec)
[1] 3
```

文字ベクトルの長さに注意しよう。Rでは、文字列は文字数にかかわらず1つの要素として扱われる。文字列にアクセスするための関数は用意されている（ncharは長さを取得し、substrとstrsplitは文字列から要素を抽出する）が、Pythonのように個々の文字に直接アクセスすることはできない。

6.2.2.1　ベクトルの演算

Rは、ベクトル演算のための関数を提供している。ベクトルは他のベクトルと加算または乗算できる。サイズが同じ場合には、結果は要素ごとに計算される。一方のベクトルの方が小さい場合には、要素を繰り返して同じサイズのベクトルを作成する（長さが他のベクトルの長さの倍数ではないベクトルではエラーが起こる）。これは1要素ベクトルにも適用される。1要素を長いベクトルに加算すると、ベクトルの各要素に加算される。乗算の場合は、各要素に乗算する。

ベクトルでは、角かっこで囲んだインデックスを使い、要素ごとの操作ができる。例えば、v[k]はvのk番目の要素である。また、v[a:b]のように範囲を指定することもできる。インデックス値がマイナスの場合には、インデックス値で指定された要素が削除される。これらの例を以下に示す。

```
> # まず、2つのベクトルを結合する。
> # 結果は、ベクトルを要素とするベクトルではないことに注意。
> v1 <- c(1,2,3,4,5)
> v2 <- c(6,7,8,9,10)
> v3 <- c(v1,v2)
> v3
 [1]  1  2  3  4  5  6  7  8  9 10
> # 基本演算－乗算と加算
> 2 * v1
[1]  2  4  6  8 10
> 1 + v1
[1] 2 3 4 5 6
> # 同じ要素数のベクトル同士の乗算
> v1 * v2
[1]  6 14 24 36 50
> # 積を求める場合には%*%を使う。結果は後に説明するマトリックス型となる。
> v1 %*% v2
     [,1]
[1,]  130
> # 範囲指定で要素の取り出し
> v3[2:4]
[1] 2 3 4
> # これはv3[1]と同じ。
> v3[1:1]
```

```
[1] 1
> # 範囲を逆に指定してベクトルの要素を逆順にする。
> v3[3:1]
[1] 3 2 1
> # 負のインデックスを指定して要素を削除する。
> v3[-3]
[1]  1  2  4  5  6  7  8  9 10
> v3[-1:-3]
[1]  4  5  6  7  8  9 10
> # 8より大きい要素のみを取り出す。
> v3[8 < v3]
[1]  9 10
> # インデックスに論理ベクタを指定するとTRUEの要素に対応した要素を取り出せる。
> # c(T,F)の論理ベクトルが巡回してv3のベクトル要素に適用される。
> v3[c(T,F)]
[1] 1 3 5 7 9
```

6.2.2.2　行列

Rでは、matrix関数を使ってベクトルから行列を生成できる。ベクトルと同様に、（その行列自体、ベクトル、他の行列と）加算や乗算ができ、以下に示すようなさまざまな方法で選択や分割ができる。

```
> # 行列は、matrix()関数を使って生成する。
> # 第1列の行が（上から下へ）すべて埋まると、続きは次の列に埋めてゆく。
> # なお、byrow=Tパラメータを付加すると行の方向で（左から右へ）埋めてゆく。
> s<-matrix(v3,nrow=2,ncol=5)
> s
     [,1] [,2] [,3] [,4] [,5]
[1,]    1    3    5    7    9
[2,]    2    4    6    8   10
> # 加算
> s + 3
     [,1] [,2] [,3] [,4] [,5]
[1,]    4    6    8   10   12
[2,]    5    7    9   11   13
> # 乗算
> s * 2
     [,1] [,2] [,3] [,4] [,5]
[1,]    2    6   10   14   18
[2,]    4    8   12   16   20
> # 行列要素同士の乗算（行列積ではない。%*%演算子を使えば積が得られる）
> s * s
     [,1] [,2] [,3] [,4] [,5]
[1,]    1    9   25   49   81
[2,]    4   16   36   64  100
> # ベクトルを加算する。
```

```
> # ベクトルの要素は、行列の第1列の行から順に対応する要素と演算する。
> s + v3
     [,1] [,2] [,3] [,4] [,5]
[1,]    2    6   10   14   18
[2,]    4    8   12   16   20
> # 短いベクトルとの演算では、それを巡回させて行列の対応する要素と演算する。
> s + v1
     [,1] [,2] [,3] [,4] [,5]
[1,]    2    6   10    9   13
[2,]    4    8    7   11   15
> # 特定の要素のアクセスは、行、カンマ、列の順に指定する。
> s[1,1]
[1] 1
> # 指定した列のすべての行の要素をアクセスする場合、行は省略できる。
> # 結果はベクトルとして返されるため、列が水平方向に表示される。
> s[,1]
[1] 1 2
> # 指定した行のすべての列の要素をアクセスする場合、列は省略できる。
> s[1,]
[1] 1 3 5 7 9
> # 第1行の第1列と第2列の要素にアクセスする。
> s[1,1:2]
[1] 1 3
> #第1行と第2行の第1列の要素にアクセスする。
> s[1:2,1]
[1] 1 2
> #第1行と第2行の第1列と第2列をアクセスすると、行列が返される。
> s[1:2,1:2]
     [,1] [,2]
[1,]    1    3
[2,]    2    4
> # 論理値を使った第1行のアクセス方法。
> # TRUEの要素に対応した行の要素が取り出される。
> s[c(T,F)]
[1] 1 3 5 7 9
> # 論理値を使った第2行のアクセス方法。
> s[c(F,T)]
[1]  2  4  6  8 10
> # 第2行の、第1列、第3列、第4列の要素をアクセスする方法。
> s[c(F,T),c(T,F,T,T,F)]
[1] 2 6 8
```

　なお、行列は2次元であるが、それを多次元に拡張したものを配列（array）と呼ぶ。これを生成するにはarray()関数を使用する。

6.2.2.3 リスト

同じ型の要素から構成されるベクトルと違い、Rリストはさまざまな型や構造体を要素として持つことができる。リストもリストの要素になることができる。リストは、list()関数で生成し、その要素をアクセスする場合には、二重かっこを使う。なお、リストのインデックスとして要素に**名前を付ける**こともでき、$名前で、その要素にアクセスできる。

```
# v3ベクトルの要素を再確認する。
> v3
 [1]  1  2  3  4  5  6  7  8  9 10
> # リストを生成する。任意の数の要素を追加できる。
> # 追加する各要素は新しいインデックスになる。
> list.a <- list(v3,c('How','Terrible'),11)
> # リストを出力する。リストのインデックスは二重かっこで示される。
> list.a
[[1]]
 [1]  1  2  3  4  5  6  7  8  9 10

[[2]]
 [1] "How" "Terrible"

[[3]]
 [1] 11
> # 個々の要素はインデックスで確認できる。
> # 一重かっこを使うとリストの要素をリストにして返す。
> list.a[1]
[[1]]
 [1]  1  2  3  4  5  6  7  8  9 10
> # 二重かっこを使うと要素そのものを返す。
> # したがって、リストインデックス ([[1]]) は表示されない。
> list.a[[1]]
 [1]  1  2  3  4  5  6  7  8  9 10
> # 一重かっこが要素をリストにして返すので、
> # 二重かっこでその中の要素そのものを取り出す。
> list.a[1][[1]]
 [1]  1  2  3  4  5  6  7  8  9 10
> # 二重かっこで最初の要素であるベクトルが返るので、一重かっこでベクトルの要素をアクセスする。
> list.a[[1]][1]
[1] 1
> list.a[[2]][2]
[1] "Terrible"
> # その要素を"Horrible"に入れ替える。
> list.a[[2]][2] <- 'Horrible'
> # どのような型が返ってくるのかが不明な場合、mode()関数で確認することができる。
> mode(list.a[[2]])
```

```
[1] "character"
> mode(list.a[2])
[1] "list"

> # 名前付きリストを生成することができる。
> list.b <- list(values=v1,rant=v2,miscellany=c(1,2,3,4,5,9,10))
> # パラメータ名はリスト要素名になり、
> # 引数はリストの実際の要素になる。
> list.b
$values
[1] 1 2 3 4 5

$rant
[1]  6  7  8  9 10

$miscellany
[1]  1  2  3  4  5  9 10

> # 名前付き要素はドル記号を使ってアクセスする。
> list.b$miscellany
[1]  1  2  3  4  5  9 10
> # その結果にインデックスを使って各要素にアクセスできる。
> list.b$miscellany[2]
[1] 2
> # 名前ではなくインデックスで指定しても構わない。
> list.b[[3]]
[1]  1  2  3  4  5  9 10
```

　なお、Rの主要なデータ構造にデータフレームがあるが、データフレームを理解するにはリスト文法を理解しておく必要がある。これについては後で詳しく説明する。

6.2.3　関数

　新たな関数を定義するには、以下のように関数 function を使い、変数に代入する形をとる。

```
> add_elements <- function(a,b) a + b
> add_elements(2,3)
[1] 5
> simple_math <- function(x,y,z) {
+     t <- c(x,y)
+     z * t
+ }
```

　中かっこに着目してほしい。Rでは、中かっこを使って複数の式をグループ化することができる。グループの値は最後の文の値となる。中かっこは、以下に示すように関数以外でも利用できる。

```
> { 8 + 7
+ 9 + 2
+ c('hi','there')
+ }
[1] "hi"      "there"
```

simple_mathでは中かっこ内の式の結果を逐次的に評価し、最終結果を返す。最終結果は、ブロック内の前の文と関係がある必要はない。Rには終了して関数から抜けるreturn文があるが、慣例では結果が明らかな場合にはreturn文を使わない。

関数の引数では、=記号を使ってデフォルト値を指定できる。デフォルト値を割り当てた引数は省略可能になる。なお、複数の引数があった場合、引数の割り当ては順番に行うか、または明示的に引数名を指定する。

```
# オプションの引数を持つ関数を生成する。
> test<-function(x,y=10) { x + y }
# 引数を渡さない場合にはデフォルトを使う。
> test(1)
[1] 11
> # 両方の引数を指定する場合、引数の定義の順序とする。
> test(1,5)
[1] 6
> # 引数名を使って値を割り当てることもできる。
> test(1,y=9)
[1] 10
> # 名前を指定すると、引数の順序よりも優先される。
> test(y=8,x=4)
[1] 12
> # デフォルトを持たない値は必ず指定しなければならない。
> test()
Error in x + y : 'x' is missing
```

Rの関数は、必要に応じて操作、評価、適用できるオブジェクトとして扱うことができる。関数を他の関数にパラメータとして渡すことができる。apply関数やReduce関数を使うと、さらに複雑な評価をサポートできる。

```
> # 別の関数に呼び出される関数を作成する。
> inc.func<-function(x) { x + 1 }
> dual.func<-function(y) { y(2) }
> dual.func(inc.func)
[1] 3
> # Rには、入力の型 (行列、リスト、ベクトル) と出力の型
> # によってさまざまな適用関数がある。
> test.vec<-1:20
> test.vec
```

```
 [1]  1  2  3  4  5  6  7  8  9 10 11 12 13 14 15 16 17 18 19 20
> # 匿名関数に対してsapplyを行う。この関数は実行中だけ存在する。
> # sapply(c,inc.func)として、上記で定義した関数inc.funcを使うこともできる。
> sapply(test.vec,function(x) x+2)
 [1]  3  4  5  6  7  8  9 10 11 12 13 14 15 16 17 18 19 20 21 22
> # sapplyは代表的なマップ関数であり、Reduceは代表的な折りたたみ/まとめ関数である。
> # ベクトルを単一値にまとめる。この場合、渡された関数はaとbを加算する
> # 整数1から20まで加えて210を返す。
> # Reduceの最初の文字は大文字になる点に注意。
> Reduce(function(a,b) a+b,1:20)
[1] 210
```

Rでのループ（特にforループ）は遅いことで有名である。PythonやCならforループで行う多くのタスクは、Rでは関数構造を用いて実行する。その際、最も多用されるのがsapplyとReduceである。

6.2.4　条件句と反復

Rでの基本的な条件文はif...then...elseであり、複数のif文を続けるにはelse ifを使う。ifは、ここで文と言っているものの、それ自身は関数であり、他の関数と同様に値を返す。

```
> # 文字列を出力する簡単なif/then
> if (a == b) print("Equivalent") else print("Not Equivalent")
[1] "Not Equivalent"
> # 値を直接返すこともできる。
> if (a==b) "Equivalent" else "Not Equivalent"
[1] "Not Equivalent"
# if/thenは関数なので、別の関数やif/thenに埋め込むことができる。
> if((if (a!=b) "Equivalent" else "Not Equivalent") == \
    "Not Equivalent") print("Really not equivalent")
> a<-45
> # else ifを使って複数のif/then文をつなげる。
> if (a == 5) "Equal to five" else if (a == 20)  "Equal to twenty" \
  else if (a == 45) "Equal to forty five" else "Odd beastie"
[1] "Equal to forty five"
> a<-5
> if (a == 5) "Equal to five" else if (a == 20)  "Equal to twenty" \
 else if (a == 45) "Equal to forty five" else "Odd beastie"
[1] "Equal to five"
> a<-97
> if (a == 5) "Equal to five" else if (a == 20)  "Equal to twenty" \
 else if (a == 45) "Equal to forty five" else "Odd beastie"
[1] "Odd beastie"
```

Rは、複数のif/then句のコンパクトな代替手段としてswitch文を提供している。switch文は整

数の比較には引数の位置を使い、テキストの比較にはオプション引数を使う。

```
> # switchが最初のパラメータに数値を取ると、その数値に相当する
> # インデックスを持つ引数を返すので、
> # 以下は2番目の引数「is」を返す。
> switch(2,"This","Is","A","Test")
[1] "Is"
> proto<-'tcp'
> # パラメータに名前が付いている場合、照合にそのテキスト文字列を使う。
> switch(proto,tcp=6,udp=17,icmp=1)
[1] 6
> # 最後のパラメータはデフォルト引数である。
> proto<-'unknown'
> switch(proto, tcp=6,udp=17,icmp=1, -1)
[1] -1
> # switchを繰り返し使うには、関数に組み込む。
> proto<-function(x) { switch(x, tcp=6,udp=17,icmp=1)}
> proto('tcp')
[1] 6
> proto('udp')
[1] 17
> proto('icmp')
[1] 1
```

Rには3つのループ構造がある。repeatは無限ループであり、whileはループ内で条件付き評価を行う。また、forはベクトルの各要素に対して関数を適用する。ループの制御は、ループを終了するbreak関数やスキップするnext関数で行う。

```
> # repeatループ。repeatループは、ループ内にbreak文がないと
> # 回り続ける。条件を指定しないと、永遠に動作する。
> i<-0
> repeat {
+   i <- i + 1
+   print(i)
+   if (i > 4) break;
+ }
[1] 1
[1] 2
[1] 3
[1] 4
[1] 5
> # 同じ機能を持つwhileループ。
> # whileループにはbreak文は必要ない。
> i <- 1
> while( i < 6) {
+     print(i)
```

```
+     i <- i + 1
+ }
[1] 1
[1] 2
[1] 3
[1] 4
[1] 5
> # for ループが最もコンパクトである。
> s<-1:5
> for(i in s) print(i)
[1] 1
[1] 2
[1] 3
[1] 4
[1] 5
```

Rにはこのようなループ構造があるが、一般的にはループは避け、sapplyなどの関数演算を使ったほうがよい。Rは汎用プログラミング言語では**ない**。Rは、豊富な演算ツールキットを使って統計分析を提供することを目的としている。Rは、データ操作に利用できる最適化された関数や他のツールを数多く備えている。その一部を本章の後半で取り上げるが、Rの参考文献を参照して欲しい。

6.3　Rのワークスペース

すでに説明したように、Rをquit()コマンドで終了する場合、オブジェクトが生成されているワークスペースを保存するオプションを選択すれば、その時点でのオブジェクトがすべてファイル（.RData）に保存される。次にRを起動したときには、それが読み込まれ、終了前と同じ状態でプログラミングを継続できる。

```
> s<-1:15
> s
 [1]  1  2  3  4  5  6  7  8  9 10 11 12 13 14 15
> t<-(s*3) - 5
> t
 [1] -2  1  4  7 10 13 16 19 22 25 28 31 34 37 40
>
Save workspace image? [y/n/c]: y
$ R --silent
> s
 [1]  1  2  3  4  5  6  7  8  9 10 11 12 13 14 15
> t
 [1] -2  1  4  7 10 13 16 19 22 25 28 31 34 37 40
```

あるディレクトリでRを開始すると、Rはワークスペースファイル（.RData）があるかどうか調べ

る。あればそのファイルの内容をロードする。.RDataは、セッション終了時に要求があれば更新される。また、save.image()コマンドを使ってセッション中に保存することもできる。これは新たな分析や長いコマンドを試してみる際に便利だ。

　ls関数を使ってワークスペースにあるオブジェクトのリストを取得できる。ls関数はオブジェクト名のベクトルを返す。オブジェクトはrm関数を使うと削除できる。ワークスペースのオブジェクトは、save関数を使って保存でき、load関数でロードできる。これらの関数は引数としてオブジェクトのリストやファイル名を取り、自動的に結果を環境にロードする。

```
> # 簡単なオブジェクトを生成しよう。
> # rnorm()関数で、平均10、標準偏差5の正規分布に従う50個の乱数を生成する。
> a<-1:20
> t<-rnorm(50,10,5)
> # lsはオブジェクトを表示する。
> ls()
[1] "a" "t"
> # これらのオブジェクトをsample_dataという名前のファイルに保存する。
> save(a,t,file='simple_data')
> # オブジェクトを削除してls()で確認すると空を示すcharacter(0)が返る。
> rm(a,t)
> ls()
character(0)
> # オブジェクトを読み込むと復活していることがわかる。
> load('simple_data')
> ls()
[1] "a" "t"
```

　ロードしたい簡単なRスクリプトがある場合には、sourceコマンドを使ってファイルをロードする。sinkコマンドは出力をファイルにリダイレクトする。

6.4　データフレームを使った分析

　データフレームは、R固有のデータ構造で、アナリストの立場からすると、最も重要なデータ構造である。データフレームは、アドホックなテーブルである。つまり、個々の列が1つの変数となっているテーブル構造である。他の言語では、データフレームのようなものを実装するには、配列やハッシュテーブルを使わなければならない。Rではデータフレームは、基本的なデータ構造として用意されており、要素の選択、フィルタなどの機能や、より洗練されたデータフレーム内の要素を操作する方法がはじめから用意されている。

　例6-1に簡単なデータフレームの生成の様子を示す。最も簡単なのは、同じサイズのベクトルにdata.frame演算を適用する方法である。

122 | 6章　セキュリティ分析のためのR入門

例6-1　データフレームの作成

```
> names<-c('Manny','Moe','Jack')
> ages<-c(25,35,90)
> states<-c('NJ','NE','NJ')
> summary.data <- data.frame(names, ages, states)
> summary.data
  names ages states
1 Manny   25    NJ
2   Moe   35    NE
3  Jack   90    NJ
> # データをアクセスするには、データフレーム名$列名で指定する。
> summary.data$names
[1] Manny Moe   Jack
Levels: Jack Manny Moe
```

　例6-1では、data.frameという名前で3列3行のデータフレームが生成された。その後、summary.data$namesで列をアクセスしている。summary.data$namesに含まれる名前のリストが「Levels」として表示されていることに注意しよう。

ファクタ

　表を作成する過程で、Rはデータ内の文字列を**ファクタ**に変換する。ファクタはカテゴリのベクトルである。ファクタは文字ベクトルや実数ベクトルなどから生成できるもので、連続的な数値ではなく離散的な値を表現する名前（レベル）を要素とするベクトルである。これは、内部ではレベルごとに整数が割り当てられ、整数が並ぶベクトルとなっている。表示を行うときには、それぞれの整数が対応する文字列に置き換えられる仕組みとなっている。

```
> services<-c("http","bittorrent","smtp","http","http","bittorrent")
> service.factors<-factor(services)
> service.factors
[1] http       bittorrent smtp       http       http       bittorrent
Levels: bittorrent http smtp
> services
[1] "http"       "bittorrent" "smtp"       "http"       "http"       "bittorrent"
```

　ファクタの**レベル**（**Levels**）は、ファクタに含まれる個々のカテゴリを示す。

　Rの多くの関数はデフォルトで文字列をファクタに変換する。これはread.tableやdata.frameなどで行われるが、stringsAsFactors引数やstringsAsFactorsオプションで制御できる。

6.4　データフレームを使った分析 | **123**

データフレームには read.table でアクセスする。read.table はさまざまなデータ型を読み取るためにさまざまなパラメータを取る。例6-2では、オプションを指定して入力ファイル sample.txt 内のrwcut 出力を読み込ませる。

例6-2　read.table へのオプションの指定

```
$ # まず、ファイルの中身を確認する。
$ # ここでは4行目以降を省略した。
$ cat sample.txt | cut -d '|' -f 1-4
      sIP|        dIP|sPort|dPort|
  10.0.0.1|   10.0.0.2|56968|   80|
  10.0.0.1|   10.0.0.2|56969|   80|
  10.0.0.3|...(以下省略)
$ # Rを起動してread.table()関数でファイルを読み込む。
$ R --silent
> s<-read.table(file='sample.txt',header=T,sep='|',strip.white=T)
> s
       sIP           dIP sPort dPort pro packets bytes flags
1 10.0.0.1      10.0.0.2 56968    80   6       4   172 FS  A
2 10.0.0.1      10.0.0.2 56969    80   6       5   402 FS PA
3 10.0.0.3 65.164.242.247 56690    80   6       5  1247 FS PA
4 10.0.0.4  99.248.195.24 62904 19380   6       1   407 F  PA
5 10.0.0.3  216.73.87.152 56691    80   6       7   868 FS PA
6 10.0.0.3  216.73.87.152 56692    80   6       5   760 FS PA
7 10.0.0.5  138.87.124.42  2871  2304   6       7   603 F  PA
8 10.0.0.3  216.73.87.152 56694    80   6       5   750 FS PA
9 10.0.0.1  72.32.153.176 56970    80   6       6   918 FS PA
                   sTime dur                 eTime sen  X
1 2008/03/31T18:01:03.030   0 2008/03/31T18:01:03.030   0 NA
2 2008/03/31T18:01:03.040   0 2008/03/31T18:01:03.040   0 NA
3 2008/03/31T18:01:03.120   0 2008/03/31T18:01:03.120   0 NA
4 2008/03/31T18:01:03.160   0 2008/03/31T18:01:03.160   0 NA
5 2008/03/31T18:01:03.220   0 2008/03/31T18:01:03.220   0 NA
6 2008/03/31T18:01:03.220   0 2008/03/31T18:01:03.220   0 NA
7 2008/03/31T18:01:03.380   0 2008/03/31T18:01:03.380   0 NA
8 2008/03/31T18:01:03.430   0 2008/03/31T18:01:03.430   0 NA
9 2008/03/31T18:01:03.500   0 2008/03/31T18:01:03.500   0 NA
```

使用する引数に注意する。file は名前の通り、ファイルを指定している。header 引数は、ファイルの最初の行をデータフレームの列名として扱うようにRに指示する。sep は列の区切り文字（この例ではSiLK コマンドが使うデフォルトの |）を指定する。strip.white コマンドは、ファイルから余計な空白を取り除くようにRに指示する。全体としては、すべての値を読み込み、自動的に列形式に変換している。

124 | 6章　セキュリティ分析のためのR入門

　データフレームができたので、次に、**例6-3**に示すように、プロトコル種別や転送元のIPアドレスでフィルタしたり、特定の項目だけを表示して分析を行う。

例6-3　データの操作とフィルタ

```
> # 転送先ポートdPortが80番、すなわち、HTTPのフローかどうかを判別。
> s$dPort == 80
[1]  TRUE  TRUE  TRUE FALSE  TRUE  TRUE FALSE  TRUE  TRUE
>
> # 次にHTTPのフローだけを抽出。
> # カンマに注意。カンマを使わないと行の代わりに列が選択される。
> s[s$dPort==80,]
       sIP            dIP sPort dPort pro packets bytes flags
1 10.0.0.1       10.0.0.2 56968    80   6       4   172 FS  A
2 10.0.0.1       10.0.0.2 56969    80   6       5   402 FS PA
3 10.0.0.3 65.164.242.247 56690    80   6       5  1247 FS PA
5 10.0.0.3  216.73.87.152 56691    80   6       7   868 FS PA
6 10.0.0.3  216.73.87.152 56692    80   6       5   760 FS PA
8 10.0.0.3  216.73.87.152 56694    80   6       5   750 FS PA
9 10.0.0.1  72.32.153.176 56970    80   6       6   918 FS PA
                   sTime dur                   eTime sen  X
1 2008/03/31T18:01:03.030   0 2008/03/31T18:01:03.030   0 NA
2 2008/03/31T18:01:03.040   0 2008/03/31T18:01:03.040   0 NA
3 2008/03/31T18:01:03.120   0 2008/03/31T18:01:03.120   0 NA
5 2008/03/31T18:01:03.220   0 2008/03/31T18:01:03.220   0 NA
6 2008/03/31T18:01:03.220   0 2008/03/31T18:01:03.220   0 NA
8 2008/03/31T18:01:03.430   0 2008/03/31T18:01:03.430   0 NA
9 2008/03/31T18:01:03.500   0 2008/03/31T18:01:03.500   0 NA
>
> # 次にHTTPで転送元IPアドレスが10.0.0.3のフローだけを抽出する。
> # これでこのホストの通信相手であるWebサーバが一覧できる。
> # このように、条件として論理演算が利用できる。論理和は|、論理積は&である。
> s[s$dPort==80 & s$sIP=='10.0.0.3',]
       sIP            dIP sPort dPort pro packets bytes flags
3 10.0.0.3 65.164.242.247 56690    80   6       5  1247 FS PA
5 10.0.0.3  216.73.87.152 56691    80   6       7   868 FS PA
6 10.0.0.3  216.73.87.152 56692    80   6       5   760 FS PA
8 10.0.0.3  216.73.87.152 56694    80   6       5   750 FS PA
                   sTime dur                   eTime sen  X
3 2008/03/31T18:01:03.120   0 2008/03/31T18:01:03.120   0 NA
5 2008/03/31T18:01:03.220   0 2008/03/31T18:01:03.220   0 NA
6 2008/03/31T18:01:03.220   0 2008/03/31T18:01:03.220   0 NA
8 2008/03/31T18:01:03.430   0 2008/03/31T18:01:03.430   0 NA
>
> # さらに、項目をsIP, dIP, sTimeだけに絞り、分析しやすくする。
> s[s$dPort==80 & s$sIP=='10.0.0.3',][c('sIP','dIP','sTime')]
```

```
          sIP            dIP              sTime
3 10.0.0.3 65.164.242.247 2008/03/31T18:01:03.120
5 10.0.0.3  216.73.87.152 2008/03/31T18:01:03.220
6 10.0.0.3  216.73.87.152 2008/03/31T18:01:03.220
8 10.0.0.3  216.73.87.152 2008/03/31T18:01:03.430
```

このようにRのデータフレームは、アドホックな、テーブル1つだけのデータベースのように使うことができる。新しい列を追加することもできる。追加には、$演算子を使う。上記のNetFlowの記録では、bytesにIPとTCPのヘッダ長まで含んだ値が含まれているので、以下では正味のデータ長（payload）を計算し、新たな列として追加している。

```
> # ペイロード長を計算し、新たな列に加える。IPとTCPの通常のヘッダ長はそれぞれ
> # 20バイトなので、40バイトをパケットの数だけトータルのバイト数から引く。
> # これで新しいベクトルを生成してpayload_bytes変数に代入する。
> payload_bytes <- s$bytes - (40 * s$packets)
> # 次にpayload_bytesをデータフレームに追加する。
> s$payload_bytes <- payload_bytes
> # うまく追加されたかどうかをチェックするため、最初の3行を表示している。
> s[0:2,][c('sIP','dIP','bytes','packets','payload_bytes')]
       sIP      dIP bytes packets payload_bytes
1 10.0.0.1 10.0.0.2   172       4            12
2 10.0.0.1 10.0.0.2   402       5           202
```

6.5　可視化

Rは強力な可視化機能を用意しており、多くの標準的な可視化を高水準コマンドとして利用できる。以降の例では、正規分布からのサンプルを使ってヒストグラムを生成し、その結果を画面にプロットしている。

10章ではさまざまな可視化テクニックを紹介する。この節では画像の制御、保存、操作など、Rでの可視化のさまざまな機能を重点的に取り上げる。

6.5.1　可視化コマンド

Rには時系列、ヒストグラム、棒グラフをプロットする多くの高水準可視化コマンドがある。主に使うコマンドはplotである。plotを使うと散布図から派生した多くのプロット（単純な散布図、階段状プロット、系列プロット）を描画できる。主なプロット名を**表6-1**に示す。これらのプロットはhelpコマンドで説明されている。

表6-1 高水準可視化コマンド

コマンド	説明
barplot	棒グラフ
boxplot	箱ひげ図
hist	ヒストグラム
pairs	対でのプロット
plot	散布図と関連プロット
qqnorm	QQプロット

6.5.2 可視化のパラメータ

可視化のパラメータを制御するには主に2つのメカニズムがある。まず、ほとんどの可視化コマンドはパラメータとして標準的なオプション群を提供している。主なオプションを表6-2に示し、可視化の結果を図6-2に示す。

表6-2 共通の可視化オプション

オプション	パラメータ	説明
axes	論理値	trueの場合、軸を追加する。
log	論理値	tureの場合、対数尺度でプロットする
main	文字	タイトル
sub	文字	プロットのサブタイトル
type	文字	プロットするグラフの種類を制御する
xlab	文字	x軸のラベル
ylab	文字	y軸のラベル

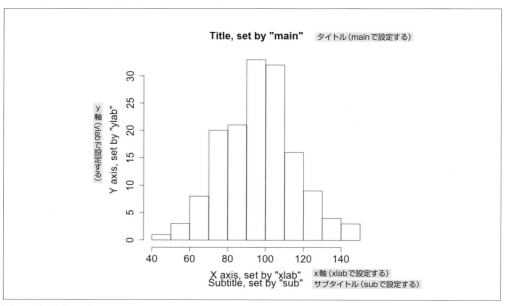

図6-2 可視化オプション

6.5 可視化 | **127**

　可視化オプションはpar関数を使って制御することもできる。par関数は、軸のサイズ、点の種類、フォントの選択などを管理するための膨大な数の特別なオプションを提供している。parは非常に多くのオプションを持つ。オプションの詳細はhelp(par)で得られる。**表6-3**に特に重要なオプションを示す。

```
> # parを使って3列2行の行列を描画し、別のpar値を使ってその行列の3つのセルに
> # 異なるプロットを描く。
> par(mfcol=c(2,3))
> # デフォルトのヒストグラムを描画する。
> hist(sample_rnorm,main='Sample Histogram')
> # 2行目の中央列に移動する。
> par(mfg=c(2,2,2,3))
> # 軸のサイズをデフォルトの半分に変更する。
> par(cex.axis=0.5)
> # 軸を青にする。
> par(col.axis='blue')
> # プロットは赤にする。
> par(col = 'red')
> # 散布図としてプロットする。
> plot(sample_rnorm,main='Sample scatter')
> # プロットしたら、自動的に3行目の1列目に移動する。
> # 軸サイズを元に戻す。
> par(cex.axis=1.0)
> # 散布図の点の種類を変更する。PCHの数値のリストを入手するには
> # help(points)を使う。
> par(pch=24)
> plot(sample_rnorm,main='Sample Scatter with New Points')
```

表6-3　便利なpar引数

名前	型	説明
mfcol	2整数 (row、col) ベクトル	キャンバスを行×列のセルに分割する。
mfg	4整数 (row、col、nrows、ncols) ベクトル	mfcolの描画対象の特定のセルを指定する。
cex[*1]	浮動小数点数	フォントサイズを設定する（デフォルトは1）。cex=0.5に指定すると、すべてのサイズを元のサイズの半分にすることを示す。
col	文字[*2]	色
lty	数値または文字	線種
pch	数値	点の種類

[*1]　cexとcolには子パラメータがある（.axis、.main、.lab、.sub）である。これらの子パラメータは、対応する要素に影響を与える。例えば、cex.mainは表題フォントの相対サイズである。

[*2]　色文字列にはredなどの文字列か、#RRGGBBという形式の16進数RGB文字列を使える。

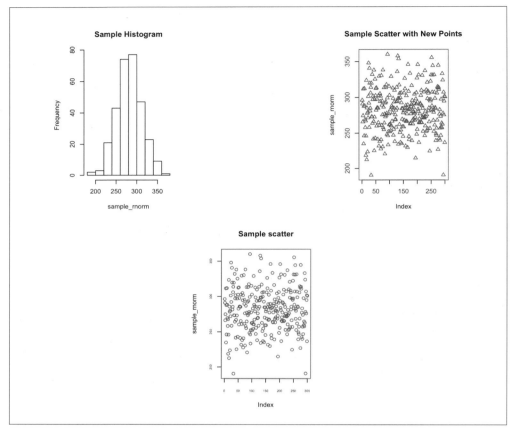

図6-3　parを用いた複数グラフのプロット

6.5.3　注釈を追加する

　可視化図を描画するときには、通常は可視化図を対比するための何らかのモデルや注釈があった方がよいだろう。例えば、正規分布と比較している場合には、ヒストグラムの結果と対比するために画面上に適切な正規分布が必要である。

　Rは、プロットにテキストを描画するためのサポート関数を提供している。サポート関数にはlines、points、abline、polygon、textなどがある。高水準プロット関数と異なり、これらの関数は画像を初期化せず、直接描画する。この節では、linesとtextを使って画像に注釈を付ける方法を説明する。

　まず、一般的な状況でのヒストグラムを作成する。/22ネットワーク（1024のホスト）のトラフィックと一般的なユーザトラフィックのスキャンである。観測パラメータはホスト数であり、通常の状況

ではこの値は平均が280ホストで標準偏差が30の正規分布になると仮定する。スキャン中には10イベントごとに1つのイベントが実行される。スキャン実行者はネットワーク上のすべてのホストを探すため、スキャン中の観測ホスト数は常に1,024である。

```
> # まず、rnormでガウス分布を使って一般的な活動をモデル化する。
> normal_activity <- rnorm(300,280,30)
> # 攻撃のベクトルを作成する。すべての攻撃は1024ホストである。
> attack_activity <- rep(1024,30)
> # この2つを連結する。時間依存性ではなくホスト数に焦点を当てているので、
> # 順番は気にしない。
> activity_vector<-c(normal_activity, attack_activity)
> hist(activity_vector,breaks=50,xlab='Hosts observed',\
ylab='Probability of Occurence',prob=T,main='Simulated Scan Activity')
```

ヒストグラムのbreaksとprob引数に注意する。breaksはヒストグラムのビンの数を管理する。これはこのモデルのような裾の長い分布を扱うときに特に重要である。probは、度数ではなく密度でヒストグラムをプロットする。

次に曲線をフィッティングする。それには、lines関数のためにxのベクトルとy値のベクトルを作成する。x値は経験分布でカバーされる範囲の等分点であり、y値はdnorm関数を使って導き出される。

```
> xpoints<-seq(min(activity_vector),max(activity_vector),length=50)
> # dnormを使って対応するy値を求める。
> # x値（xpoints）の提供と活動ベクトルからの平均と標準偏差を使った
> # 正規分布のモデルを前提とする。攻撃がトラフィックをゆがめるので、
> # この値はあまり適切にフィットしない。
> ypoints<-dnorm(xpoints,mean=mean(activity_vector),sd=sd(activity_vector))
> # ヒストグラムをプロットする。これでキャンバスがきれいになる。
> hist(activity_vector,breaks=50,xlab='Hosts observed',\
 ylab='Density',prob=T,main='Simulated Scan Activity')
> # linesを使ってフィット線を描画する。
> lines(xpoints,ypoints,lwd=2)
> # テキストを描画する。x値とy値はプロットから求める。
> text(550,0.010,"This is an example of a fit")
```

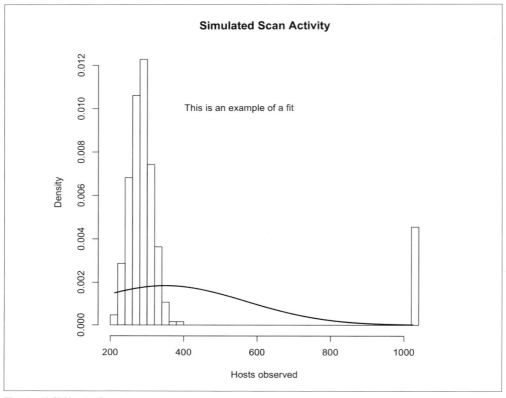

図6-4　注釈付きのグラフ

6.5.4　可視化した画像のエクスポート

　Rによる可視化はデバイスに出力される。デバイスはさまざまな関数で呼び出される。デフォルトのデバイスはUnixシステムではX11、Mac OS Xではquartz、Windowsではwin.graphである。RのDevices（大文字小文字に注意）のヘルプは、利用中のプラットフォームで使用できるデバイスのリストを与える。

　Rの出力を外部に取り出すには、出力デバイス（png、jpeg、pdfなど）を開き、いつものようにコマンドを記述すればよい。dev.off()で無効化するまでデバイスファイルに結果を書き出す。書き出し終わったら、パラメータなしでデフォルトデバイスを呼び出さなければならない。

```
> # ファイル「histogram.png」にヒストグラムを出力する
> png(file='histogram.png')
> hist(rnorm(200,50,20))
> dev.off()
> quartz()
```

6.6　分析：統計的仮説検定

　Rには、統計分析のためのさまざまなツールが用意されている。本章でこれまで紹介してきたプログラミング機能は、これらのツールを使うための手段である。われわれがRを使う目的は、統計的に有意な特性を特定して、警告を上げることである（警告作成の詳細については7章を参照）。

　警告に使える属性を特定するには「重要」な挙動を特定する必要があり、この「重要」にはさまざまな定義がある。Rは、データ調査や統計的なデータ検定のための膨大なツール群を提供している。そのツールの使い方を学ぶには、Rのツールが提供する一般的な検定統計量を理解する必要がある。以下では、このタスクを重点的に取り上げる。

6.6.1　仮説検定

　統計的仮説検定は、特定のデータセットからの証拠に基づいてこの世の挙動に関する主張を評価する作業である。主張とは、「データが正規分布である」とか、「ネットワーク上の攻撃が午前中に来た」などである。仮説検定は、モデルと比較可能で棄却可能な仮説から始める。仮説検定の用語は直観に反することが多いが、これは科学の特性によるものである。科学では仮説を証明することはできない。反証できるか、または反証できないかのどちらかしかない。したがって、仮説検定では「帰無仮説の棄却」に重点的に取り組むことになる。

　統計的検定は、**帰無仮説**（H_0）と呼ばれる主張から始める。最も基本的な帰無仮説は、データセット内の変数間に関連がないという仮説である。対立仮説（H_1）は帰無仮説の逆（関係している証拠がある）である。帰無仮説は、帰無仮説の前提の下で帰無仮説をモデリングしてプロセスで、観測されたデータが生成される尤度を比較して検定する。

　例えば、硬貨の重さが均等か偏っているかを判断する検定の手順を考えてみよう。硬貨を繰り返し投げて検定する。帰無仮説は、表になる確率が裏になる確率と等しいというものになる（$P = 0.5$）。対立仮説は、重さが偏っているというものになる。

　硬貨の重みが偏っているかどうかを判断するには、何度も投げる必要がある。この検定を行う際には、硬貨を何回投げれば判断できるのかという疑問がわく。**図6-5**に1回から4回まで投げた場合の硬貨の表裏の組み合わせ[*1]の確率の内訳を表す。

---

*1　組み合わせに順序はなく、確率の計算時には裏表の順と表裏の順は同じとみなす。

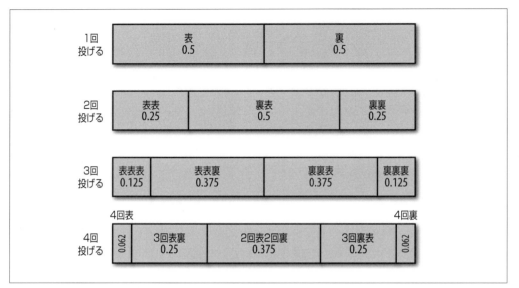

図6-5　重みが均等な硬貨を投げるモデル

この結果は二項分布に従うので、Rのdbinom関数を使って計算できる[*1]。

```
> # 硬貨を4回投げ、それぞれで表が出る確率を0.5とした場合の
> # 表が0から4回出る確率を
> # dbinomを使って求める。
> dbinom((0:4),4,p=0.5)
[1] 0.0625 0.2500 0.3750 0.2500 0.0625
> # 結果は表が1回、2回、3回、4回の順に表示される。
```

結果が有意であるかを判断するために、この結果が偶然起こる確率を求める必要がある。統計的検定では、p値を使う。p値は、**帰無仮説が真である場合**に、観測結果と少なくとも同程度に極端な結果が得られる確率である。p値が小さいほど、帰無仮説の条件下で観測結果が起こる確率が下がる。通常は、p値が0.05**未満**の場合は帰無仮説を棄却する。

極端さの概念を理解するために、4回投げて成功なしの場合の二項検定を考えてみよう。Rでは以下のように行う。

```
> binom.test(0,4,p=0.5)

        Exact binomial test
```

[*1] Rの関数命名則に注意しよう。Rはほとんどの一般的な分布を調べる共通の関数ファミリーを備えている。これらの関数は最初の文字で識別される。ランダム分布ではr、密度分布ではd、分位分布ではq、確率分布ではpになる。

```
data: 0 and 4
number of successes = 0, number of trials = 4, p-value = 0.125
alternative hypothesis: true probability of success is not equal to 0.5
95 percent confidence interval:
 0.0000000 0.6023646
sample estimates:
probability of success
                     0
```

このp値0.125は、4回表（0.0625）と4回裏（これも0.0625）の確率の合計である。このp値は両方の極端な場合を含んでいる。同様に、1回表の場合には以下のようになる。

```
> binom.test(1,4,p=0.5)

        Exact binomial test

data: 1 and 4
number of successes = 1, number of trials = 4, p-value = 0.625
alternative hypothesis: true probability of success is not equal to 0.5
95 percent confidence interval:
 0.006309463 0.805879550
sample estimates:
probability of success
                  0.25
```

p値は0.625であり、0.0625 + 0.25 + 0.25 + 0.0625（2回表2回裏の確率**以外**のすべて）の合計である。

6.6.2 データの検定

Rで行う最も一般的な検定は、特定のデータセットがある分布と一致しているかどうかの検定である。情報セキュリティとアノマリ検出においては、データがある分布に従うとわかっていれば、警告のための閾値を推測できる。とはいえ、10章で述べるように分布を使ってモデル化できるデータに遭遇することは実際にはあまりない。分布を使ってモデル化できることがわかれば、その分布の特性関数を使って値を予測できる。

この推定作業の古典的な例としては、平均と標準偏差を用いた正規分布現象の値の予測がある。正規分布の確率密度関数は以下のような形式になる。

$$\frac{1}{\sigma\sqrt{2\pi}}e^{-\frac{(\chi-\mu)^2}{2\sigma^2}}$$

μはモデルの平均、σは標準偏差である。

トラフィックをある分布でモデル化できれば、事象発生の確率を予測する数学的なツールキットが得られる。10章で述べるように適したモデルに実際に出会える機会はほとんどない。そのような機会があるとしたら、データを慎重にフィルタし、複数のヒューリスティック（経験則）を適用して、適切に振る舞うものを抽出してからだろう。

これが重要なのは、モデルが有効かどうかわからずにモデルに数学を使うと、欠陥のあるセンサーを作成してしまうリスクがあるからだ。モデルを使えるかどうかを判断するためのさまざまな統計的検定が多数存在し、Rで提供されている。簡潔にするために、ここでは基本的なツールキットを提供する2つの検定に重点を置く。

シャピロ＝ウィルク（shapiro.test）
> シャピロ＝ウィルク検定は、正規分布に対する適合（フィット）度検定である。この検定を使ってサンプルが正規分布かどうかを調べる。

コルモゴロフ＝スミルノフ（ks.test）
> 正規分布や一様分布などの連続分布に対する適合度検定である。

このような検定はすべて同じように実行する。（明示的に提供されるか、または関数呼び出しで指定される）あるサンプルと別のサンプルに対して検定関数を実行する。適合度の質を表す検定統計量を作成し、p値を求める。

シャピロ＝ウィルク検定（shapiro.test）は正規性検定である。提供されたデータが正規分布であることが帰無仮説である。シャピロ＝ウィルク検定の実行例は**例6-4**を参照する。

例6-4 シャピロ＝ウィルク検定の実行

```
># ランダムな正規分布関数がシャピロ検定
># に合格するかを確認する検定
> shapiro.test(rnorm(100,100,120))

        Shapiro-Wilk normality test

data:  rnorm(100, 100, 120)
W = 0.9863, p-value = 0.3892
> # 上記の数値についてはすぐ後で説明する。
> # 一様分布関数がシャピロ検定に合格するかを確認する検定
> shapiro.test(runif(100,100,120))

        Shapiro-Wilk normality test

data:  runif(100, 100, 120)
W = 0.9682, p-value = 0.01605
```

統計的検定はすべて**検定統計量**（シャピロ＝ウィルク検定ではW）を作成し、帰無仮説の条件下での分布と比較する。正確な値と統計量の解釈は検定固有であり、代わりに値の正規化された解釈としてp値を使う。

コルモゴロフ＝スミルノフ検定（ks.test）は、データセットが正規分布や一様分布などの特定の連続分布と一致しているかどうかを判断する簡単な適合度検定である。コルモゴロフ＝スミルノフ検定は、関数（その場合、関数に対して提供されたデータセットを比較する）か2つのデータセット（その場合、相互のデータセットを比較する）に対して使用できる。コルモゴロフ＝スミルノフ検定の実行方法を**例6-5**に示す。

例6-5　KS検定の使用

```
> # KS検定の実行。2つのランダムな一様分布を作成しよう。
> a.set <- runif(n=100, min=10, max=20)
> b.set <- runif(n=100, min=10, max=20)
> ks.test(a.set, b.set)

        Two-sample Kolmogorov-Smirnov test

data:  a.set and b.set
D = 0.07, p-value = 0.9671
alternative hypothesis: two-sided

> # 次にこの関数を使ってセットを分布と比較する。
> # punifを使って分布を取得し、punifを呼び出す場合と
> # 同じパラメータを渡す。
> ks.test(a.set, punif, min=10, max=20)

        One-sample Kolmogorov-Smirnov test

data:  a.set
D = 0.0862, p-value = 0.447
alternative hypothesis: two-sided
> # この検定を使う前に推定が必要である。
> # 正規分布ではmeanとsdを使うように、一様分布では、minとmaxを使える。
> ks.test(a.set,punif,min=min(a.set),max=max(a.set))

        One-sample Kolmogorov-Smirnov test

data:  a.set
D = 0.0829, p-value = 0.4984
alternative hypothesis: two-sided
> # 次は帰無仮説を棄却する。データを正規分布であるかのように扱い、
> # 再び推定する。
> ks.test(a.set,pnorm,mean=mean(a.set),sd=sd(a.set))
```

```
        One-sample Kolmogorov-Smirnov test

data:  a.set
D = 0.0909, p-value = 0.3806
alternative hypothesis: two-sided

> # p値が大きい……サンプル数が足りないのだろう。
> # それぞれ400のサンプルで再度実行してみる。
> a.set<-runif(400,min=10,max=20)
> b.set<-runif(400,min=10,max=20)
> # 相互を比較する。
> ks.test(a.set,b.set)$p.value
[1] 0.6993742
> # 分布と比較する。
> ks.test(a.set,punif,min=min(a.set),max=max(a.set))$p.value
[1] 0.5499412
> # 別の分布と比較する。
> ks.test(a.set,pnorm, mean = mean(a.set),sd=sd(a.set))$p.value
[1] 0.001640407
```

　KS検定は検出力が弱い検定である。検出力とは、帰無仮説を正しく棄却できる能力を表す。検出力の弱い検定は、検出力の強い検定よりも多くのサンプルを必要とする。特にセキュリティデータを扱う場合には、サンプルサイズは複雑な問題である。統計的検定のほとんどはウェットラボ（生物実験を行う研究室）の世界から来ており、この世界では60のサンプルを得ればちょっとした成果である。ネットワークトラフィック分析では大量のサンプルを収集できるが、データが多すぎると、検定が信頼できない挙動をするようになる。正規性からのわずかな逸脱によってある検定がデータを棄却した場合、より多くのデータを投入して棄却されないようにできてしまうのだ。事実上、目的を満たすように検定を変更してしまうことになる。

　経験上、分布検定は適切な可視化よりも劣る、第2の選択肢である。詳しくは10章で説明する。

6.7　参考文献

1. Patrick Burns, *The R Inferno*(http://bit.ly/r-inferno)

2. Richard Cotton, *Learning R: A Step-by-Step Function Guide to Data Analysis*(http://bit.ly/learningR) (O'Reilly, 2013)

3. Russell Langley, *Practical Statistics Simply Explained* (Dover, 2012)

4. The R Project, *An Introduction to R*(http://bit.ly/r-intro)

5. Larry Wasserman, *All of Statistics: A Concise Course in Statistical Inference* (Springer Texts in Statistics, 2004)

7章
分類およびイベントツール：
IDS、AV、SEM

　本章では、侵入検知システム（IDS）などのイベントベースのセンサーの開発と利用を重点的に取り上げる。このようなシステムにはIDSやほとんどのアンチウィルス（AV）などの受動的センサーや、ファイアウォールなどの能動的センサーが含まれる。これらのシステムは、分析を行う上ではすべて同様の挙動をする。データを分析し、そのデータに応じて**イベント**を作成する。IDSとNetFlowなどの簡単な報告センサーとの違いは、イベントの作成をするかどうかである。簡単なセンサーは観測したすべてを報告するだけだが、IDSや他の分類センサーは観測データから特定の現象を推測した場合だけ報告するように設定される。

　多くの分析処理は、最終的にはある種のIDSになる。例えば、ホスト上の不正な活動を検知するシステムを開発することを考えてみよう。第Ⅲ部に示す数学を用いて、不正な活動のモデルを構築し、閾値を決めてその閾値に達したら警告を発するようにする。

　問題は、ほとんどの場合、このような処理は意図した通りに機能しないことだ。うまく運用できるIDSシステムを正しく実装するのは非常に困難である。問題は検知ではない。問題はコンテキストと原因の特定なのである。IDSシステムを役に立たないように設定するのは簡単で、実際ほとんどの場合はそうなる。多く警告を上げすぎるのでアナリストが無視するようになるか、ほとんど警告を上げないので存在しないも同然になるかのどちらかだ。効果的な警告を発生させるには、運用上IDSをどのように使用するか、分類器としてどのような失敗をするか、その失敗がアナリストへどのように影響するのかを理解する必要がある。

　本章は大きく2つに分かれている。前半では、IDSシステムと現場での使い方を分析する。IDSシステムがどのような失敗をするか、個々の失敗が分析にどのような影響を与えるかを説明する。後半ではより優れた検知システムの構築に焦点を当て、シグネチャの有効性を改善する戦略や、アノマリ（異常）検知技術について述べる。

7.1 IDSの機能

　IDSはすべて**2クラス分類器**と呼ばれる種類のエキスパートシステムである。分類器はデータを読み込み、2つのカテゴリにいずれかに分類する。データは、正常でそれ以上の処理は必要ないか、攻撃の特徴を示しているかのどちらかである。攻撃の場合は、システムは指定通りに対応する。イベントセンサーならイベントを作成し、コントローラならトラフィックをブロックするなどである。

　IDSシステムは、NetFlowなどの受動的センサーとは異なる方法でデータを解釈する。簡単なセンサーは監視したすべてを報告するが、IDSは報告するように設定されたイベントだけを報告する。IDSには、解釈に使うデータと判断に使う処理によって、さまざまなものがある。

　分類にはいくつかの問題がある。ここでは**道徳的**問題、**統計的**問題、**挙動的**問題と呼ぶ。道徳的問題は、攻撃が無害な、場合によっては明示的に許されたユーザの活動と区別できない場合があることだ。例えば、DDoS攻撃とフラッシュクラウドは、ある程度時間が経過するまで同じように見える場合がある。統計的問題とは、IDSシステムは1日に膨大な数のテストを行うため、偽陽性（false positive）率が低くても、1ヶ月の真陽性（true positive）よりも1日の偽陽性がはるかに多くなる可能性があることだ。挙動的問題とは、攻撃者は検出を回避しようとしている知的な集団であるため、多くの場合、目的に対する損害を最小限にして検出を回避できてしまうことである。

　この節ではIDSについて説明するが、IDSの機能についてはしばしば悲観的である。まずは侵入検知の用語を説明し、2クラス分類器の仕組みに進み、次に検知システム設計の問題と分類失敗の影響を取り上げる。

7.1.1 基本用語

　IDSは2つの軸に沿って分類できる。IDSを設置する場所とIDSが判断を行う方法である。最初の軸では、IDSは**ネットワーク型IDS**（NIDS）と**ホスト型IDS**（HIDS）に分類される。第2の軸では、IDSは**シグネチャ型システム**と**アノマリ（異常）型システム**に分類される。

　事実上、pcapデータから処理を始めるIDSはすべてNIDSである。オープンソースのシステムとしては、Snort、Bro、Suricataなどがある。NIDSシステムには、2章のネットワーク型センサーで説明した制約がある。つまり、ポートミラーリングを使うかネットワークに直接接続してトラフィックを受信する必要があり、暗号化されたトラフィックは読み取れない。

　HIDSはホストドメイン内で動作し、通常はNIDSよりもはるかにバリエーションに富んでいる。HIDSはネットワーク活動、物理的アクセス（ユーザがUSBデバイスを使用しようとした、など）、ACL違反やファイルアクセスなどのOSからの情報を監視することができる。

　上記の軸に沿った一般的なIDSシステムの分類を**図7-1**に示す。

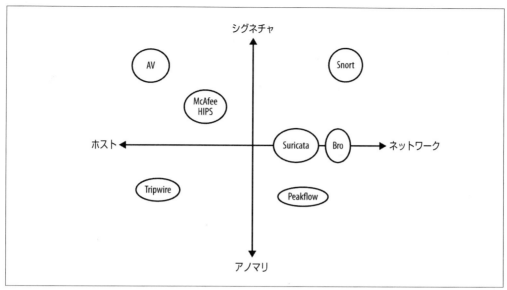

図7-1　一般的なIDSの分類

図7-1は、以下の7つの異なるIDSの例を示す。

Snort（http://www.snort.org）

最も一般的に使用されているIDS。Snortは、手作業で作成した**Snortシグネチャ**を用いて悪意のあるトラフィックを特定するネットワーク型シグネチャマッチングシステムである。Snortは、シグネチャを記述する強力な言語を提供しており、手動で新しいシグネチャを追加設定できる。

Bro（http://www.bro-ids.org）

シグネチャとアノマリの両方を使った侵入検知に使用できる高度なトラフィック分析システム。Broは、IDSというよりトラフィック分析言語である。Broは最近、クラスタに対応するように再設計された。

Suricata（http://www.openinfosecfoundation.org）

米国国土安全保障省の出資でOpen Information Security Foundationが開発した実験的なオープンソースIDS。Suricataはここで列挙したものの中で最も新しいIDSであり、新しい侵入検知技術の実験に使用されている。

Peakflow

Arbor Networks社（http://www.arbornetworks.com）が開発した商用トラフィック分析パッ

ケージで、NetFlowトラフィックを分析し、DDoSなどの攻撃を特定して抑制する。

Tripwire (http://www.tripwire.com)

ファイル整合性監視システム。Tripwireは特定のディレクトリを監視し、ディレクトリの内容が変更されるとイベントを発行する。

AV

Symantec、ClamAV、McAfeeなどのアンチウィルスシステム（AV）は、最も一般的な種類のシグネチャ型HIDSである。AVシステムはホストのディスクやメモリからマルウェアのバイナリシグネチャを探し、疑わしいバイナリを見つると警告を発する。

McAfee HIPS

McAfee社のHIPS（ホスト型侵入防止システム）は、商用IPSパッケージの1つである。このようなHIPSシステムはバイナリ分析とログ分析を組み合わせ、ACL違反や疑わしいファイル変更などを調べる。

IDSの大部分は**シグネチャ型**である。シグネチャ型システムは、対象から個別に導出された一連のルールを用いて悪意のある行動を特定する。例えば、Snortのルール言語で書かれたSnortシグネチャは以下のようになる。

```
alert tcp 192.4.1.0/24 any -> $HOME_NET 22 (flow:to_server,established; \
        content:"root";)
```

この警告は、ある疑わしいネットワーク（192.4.1.0/24）からのトラフィックが内部ネットワーク上のホストにアクセスし、SSHでルートとしてログインしようとすると発せられる。HIDSによっては、「ユーザがセキュリティログを削除しようとすると警告を発する」シグネチャなども提供できる。ルールセットの作成と管理はシグネチャ型IDSにとって重要な問題であり、よくできたルールがあるかどうかが、さまざまな商用パッケージを差別化する決め手となることも多い。

シグネチャ型IDSは、警告を発するように指示されたルールがあるときだけ警告を発する。この制約により、シグネチャ型IDSでは**偽陰性**（false negative）率が通常高くなる。つまり多数の攻撃が報告されないままになる。この問題の最も極端な場合は脆弱性に直結する。AVはもちろんだがNIDSとHIDSも、マルウェアを特定するために特定のバイナリシグネチャに依存する（詳細については次ページの囲み記事「Code Redとマルウェア回避」を参照）。このシグネチャを作るには、専門家がエクスプロイト（脆弱性を悪用した攻撃コード）にアクセスできる必要があるが、最近では、「ゼロデイ」攻撃も多い。したがって、誰かがシグネチャを記述する**前**に攻撃が行われ、感染被害が発生する。

アノマリ型IDSは、トラフィックデータでIDSを訓練して（手動での設定をしてもよい）正常な活

動のモデルを作成して構築する。このモデルができれば、モデルから逸脱したケースは例外的で疑わしいと判断できるので、イベントを生成することができる。例えば、簡単なアノマリ型NIDSは特定のホストへのトラフィックを監視し、トラフィックが突然急激に増えたらイベントを作成し、DDoSや他の疑わしいイベントが起きたことを知らせる。

アノマリ型IDSがシグネチャ型IDSよりも使われる頻度がずっと低い理由は、主にアノマリ型IDSにはシグネチャ型IDSとは逆の問題があるからだ。**偽陽性**（false positive）率が高いのである。アノマリ型IDSは警告を絶え間なく発生させることで悪名高く、しばしば最小限の警告だけを発するように調整されてしまう。

歴史的は、IDSシステムは独立して運用されていたため、IDSはアナリストに直接報告していた。セキュリティシステムが複雑になるにつれ、ArcSight、LogRhythms、LogStash、Splunkなどの**セキュリティイベント管理**（SEM：Security Event Management）ソフトウェア[1]が注目を集めている。SEMは、複数の検知システムからデータを収集するデータベースである。データを収集したら、データを照合し、1つ以上のセンサーイベントから複合イベントを作成する。

Code Redとマルウェア回避

NIDSとAVの区別は時として曖昧になる。PaxsonとRoeschによるNIDSに関する原論文を読むと、システムに対する攻撃は手動で、ルートや管理者としてログインしようとするユーザを見つければ防御できる、と考えていたことがわかるだろう。2001年頃に機能が大きく変化し、防御の歴史は、非常に不快な大量ワームの時代に移った。Code RedやSlammerなどのワームが蔓延して帯域幅を破壊的に狭め、広範な大惨事を引き起こした。

Code Redのv1とv2のワームはどちらも、Microsoft IISのバッファオーバーフローを利用して、IISプロセスを乗っ取りホワイトハウスに対する攻撃を行う。最初のCode Redワームには、以下のようなペイロードが含まれていた。

```
GET /default.ida?NNNNNNNNNNNNNNNNNNNNNNNNNNNNNNNNNNNNNNNNNNNNNNNNNNN
NNNNNNNNNNNNNNNNNNNNNNNNNNNNNNNNNNNNNNNNNNNNNNNNNNNNNNNNNNNNNNNNNNN
NNNNNNNNNNNNNNNNNNNNNNNNNNNNNNNNNNNNNNNNNNNNNNNNNNNNNNNNNNNNNNNNNNN
NNNNNNNNNNNNNNNNNNNNNNNN%u9090%u6858%ucbd3%u7801%u9090%u6858%ucbd3%u7801
%u9090%u6858%ucbd3%u7801%u9090%u9090%u8190%u00c3%u0003%u8b00%u531b%u53ff
%u0078%u0000%u00=a  HTTP/1.0
```

---

[1] SEMに関連したツールが多数存在する。セキュリティ情報管理（SIM：Security Information Management）とセキュリティ情報イベント管理（SIEM：Security Information and Event Management）はその例である。厳密には、SIMはログデータと情報の管理を行い、SEMはより抽象的なイベントを管理するのだが、「SIM/SEM/SIEM」などのようにまとめて呼ばれることが多い。

当時のIDSはこの特定のペイロードでCode Redを検出していたが、数週間後には同じ脆弱性を利用したアップデートバージョンのワームが登場した。Code Red IIのペイロードは以下のようになっていた。

```
GET /default.ida?XXXXXXXXXXXXXXXXXXXXXXXXXXXXXXXXXXXXXXXXXXXXXX
XXXXXXXXXXXXXXXXXXXXXXXXXXXXXXXXXXXXXXXXXXXXXXXXXXXXXXXXXXXXXX
XXXXXXXXXXXXXXXXXXXXXXXXXXXXXXXXXXXXXXXXXXXXXXXXXXXXXXXXXXXXXX
XXXXXXXXXXXXXXXXXXXXXX%u9090%u6858%ucbd3%u7801%u9090%u6858%ucbd3%u7801
%u9090%u6858%ucbd3%u7801%u9090%u9090%u8190%u00c3%u0003%u8b00%u531b%u53ff
%u0078%u0000%u00=a HTTP/1.0
```

バッファオーバーフロー攻撃を行うためには特定のメモリ位置に到達しなければならない。したがって、Code Redワームは、何かで中身を埋める必要があった。多くの場合、Code Redワームはバッファ内のXやNの存在で識別されていた。問題は、バッファの内容はワームの実行とは**無関係**だったことだ。攻撃者は機能を変えずにバッファの内容を自由に変更できたのだ。

それ以降、このことはIDSで問題となっている。もともと侵入検知システムは例外的で疑わしい**ユーザ**の行動を検出するように作られている。このような長期的なハッキングを検出し阻止できたのは、ハッキングが数時間または数日にわたって行われるので、アナリストが警告を調べて精査し、対策を講じる時間が十分にあったからだ。最近の攻撃はほとんどが自動化されている。適切な条件が満たされれば、即座にホストを実際に破壊したり制御することができる。

攻撃者がワームの機能を変えずにペイロードを簡単に変更できるため、バイナリシグネチャ管理の問題は、この10年間で大幅に悪化している。Symantec社などの脅威データベースを調べると（8章を参照）、一般的なワームに数百以上の変異型があり、それぞれが異なるバイナリシグネチャを持つことがわかるだろう。

Slammerのような爆発的で破壊的なワームが沈静化したのは、私に言わせれば、いわば進化的な理由によるものだ。物理的なウィルスにとって感染のチャンスを得る前に宿主を殺すのは見合わないのと同じように、最近のワームは一般に控えめにしか増殖しない。インターネットを破壊するよりも、所有したほうがいいのだ。

7.1.2 分類失敗率：基準率錯誤の理解

すべてのIDSシステムには、AIや統計学の標準的問題である**分類**の課題が当てはまる。分類とは、入力データを取り、そのデータを少なくとも2つのカテゴリの1つに分類する処理である。IDSシステムの場合、このカテゴリは通常「攻撃」と「正常」になる。

シグネチャ型とアノマリ型IDSは攻撃の捉え方が根本的に異なり、それが犯す誤りの種類に影響する。シグネチャ型IDSは、マルウェアシグネチャや普通ではないログイン試行などの特定の奇妙

な挙動を探すように設定されている。アノマリ型IDSは正常な挙動で訓練され、正常から外れているものを探す。シグネチャ型IDSは偽陰性率が高く、これは多くの攻撃を見逃すことを意味する。アノマリ型IDSは偽陽性率が高く、これは完全に正常な多くの活動を攻撃とみなすことを意味する。

　一般的にIDSは**2クラス分類器**である。つまり、データを2つのカテゴリに分類する。二項分類器には2つの失敗モードがある。

偽陽性 (false positive)

第一種エラーとも呼ばれる。対象とする特性を持たないのに、その特性を持つものとして分類することである。例えば、社長からの昇進を知らせるメールをスパムとして分類したときなどである。

偽陰性 (false negative)

第二種エラーとも呼ばれる。これは、対象とする特性を持つものをその特性を**持たない**ものとして分類することである。例えば、スパムメールが受信箱に現れるのは偽陰性による。

　感度（sensitivity）は陽性の分類が正しい割合を表し、**特異度**（specificity）は陰性の分類が正しい割合を表す。完璧な検知では、感度、特異度ともに100%となる。最悪の場合には、どちらの率も50%となる。コインで決めるのと同じだ。

　多くのシステムではある程度のトレードオフが必要となる。一般的に、感度が上昇すると特異度が低下する。偽陰性の減少には偽陽性の上昇が伴い、逆も同様である。

　このトレードオフを、**受信者動作特性**（ROC：receiver operating characteristic）曲線で可視化することができる。ROC曲線は、対照群として3つ目の特性（**動作特性**）を使って偽陽性に対する特異度をプロットする。ROC曲線の例を**図7-2**に示す。

　この場合、動作特性はセッション内のパケット数であり、プロットでは横線で示されている。このサイトでは、HTTPトラフィック（左端）は偽陽性に対する真陽性（true positive）の割合が優れているが、SMTPは正確に分類するのが難しく、FTPはさらに難しい。

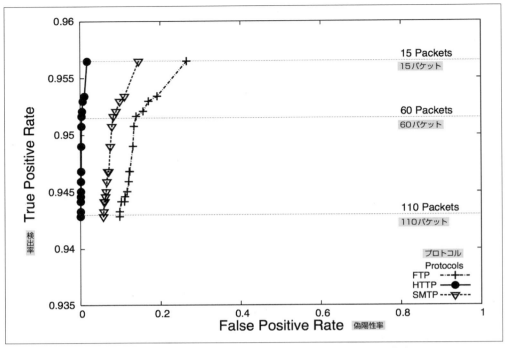

図7-2　BitTorrent検知のために送信されたメッセージのパケットサイズを示すROC曲線

　ここで質問だ。ROC曲線を使って、検知器の真陽性率が99%、偽陽性率が1%になるように調整したとしよう。警告を受信したとき、その警告が真陽性（true positive）である確率はどのくらいだろうか。99%では**ない**。検知器の真陽性率は、攻撃が**行われた場合**にIDSが警告を発する確率なのだ。

　IDSがデータに関する判定を行うための処理を**テスト**と定義しよう。例えば、テストは30秒に値するネットワークトラフィックを収集し、予測量と比較するか、またはセッションの最初の2つのパケットに疑わしい文字列がないか調べることになる。

　テスト中に実際の攻撃が行われる確率を0.01%とする。つまり、IDSが実施する10,000回のテストごとに1回が攻撃であることになる。そのため、10,000回のテストごとに、**攻撃によって**1回の警告を発する。最終的に真陽性は99%となる。しかし、偽陽性率が1%の場合、何も起こらなくてもテストの1%で警告が発せられることになる。つまり、10,000回のテストでは、およそ101回の警告が発せられることが予想される。このうち100回は偽陽性で真陽性は1回だ。攻撃が**原因で**警告が発せられた確率は1/101になり、1%より少し少ないことになる。

　この**基準率錯誤**は、医者がすべての人にすべての検査を実施しない理由を明らかにする。実際の攻撃の確率がわずかなときには、偽陽性が真陽性をやすやすとしのぐ。こうなるとまともな人ならIDSだけでうまくいくとは思わなくなるので、この問題は深刻だ。

7.1.3 分類の適用

図7-3のデータフローを見てみよう。この図は、防御のためのIDSの一般的な使い方を簡単に示している。

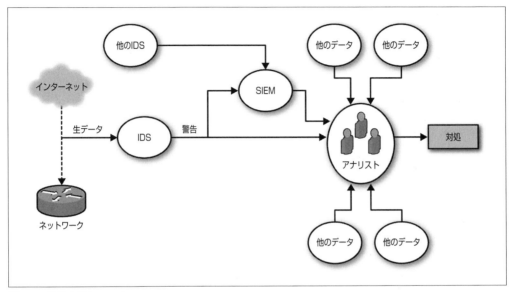

図7-3　簡単な検知ワークフロー

図7-3は、警告処理を3段階に分割している。IDSがデータを受信し、警告を発し、その警告をアナリストに直接またはSIEMを介して渡す。

IDSが警告を発すると、その警告はさらに対応が必要なためアナリストに送られる。アナリストはまず警告を調べ、警告の意味を解明する。これは比較的簡単な処理だが、広範囲にわたり、多くの調査が必要になることも多い。簡単な調査では、tcpdumpやWiresharkを使ってイベントのペイロードを調べ、位置情報、所有者、攻撃を発したアドレスの過去の履歴（8章を参照）などを確認する。さらに複雑な攻撃では、アナリストはGoogle、ニュース、ブログ、掲示板などにアクセスし、同様の攻撃や攻撃を引き起こしている実世界でのイベントを特定する必要がある。

DDoSなどのがさつで見え透いた攻撃に対応するIPSシステムの場合は別だが、警告と対応の間には常に分析的な中間段階がある。この段階では、アナリストは警告を受け取ったら、その警告が脅威であるか、自分たちに関連があるか、何か対策できることがあるかを判断する。これは簡単なことではない。以下の状況を考えてみよう。

- 攻撃者が特定のIIS脆弱性を悪用しているとIDSから報告があった。ネットワーク上にIISサー

バがあるだろうか。このエクスプロイトにさらされないようにパッチを適用しているだろうか。攻撃者が成功したことを示す他の情報源からの証拠があるだろうか。

- 攻撃者がネットワークをスキャンしているとIDSが報告している。このスキャンを止めることができるだろうか。その他にも100ものスキャンが行われているのに、このスキャンを気にするべきだろうか？

- あるホストがWebサーバを系統的に探し回り、すべてのファイルをコピーしているという報告がIDSからあった。このホストはGoogleスパイダだろうか。これを止めると自社の主要WebサイトがGoogleから消えてしまうだろうか。

これらは検知の失敗ではないことに注意しよう。1番目と2番目の状況は実際の潜在的な脅威を表すが、この脅威は**問題ない**場合もあり、コンテキストとポリシーの判断を組み合わせて判断するしかない。

警告の検証には時間がかかる。アナリストは1時間におよそ1つの警告に真剣に対応できるかもしれないが、複雑なイベントの調査には数日かかる。前述の偽陽性率を考慮して、調査に費やされる時間の意味を考えてみてほしい。

7.2　IDS性能の改善

IDSの機能を改善する方法が2つある。1つ目は、分類器としてのIDSを改善する方法である。つまり、感度と特異度を向上させるのである。2つ目は、追加情報を取得してコンテキストを提供し、対応の指針を示すことによってアナリストが警告に対応する時間を減らす方法である。

この作業に完璧なルールはない。例えば、偽陽性を最小限にするのは常に適切な（そして必要な）目標だが、アナリストはこの問題にさらに微妙な対応策を取る。例えば、面倒な攻撃による一時的なリスクがある場合、アナリストはその攻撃をより効率的に防ぐために偽陽性率の上昇を受け入れる。

これには一種のパーキンソンの法則問題がある[*1]。インターネットは複雑怪奇なので、すべての検知システム、監視システムは部分的にしかカバーできない。したがって、何を見逃しているかわからない。どの階層で検知処理を改善しても、新たに対応が必要な警告が見つかる。ドナルド・ラムズフェルド氏の言葉を言い換えると、わかっていないということがわかっていない問題があるのだ[*2]。

わかっていないことがわかっていない問題があることにより、偽陽性が特に悩みの種になる。定義により、シグネチャ型IDSは警告するように設定されていないものに対しては警告できない。とはいえ、ほとんどのシグネチャ照合システムは、特定のホストを使うすべての悪意のある挙動の限られた

[*1]　監訳者注：パーキンソンの法則：「ある資源に対する需要は、その資源が入手可能な量まで膨張する」

[*2]　監訳者注：2002年2月12日に行われたイラクと大規模破壊兵器のつながりに関する記者会見において、当時のアメリカ国防長官ドナルド・ラムズフェルドが述べた言葉のもじり。https://en.wikipedia.org/wiki/There_are_known_knowns

部分集合だけを特定するように設定される。シグネチャ型とアノマリ型IDSを組み合わせれば、少なくとも盲点を特定する手がかりが得られる。

7.2.1 IDS検知の向上

　分類器としてのIDSの改善には、偽陽性率と偽陰性率の削減が必要である。このためには、一般にIDSが調査対象とするトラフィックの範囲を狭くすることが最善である。医者が特定の症状が出るまでは検査をしないのと同じように、何かおかしなことが起こっているのではないかと初めて疑念を抱いたときにだけIDSを実行するようにする。シグネチャ型かアノマリ型のどちらのIDSを使うかによって、さまざまなメカニズムを利用できる。

一貫性のない通知：複数のIDSでの悩みの種

　偽陰性に関する特殊なカテゴリとして、一貫性のないIDSルールセットがある。アクセスポイントAとBがあるネットワークを運用し、両方のアクセスポイントでIDSが動作しているとする。IDS Aのルールセットと IDS Bのルールセットに一貫性がないと、Bが警告を発しない事象に対してAが警告を発したり、その逆が起こったりするだろう。

　この問題を解決するには、ルールセットを他のソースコードと同様に扱うのが最も簡単な方法である。つまり、ルールをバージョン管理システムに登録し、ルールをコミットしコメントしてから、バージョン管理システムからルールを導入するのだ。いずれにしても、ルールをバージョン管理システムに登録するのはよいアイデアである。何か月にも及ぶトラフィック調査を行っている場合には、古いルールセットを調べ、去年の4月にブロックしていたものを正確に調べたくなったりするからだ。

　しかし、このような管理が特に問題になるような種類のIDSがある。通常、AVや一部の他の検知システムはブラックボックスシステムである。ブラックボックスシステムはルールセット更新をサブスクリプション（登録）サービスとして提供している。管理者は通常、ルールセットに全くアクセスできない。ブラックボックスシステムではルールの一貫性の確認は特に難しい。そのようなシステムでは、少なくとも現在のルールベースを把握し、古いルールベースを使っているシステムを特定する必要がある[1]。

　シグネチャ型とアノマリ型IDSの両方に共通なメカニズムには、インベントリ（一覧表）を使ってホワイトリストを作成する方法がある。純粋なホワイトリスト（暗黙的にリストにあるホストからの

---

[1]　これには、危険にさらされている可能性のあるシステムを特定できるというボーナスがついてくる。マルウェアは、当然ながらAVを無効にするからだ。

すべてのトラフィックを信頼する）は、**常**に危険である。ホストをホワイトリストに載せるだけで、チェックしないのはお勧めしない。より優れた、そしてこの議論のいたるところでさまざまな形で登場する方法は、計測の詳細度を決める指針としてホワイトリストを使う方法である。

例えば、ネットワーク上のすべてのWebサーバのインベントリを作成する。WebサーバではないホストがHTTPトラフィックを提供していたらかなり疑わしい。その場合、代表的なトラフィックをキャプチャし、なぜWebサーバになったのか、その**理由**を解明する必要がある。同時に、実際のWebサーバには標準のシグネチャを使う。

シグネチャ型IDSでは、通常ルールを特定のプロトコルだけに適用したり、他の指標と連携して適用できるようにシグネチャベースを改良できる。例えば、ポート25でペイロード文字列「ハーブ・サプリメント」を検知するルールは、この件名を持つスパムメールを見つけるが、「最近ハーブ・サプリメントのスパムが多い」などの内部メールも引っ掛けてしまう。この場合に偽陽性を減らすには、ネットワーク外からのメールだけを対象にする（アドレスでのフィルタ）など、照合に制約を課す必要がある。より選択的な式を使うようにルールを改良することで、偽陽性を減らすことができる。

例として、SSHサーバにルートとしてログインしている人がいるかを判断する以下の（愚かな）ルールを考えてみよう。

```
alert tcp any any -> any 22 (flow:to_server, established;)
```

Snortルールは、ヘッダとオプションの2つの論理的な部分で構成される。ヘッダは、ルールの**アクション**とアドレス指定情報（プロトコル、送信元アドレス、送信元ポート、送信先アドレス、送信先ポート）からなる。オプションは、セミコロンで区切られた複数の固有なキーワードからなる。

上記の例では、アクションは**alert**であり、Snortが警告を作成し、パケットをログ記録することを示す。他のアクションには**log**（警告せずにパケットをログ記録する）、**pass**（パケットを無視する）、**drop**（パケットをブロックする）がある。アクションの次はプロトコルを指定する文字列であり、この場合は**tcp**である。他には**udp**、**icmp**、**ip**がある。アクションに続いて、矢印（->）で区切られた送信元と送信先情報が来る。送信元情報はアドレス（128.1.11.3など）、ネットブロック（118.2.0.0/16）、またはすべてのアドレスを示す**any**で表す。Snortはマクロを使ってアドレスのさまざまな集合も定義でき（IDSのホームネットワークを示す**$HOME_NET**など）、前述したインベントリベースのホワイトリストを実装できる。

このルールは、誰かがsshサーバへの接続に成功したときに警告を発するが、これはあまりに曖昧すぎる。ルールを改良するには、さらに制約を追加すればよい。例えば、誰かが特定のネットワークから接続し、ルートとしてログインした場合だけ警告を発するように制限してみよう。

```
alert tcp 118.2.0.0/16 any -> any 21 (flow:to_server,established; \
        content:"root"; pcre:"/user\s_root/i";)
```

アドレス指定情報の後ろに、1つ以上の**ルールオプション**を指定する。このオプションを使ってルールを改良し、ルールで探す情報を調整することで偽陽性を減らすことができる。オプションは、警告への情報の追加、別のルールの適用、他のさまざまな処理にも用いることができる。

Snortは、さまざまな種類の分析のために70以上のオプションを定義している。便利なルールを簡単に紹介する。

content

content は、Snortの中核的なパターンマッチングルールである。パケットペイロードに対してコンテンツオプションで渡されたデータとの完全一致検索を行う。content はバイナリデータとテキストデータを使用でき、バイナリデータをパイプで囲む。例えば、content:|05 11|H|02 23| は、内容が5、11、文字H、バイト2、バイト23の順のバイトと一致する。depth（検索を停止するペイロード内の位置を指定する）や offset（検索を開始するペイロード内の位置を指定する）など、他にもいくつかのオプションが内容に直接影響を及ぼす。

HTTPオプション

複数のHTTPオプション（http_client_body、http_cookie、http_header）は、content による分析のためにHTTPパケットからの関連情報を抽出する。

pcre

pcre オプションは、PCRE正規表現を使ってパケットを照合する。正規表現処理にはコストがかかる。必ず content を使ってトラフィックを事前にフィルタし、すべてのパケットに正規表現を適用しないようにする。

flags

特定のTCPフラグが存在するかを調べる。

flow

flow キーワードは、トラフィックが流れ込む方向（クライアントから、クライアントへ、サーバから、サーバへなど）を指定する。また、flow キーワードは、セッションが実際に確立されたかなどのセッションの特性も表す。

Snortのルール言語は、他のIDEでも使用されている。Suricataもその1つである。他のシステムは、追加のオプションで差別化している場合がある（例えば、SuricataにはIPアドレスのレピュテーション（評判）を調べるための iprep オプションがある）。

Snortルールを議論しておけばそれほど悪いことは起こらないシグネチャ型システムとは異なり、アノマリ検知システムは手動で構築する場合が多い。したがって、アノマリ検知の効率を向上させる方法を説明するには、より基本的なレベルで議論しなければならない。第Ⅲ部では、アノマリ検知

システムを実装するためのさまざまな数値的および行動的なテクニックだけでなく、偽陽性の事例も紹介する。しかし、ここで優れたアノマリ検知システムを構築するための一般的基準を説明しておこう。

最も簡単な形態では、アノマリ検知システムは閾値で警告を発する。例えば、ファイルサーバにアノマリ検知システムを作ることを考えてみよう。サーバからダウンロードされるバイト数を分ごとにカウントする。これには、rwfilterを使ってデータをフィルタし、rwcountで時間ごとにカウントすればよい。そして、Rを使って値がx以上となる確率を示すヒストグラムを作成する。ヒストグラムと統計的なアノマリ検知の優れた点は、名目上の偽陽性率を制御できる点である。毎分テストし、警告を発するのに95%閾値を使うと、1時間に3回の警告が上がる。99%閾値では、2時間ごとに1回の警告になる。

問題は、実際に有効な閾値を選ぶところにある。例えば、活動が活発な場合に警告を発することを攻撃者に知られていると、攻撃者は閾値以下に活動を減らしてしまう。このような回避方法は、141ページの囲み記事「Code Redとマルウェア回避」で説明したのと似ている。141ページの場合では、攻撃者がワームの性能に影響を与えずにバッファの内容を変更していた。アノマリ検知で現象を特定するときには、その特定が攻撃者の目的にどのような影響を与えるかを念頭に置く必要がある。検知は第一段階にすぎない。

アノマリ検知システムで使用する現象を評価する際に用いる4つの経験則がある。予測可能性、偽陽性率の管理性、妨害可能性、攻撃者の挙動への影響である。

予測可能性は、現象を探すための最も基本的な性質である。予測可能な現象とは、値が時間とともに収束する現象である。「収束」に関しては多少ごまかしが必要である。10日の中9日間は閾値がxで、説明のつかない理由で10日目に$10x$に上昇することがあるかもしれない。この説明のつかないことを予期してほしい。挙動上の外れ値を特定して説明でき、残りの上限を示すことができる場合には、それは予測可能なものなのである。

2つ目のルールは偽陽性率の管理性である。公開されているホストの1週間のトラフィックを調べたところ、何かおかしなことが起きているとする。その理由を説明できるだろうか。何度も同じアドレスで発生しているか。Webサーバを訪問するクローラなどの一般的なサービスだろうか。アノマリ検知の最初の訓練過程中には、外れ値の特定と解釈に費やした時間と、ホワイトリストや他の挙動フィルタで外れ値を処理できるかどうかを記録しなければならない。解釈の必要性が減るほど、運用時の分析の負荷も減る。

妨害可能現象とは、攻撃者が目的を達成するために必ず影響を与える現象である。これは簡単であるほどよい。例えば、Webサーバからトラフィックをダウンロードするには、攻撃者はWebサーバにアクセスする必要がある。同じアドレスから行う必要はなく、認証も必要ないかもしれないが、とにかくデータを取得する必要がある。

最後に、攻撃者の挙動に対する影響がある。最もよい警告は、攻撃者がどうしても**引き起こさな**

ければいけない現象に対する警告である。検知システムが攻撃者に影響を与える場合には、攻撃者は徐々に、検知システムを回避するか、あるいはシステムを混乱させるようになる。これはアンチスパムやベイズフィルタをごまかすための多くのツールで見られるし、内部脅威では常に見られる。警告の選択を検討する際には、攻撃者が警告を回避できないかを考慮する。次のような方法が考えられる。

ゆっくりと行動する

攻撃者の活動が減少したら、警告に影響を与えることができるだろうか。影響を与える場合には、攻撃者の目的にどのような影響を与えるだろうか。スキャン実行者が探査をゆっくり行う場合、ネットワークのスキャンにかかる時間はどのくらいになるだろうか。ファイルダウンロードでサイトをコピーする場合、サイト全体のコピーにどのくらいの時間になるだろうか。

高速に行動する

攻撃者が高速に行動したらシステムを混乱させられるだろうか。攻撃者が検知を危険にさらす場合、できるだけ高速に行動すれば、防御側の能力以上に高速に行動できるだろうか。

攻撃を分散する

攻撃者が複数のIPアドレスから攻撃すれば、個々のアドレスからの値は閾値を下回れるだろうか。

挙動を変化させる

攻撃者が疑わしい挙動と無害な挙動を交互に行い、IDSを混乱させることができるだろうか。

前述のテクニックの多くは、検知システムが不均質になることを示唆している。例えば、ホストごとに個別にアノマリ検知システムを設定しなければならないかもしれない。このアイデアを推し進めると、サブスクリプション（登録）モデルになる。サブスクリプションモデルでは、アナリストが監視するホストを選んで個別に閾値を決め、監視するすべてのホストに対してホワイトリストやブラックリストを提供する。サブスクリプションモデルでは、アナリストが各ホストを個別に扱うことになり、最終的にはそのホストでの通常の挙動に対する直観を得る（例えば、給与サーバへのトラフィックが2週間ごとに異常な数値となるなど）。

サブスクリプションモデルを採用することは、すべてを監視することはできないことを認めたことになる。したがって、サブスクリプションベースの手法に関する次の質問は、正確に**何**を監視すべきか、である。13章と15章でこの問題を詳しく取り上げる。

7.2.2　IDSへの対応の改善

IDS（特にNIDS）は、リアルタイム検知システムと考えられていた。攻撃の開始時と最終的な悪用時の間には十分な間隔があるため、IDS警告を備えていれば、防御者は重大な損害を引き起こす前に攻撃を止めることができた。このようなコンセプトは、攻撃者がせいぜい2台くらいしかコンピュータを持っておらず、専門家が攻撃を作成し、マルウェアがはるかに原始的であった時代に育まれたものだ。現在では、IDSはむしろ頭痛の種となっている。攻撃を誤分類してしまうだけではない。攻撃者が乗っ取るホストを見つけようと、存在しないホストを攻撃している場合にも警告が上がってしまうのだ。

ある時点でIDSを可能な限り効果的にしても、偽陽性は発生する。これは、攻撃のように見えるが正常な挙動があるからで、これを区別するには調査するしかない。この段階に到達すると、警告の問題だけが残る。IDSは簡単な警告をリアルタイムに作成し、アナリストが解析する。アナリストの作業負荷を減らすには、検証と対応の処理を高速かつ効率的に行えるように、警告を集約し、グループ化し、操作すればよい。

警告を操作する方法を考えるためには、まずその警告への対応が何かを考えてみよう。ほとんどのCSIRTにとって、警告に応じて取れる対策は限られる。ファイアウォールルールやIPSルールの変更、さらなる分析のためにネットワークからホストを取り除く、ポリシー変更の発行などである。このように対応がリアルタイムに行われることはほとんどなく、特定の攻撃にはどのような対応も全く価値がないことも多い。後者の代表例がスキャンである。スキャンはいたるところで発生し、ほとんど阻止することはできない。犯人を捕える機会はほとんどない。

リアルタイムでの対応が必要ない場合には、警告を集約するとよい。特に攻撃者のIPアドレスやエクスプロイトの種類で分類すると役に立つ。IDSが同じ攻撃者に対して何度も警告を作成することは少なくない。このような挙動は個々のリアルタイム警告でははっきりしないが、挙動を集約すると明らかになる。

7.2.3　データの事前取得

警告の受信後、アナリストは情報の正当性を検証して検査する。通常、これには発信元の国、標的、そのアドレスの過去の活動の特定などの作業が伴う。この情報を事前に取得しておけば、アナリストの負荷を減らすことができる。

特にアノマリ検知システムでは、選択肢を提示することが助けになる。前に述べたように、アノマリ検知は閾値を基にしていることが多く、現象が閾値を超えると警告を発する。単に異常なイベントをすべて示すのではなく、一定の時間内で上位 n 個の異常なイベントのリストを返せばよい。

時系列プロットや関係グラフなどで要約データを可視化すると、アナリストの認知負荷を減らすことができる。単に問い合わせ情報そのままのテキストダンプを作成するのではなく、関連性グラフを

作成する。この問題については、10章で詳しく説明する。

　最後に、攻撃を監視するだけではなく、資源側の監視も検討する。ほとんどの検知システムは、特定の攻撃シグネチャを検知したときに警告を発するなど攻撃者の挙動に重点を置いている。攻撃者の挙動に焦点を当てる代わりに、アナリストをネットワーク上の特定のホストに割り当て、その資源に対するトラフィックの異常の監視と分析を行わせる。優先度の低い対象は、制限の強いファイアウォールなどのより制約的なテクニックを使って防御すればよい。

　アナリストを資源に割り当てると、他にもメリットがある。アナリストは監視しているシステムに関する専門知識を得ることができるのだ。多くの場合、偽陽性は、多くの場合IDSには簡単には記述できない一般的な処理から発生する。例えば、プロジェクト締め切り間際のファイルサーバへのアクセスの急増、給与システムに対する通常の要求、特定のユーザ層に人気のサービスなどだ。専門知識があれば、アナリストは短時間でデータを取捨選択できる。些細な問題を捨て、重要な脅威に集中することができる。

7.3　参考資料

1. Stefan Axelsson, "The Base-Rate Fallacy and the Difficulty of Intrusion Detection," ACM Transactions on Information and System Security, Vol. 3, Issue 3, August 2000

2. Brian Caswell, Jay Beale, and Andrew Baker. *Snort IDS and IPS Toolkit* (Syngress, 2007)

3. Vern Paxson, "Bro: A System for Detecting Network Intruders in Real-Time," *Computer Networks: The International Journal of Computer and Telecommunications Networking*, Vol. 31, Issue 23-24, December 1999

4. Martin Roesch, "Snort-Lightweight Intrusion Detection for Networks," Proceeding of the 1999 Large Installation Systems Administration Conference.

8章
参照と検索：身元を確認するツール

　個々の警告や、イベントを報告するログファイルの各行は、イベントの発信元に関する基本的な情報を提供する。IPアドレスからだけでも、地理的な位置情報を導き出すことができるし、DNSで逆引きすることもできる。本章では、ホストの身元追跡に利用できるツールを取り上げる。

　本章では、「2.1　ネットワーク階層とセンサー」で述べたOSIスタックを「上がって」いく。OSIレイヤは、一連の検索プロセスとみなすことができる。各レイヤは、レイヤ2のMACアドレス、レイヤ3のIPアドレス、レイヤ4のポートと、それぞれアドレス指定情報の一部を提供する。これらの情報は、さまざまな参照システムを通してレイヤ間を移動する。例えば、アドレス解決プロトコル（ARP）はIPアドレスをMACアドレスにマッピングし、DNSはドメイン名をIPアドレスにマッピングする。ただし、やはりこの抽象化は完璧ではない。例えばDNS変換ではOSIスタックを上下に移動しない。しかし、各レイヤを上がっていくことで、個々のアドレスの**意味**と、セキュリティ調査への関連を理解できるだろう。

　以下では、MACアドレス、IPv4とIPv6、インターネットレイヤ情報、DNS、上位レベルのプロトコルの順に節が構成されている。最後に、階層化モデルには収まらない他の重要なツールを説明する。レピュテーションデータベースとマルウェアリポジトリである。

　残念ながら、一部の検索テクニックはメンテナンスがよくないパブリックデータベースに依存しているが、この制約を理解してさえいればやはり不可欠なテクニックである。

8.1　MACアドレスとハードウェアアドレス

　2章で、MAC（Media Access Controller：媒体アクセス制御）アドレスの基本を説明した。MACアドレスはネットワークハードウェアで指定され、単一のレイヤ2ネットワーク内のホストのローカルで一意なアドレスを提供する。MACアドレスの大多数は、48ビットEUI（Extended Unique Identifier）標準（08-21-23-41-FA-BBなどのように16進数で表される6バイト）に従う。最近のネットワークハードウェアでは、EUI-64を使う場合がある。EUI-64はEUI-48に16ビット追加し

たものである。フレームが48ビットのシステムから64ビットのシステムに移動するときには、48ビットアドレスは64ビットにパディングされる。

図8-1は、EUI-48とEUI-64の構造を表す。

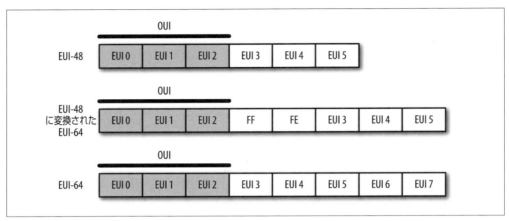

図8-1　EUI-48およびEUI-64標準

ここで2つのことに注意しよう。第一に、EUI-48がEUI-64に変換されている場合、バイト3と4を見ればわかる（FFFEとなっている）。さらに重要なのは、最初の3バイトはOUI（Organizationally Unique Identifier）であることだ。OUIは、IEEEがハードウェアメーカーに割り当てた24ビット値である。OUIは固定のシリアル番号であり、OUIがわかれば、そのカードの製造元がわかる。IEEEがOUI割り当て一覧（http://bit.ly/oui-guide）を管理している。検索エンジンを使って会社からOUIを検索したり、OUIから会社を検索することができる。

例えば、pcapで取得した以下のパケットを見てみよう。

```
$ tcpdump -c 1 -e -n -r web.pcap
reading from file web.pcap, link-type EN10MB (Ethernet)
00:37:56.480768 8c:2d:aa:46:f9:71 > 00:1f:90:92:70:5a, ethertype IPv4 (0x0800),
        length 78: 192.168.1.12.50300 > 157.166.241.11.80: Flags [S],
        seq 4157917085, win 65535, options [mss 1460,nop,wscale 4,nop,
        nop,TS val 560054289 ecr 0,sackOK,eol], length 0
```

この通信は8c:2d:aa:46:f9:71から00:1f:90:92:70:5aに送られている。このMACアドレスを調べると、8c:2d:aaはApple社に割り当てられており、00-1f-90はVerizon社のFIOSルータを製造するActiontec Electronics社に割り当てられていることがわかる。

> ### 思っているより作業は少ない
>
> 　分析する上でよくある障害の1つは、選択肢が限定されているのに、複雑な一般解を求めようとすることだ。軍隊の例を使うと、空母を特定するための一般解を開発する必要はない。現役空母は20隻しかないからだ。1つの大きな問題を解決しようとするのではなく、20個の小さい問題を解決すればよいのである。
>
> 　ハードウェアシステムやアプリケーションでは、立ち止まって一歩下がって、市場調査を行うとよい。例えば、Webサーバを内蔵したシステムが大量にあったとしても、その大部分がAllegro社のRomPagerを使っていたりする。

　MACアドレスは、ローカルネットワークの範囲内でしか動作しない。ルータの境界を越えて通信するには、ホストがIPアドレスを持つ必要がある。ローカルのMACとIPアドレス間の関係は、**アドレス解決プロトコル（ARP）**が管理する。個々のホストは、**ARPテーブル**にネットワーク上のIPアドレスとMACアドレスを持つ。例えば、私のローカルホストでは、arp　-aを使ってARPテーブルに問い合わせすることができる。

```
$ arp -a
wireless_broadband_router.home (192.168.1.1) at 0:1f:90:92:70:5a on en1 ifscope
/[ethernet]
new-host-2.home (192.168.1.3) at 0:1e:c2:a6:17:fb on en1 ifscope [ethernet]
new-host.home (192.168.1.4) at cc:8:e0:68:b8:a4 on en1 ifscope [ethernet]
apple-tv-3.home (192.168.1.9) at 7c:d1:c3:26:35:bf on en1 ifscope [ethernet]
? (192.168.1.255) at ff:ff:ff:ff:ff:ff on en1 ifscope [ethernet]
```

　検索してみれば、私が**本当に**Apple社のハードウェアが好きなことがわかるだろう。WindowsとLinuxマシンは有線接続しているだけかもしれないが。

　分析においては、MACアドレスを**ハードウェア**（特にルータなどのネットワーキングハードウェア）の特定に用いる（ただしMACアドレスは、すでに説明したように、ローカルネットワーク上でしか得られない）。IPアドレスはMACアドレスよりも変化しやすい。ノートPCなどのモバイル資産や、何であれDHCPで管理されているデバイスを把握する必要がある場合には、MACアドレスが最高の手法になるだろう。

8.2　IPアドレス指定

　IPアドレスはホストに関する最もよくアクセスされる情報であり、ホストに関して得られる唯一のデータであることも多い。

IPは徐々にIPv4からIPv6に移行しつつある。IPv6ではIPv4における設計上のいくつかの過ちが修正されている。最も重要な点は、IPアドレスの枯渇である。IPv4アドレスは32ビット値であり、慣例的に「ピリオドで区切った4つ組み」形式で記述されている。4バイトを10進数で、ピリオドで区切って記述する（192.168.1.1など）。IPv4の当初の設計時には、40億のアドレスが枯渇するとは誰も本気で予想していなかったので、IPv4の初期の割り当ての多くは、/8割り当てのマスタリストからわかるように、驚くほど寛大だ。/8は最初のオクテットが同じ、1600万以上（2^{24}）のアドレスの集合である。例えば9.0.0.0から9.255.255.255まではすべてIBM社が所有している。このリストを見ると、いくつかのブロックは、初期の頃に大きい単位で、アドレスを全部は使わない、XeroxやFordなどの企業に割り当てられていることがわかる。実際には、この数年間で状況は改善している。複数の製薬会社が所有していたほとんど空の/8をIANAに返還したおかげである。

英語圏のインターネットの大多数はまだIPv4で動作しているが、アジアや他の地域ではIPv6が次第に普及している。IPv4アドレスの不公平な割り当てのため、歴史的に見てインターネットへの参入が遅かった国々はIPv6インフラの構築を強いられているからだ。

8.2.1　IPv4アドレスとその構造および重要なアドレス

IPv4アドレスにはさまざまな表記法が使われる。最も一般的なのが前述したピリオドで4つに区切った形式である。0から255の4つの整数値をピリオドで区切る。アドレスは、値として直接参照することもできる（通常は16進数で表す）。IPアドレス0xA1010203はピリオドで区切った形式では161.1.2.3であり、10進数整数では2701197827になる。

通常、IPアドレスのグループは範囲で指定（128.2.11.3〜128.2.3.14）するか、**CIDR（Classless Internet Domain Routing）ブロック**を使って表す。CIDRブロックについては後で詳しく説明するが、特定のルートで到達できるアドレス集合を表すメカニズムである。CIDR表記法でのアドレスは、上位アドレスをピリオドで区切った形式で表した**プレフィックス**[*1]と、プレフィックスを構成するビット数を示す**マスク**で表す。

例えば、CIDRブロック128.2.11.0/24は最初の24ビットが128.2.11であるすべてのアドレスからなるので、このブロックには128.2.11.0から128.2.11.255までのすべてのアドレスが入る。

IPアドレスの中には、ネットワーク構成の規約で予約または固定されているものもある。ネットワーク上の個々のホストにとって最も重要なのはブロードキャストアドレス、ゲートウェイ、ネットマスクである。IPネットワークは、論理的にサブネット（内部ルーティングを必要とせず相互に通信できる連続するアドレスの集合）に分割される。IPアドレスを設定するときには、この範囲を**ネットマスク**を使って指定する。ネットマスクは、特定の数の最下位ビットをゼロにしたIPアドレスである。

＊1　プレフィックスはサブネットのネットマスクに相当する。

サブネット外と通信するには、ホストはあらかじめ設定した**ゲートウェイアドレス**を使ってルータとやり取りする。ゲートウェイアドレスは、ルータの持つサブネットへのインタフェースのIPアドレスである。ゲートウェイアドレスには習慣的にサブネットの最小値が割り当てられるが、必須ではない。

ネットワークの**ブロードキャスト**アドレスはサブネットマスクのすべてのホストビットをオンにしたものである（例えば、サブネットマスクが192.168.1.0のネットワークでは、ブロードキャストアドレスは192.168.1.255になる）。ブロードキャストアドレスに送信されたメッセージは、ネットワーク内のすべての相手に送信される。ブロードキャストアドレスは、ローカルネットワークトラフィックの外側で観測されることのないアドレスの1つである。最後が.255のアドレスは、あまりいい表現がないが、おかしな感じがする。

いくつかのIPv4アドレスは、特定のネットワーク機能のために予約されている。これらのアドレスは明確にローカルでの使用を目的としているため、ネットワークをまたいで観測されることはないはずだ。最も重要なものを以下に示す。

ローカル識別アドレス

このアドレスはCIDRブロック0.0.0.0/8（0.0.0.0〜0.255.255.255）に属する。ローカル識別アドレスは、まだIPアドレスを持っていないホストの起動シーケンス中に使う。

ループバックアドレス

ホストのループバックアドレスは127.0.0.1である。ループバックアドレスに送信されたトラフィックは、ネットワークに送られることなくホストに戻される。IANAはCIDRブロック127.0.0.0/8全体（127.0.0.0〜127.255.255.255）をループバックアドレスとして予約しているので、ローカル識別アドレスと同様に、CIDRブロック127.0.0.0/8からのトラフィックがネットワークをまたいで観測されることはない。

RFC 1918ネットブロック

この文書は、プライベートに利用できるネットブロックを定義している。これらのアドレスは、ローカルネットワーク内では使用できるが、グローバルインターネットとは直接通信できない。このRFCネットブロックは10.0.0.0/8、192.168.0.0/16、172.16.0.0/12である。多くの場合、これらのブロック内のアドレスは、多くの場合ローカルルーティングツールやDHCPで自動的に割り当てられる。

マルチキャストアドレス

マルチキャストアドレスは、サブネット内の特定のホストグループを分類するために用いる。例えば、マルチキャストアドレス224.0.0.2は「すべてのルータ」のマルチキャストアドレスであり、このマルチキャストアドレスに送信されたトラフィックはサブネット内のすべての

160 | 8章　参照と検索：身元を確認するツール

ルータが受信する。マルチキャストトラフィックは、主にルーティングと他のインターネット制御プロトコルを対象としている。

8.2.2　IPv6アドレスとその構造および重要なアドレス

IPv4からIPv6への変更点の中で、最も重要なのは利用できるアドレス数の増加である。IPv6は各アドレスに128ビットを割り当てる。これによって、多数のアドレスが利用できるようになったが、表記が難しくなった。

IPv6アドレスのデフォルトフォーマットは、8つの16ビット16進数値をコロンで区切って書く。例えば、2001:0010:AF3A:FB31:09A8:08A1:1098:1101 のようになる。これでは長すぎて書きにくいので、通常はいくつかの短縮方法を用いる。具体的には、以下のルールを適用する。

- 各グループ内の先頭のゼロを省略する。01AA:0002は1AA:2となる。
- 連続するゼロのグループを2つのコロンで置き換えることができる。2001:0:0:0:0:0:0:1は2001::1となる。2つのコロンでの短縮は1回しか使えないので、2001:0:0:0:11:0:0:1は2001::11:0:0:1となる。

RIRとIPアドレス割り当て

IPアドレスを調べるには、多くの場合、IANAから個々の組織へと、所有の連鎖をたどる必要がある。IPアドレス割り当てのプロセスは階層的になっている。トップレベルでは、IANA（Internet Assigned Numbers Authority、http://www.iana.org）が管理している。IANAは米国拠点の非営利団体であるICANN（Internet Corporation for Assigned Names and Numbers）の一部門である。ICANNは、IPアドレスとDNS名の割り当てを管理している。

IANAは、アドレスブロックの管理権限を地域インターネットレジストリ（RIR：Regional Internet Registries）に委譲する。RIRは、各大陸内のIPアドレスと自律システム番号の割り当てを管理する大陸組織である。RIRは、IANAと実際に割り当てを行うさまざまな国内およびTLD登録機関の間の仲介を行う（**表8-1**を参照）。

表8-1　RIR

RIR	領域	URL
ARIN	米国とカナダ	www.arin.net
LACNIC	中央および南アメリカ、カリブ海	lacnic.net
RIPE	ヨーロッパ、ロシア、中東	www.ripe.net
APNIC	アジアとオセアニア	www.apnic.net
AfriNIC	アフリカ Africa	www.afrinic.net

IANAはアドレスブロックをRIRに委譲し、RIRがそのブロックの各部分を領域内の組織に割り当てる。そして、RIRはアドレスブロックをメンバーに割り当て、メンバーはサブブロックやアドレスを適切に割り当てる。

　このように割り当てているので、すべてのIPアドレスには所有者の連鎖がある。この所有者はIANAから始まり、RIRの1つに割り当てられ、さらに現在アドレスを使っている団体にいたるまで1つ以上のISPに割り当てられる。最後のISPを過ぎると（一般的には/24や/27以下）、アドレスの所有者はさらに流動的になる。特定のアドレスを特定の人物に関連付けることは、whoisによるパブリックレコードで公開されているか、ISPがその情報を進んで提示しない限りほとんど不可能である。

IPv4の場合と同様に、複数のIPv6ブロックが特定の機能のために予約されている。現時点での最も重要な予約は2000::/3である（IPv4の場合と同様に、IPv6アドレスでもCIDRブロック表記を使用できる。マスクは最大128ビットに拡張されている）。IPv6空間は**巨大**であり、ルートを適度に近づけておくために、**IPv6のすべてのルーティング可能なトラフィックは2000::/3ブロックに入っていなければならない**。2000::/3ブロック内のさらなる分割は、IPv4での/8登録と同様にIANAが管理している。この割り当ては、IPv6 Global Unicast Address Assignmentsページ（http://bit.ly/ipv6-add）で入手できる。

　他に注意すべきアドレスブロックとして、::/128と::1/128ブロックがある。それぞれ、未規定アドレスとループバックアドレスである（IPv4の0.0.0.0と127.0.0.0に相当する）。

　特に興味深いのはユーティリティアドレスブロック2001:758::/29と2001:678::/29である。2001:758:/29は、IXP（Internet Exchange Points：相互接続点）に特別に割り当てられている。IXPは、複数のISPが互いに相互接続する物理的な場所である。2001:678::/29は、プロバイダに依存しないアドレスブロックを表す。RIRが直接ユーザに割り当てる。

　ローカルアドレスとルーティング不可能なアドレスを**表8-2**にまとめる。

表8-2　重要なアドレス

IPv4ブロック	IPv6ブロック	説明
0.0.0.0/0	::/0	デフォルトルート。このブロックのアドレスが現れることはない。
0.0.0.0/32	::/128	未規定のアドレス
127.0.0.1/8	::1/128	ループバック
192.168.16.0/24	fc00::/7	ローカルトラフィックのために予約
10.0.0.0/8	fc00::/7	ローカルトラフィックのために予約
172.16.0.0/12	fc00::/7	ローカルトラフィックのために予約
224.0.0.0/4	ff00::/8	マルチキャストアドレス

162 | 8章 参照と検索：身元を確認するツール

8.2.3 接続性の検査：pingを使ったアドレスへの接続

接続性を検査するための最も基本的なコマンドラインツールはpingである。pingは、ICMPメッセージ（「2.2.1 パケットとフレームフォーマット」を参照）を使って動作する。pingは、ICMPエコーリクエスト（種別8、コード0）を相手に送信する。相手はエコーリクエストメッセージを受信すると、エコーリプライ（種別0、コード0）で応答する。例8-1にpingの出力とその内容のpcapを示す。

例8-1 ping出力

```
$ ping -c 1 nytimes.com
PING nytimes.com (170.149.168.130): 56 data bytes
64 bytes from 170.149.168.130: icmp_seq=0 ttl=252 time=29.388 ms

$ tcpdump -Xnr ping.pcap
reading from file ping.pcap, link-type EN10MB (Ethernet)
20:38:09.074960 IP 192.168.1.12 > 170.149.168.130:
                ICMP echo request, id 44854, seq 0, length 64
        0x0000:  4500 0054 0942 0000 4001 5c9b c0a8 010c  E..T.B..@.\.....
        0x0010:  aa95 a882 0800 0fb8 af36 0000 5175 d7f1  .........6..Qu..
        0x0020:  0001 24a6 0809 0a0b 0c0d 0e0f 1011 1213  ..$.............
        0x0030:  1415 1617 1819 1a1b 1c1d 1e1f 2021 2223  .............!"#
        0x0040:  2425 2627 2829 2a2b 2c2d 2e2f 3031 3233  $%&'()*+,-./0123
        0x0050:  3435 3637                                4567
20:38:09.104250 IP 170.149.168.130 > 192.168.1.12:
                ICMP echo reply, id 44854, seq 0, length 64
        0x0000:  4500 0054 0942 0000 fc01 a09a aa95 a882  E..T.B..........
        0x0010:  c0a8 010c 0000 17b8 af36 0000 5175 d7f1  .........6..Qu..
        0x0020:  0001 24a6 0809 0a0b 0c0d 0e0f 1011 1213  ..$.............
        0x0030:  1415 1617 1819 1a1b 1c1d 1e1f 2021 2223  .............!"#
        0x0040:  2425 2627 2829 2a2b 2c2d 2e2f 3031 3233  $%&'()*+,-./0123
        0x0050:  3435 3637                                4567
```

まず、パケットのサイズとttl値に着目する。通常、ttl値はデフォルトでTCPスタックによって設定される。Mac OS Xの場合、ICMPパケットは56バイトのペイロードを持つため、結果として84バイトのパケットになる（20バイトのIPヘッダ、8バイトのICMPヘッダ、56バイトのペイロード）。種別とコードは0x0014〜0x0015にある（リクエストでは08、レスポンスでは00）。ICMPヘッダの後には、パケットの内容がそのままコピーされている。ICMPにはセッションの概念がある。ICMPは、多くの場合、全く異なるプロトコルのパケットに対する応答メッセージに用いられる。ICMPメッセージは、その発生元を示すために、さまざまな手法を用いる。pingの場合は、パケットの元の内容をそのままコピーすることで発生元を示す。

pingは単純なアプリケーションである。組み込みのシーケンス識別子を使ってエコーリクエストを

送信する。そして、指定のタイムアウトまで待機する（通常は4,000ミリ秒のオーダー）。この時間内にレスポンスを受信すると、そのレスポンスを出力し、次のパケットを送信する。pingは診断ツールであり、本格的な実装では、コマンドラインスイッチでパケット構成を変更できるようになっている。

スイーピング（sweeping）pingとpingスイーピング（sweeping）

これらは実際には異なる用語だが、この用語を検索するとGoogleは混乱する。**pingスイープ（またはpingスイーピング）** は、ネットワークに割り当てられたすべてのIPアドレスに系統的にpingを行い、存在するアドレスと存在しないアドレスを判断するスキャンテクニックである。pingスイーピングはnmapや他のスキャンツールでもサポートされているが、スクリプトでも20秒で書けるだろう。

一方、**スイーピングping** は、パケットごとにサイズを増やした一連のpingメッセージである。スイーピングpingは、チャネル診断に用い、トラフィック制御やMTUの問題を発見することができる。最近のほとんどのping実装では、スイーピングpingはコマンドラインオプションで実現できる。

ネットワークがICMPメッセージをブロックしていることも多い。したがって、pingスイーピングはネットワーク上のホストを探す便利なツールではあるが、TCPやUDPの直接スキャンの方が一般には効果的である。

8.2.4　traceroute

tracerouteを使うと、A地点からB地点にパケットを転送するルータを特定できる。tracerouteは、パケットのTTLを操作してルータのリストを作成する。

IPパケットのTTL（Time To Live：有効期間）フィールドは、パケットがインターネット内で永遠にたらい回しされることを防ぐために開発されたメカニズムである。ルータがパケットを転送するたびに、TTL値が1つ減る。TTLがゼロになると、転送するルータはそのパケットを破棄し、ICMP時間超過（種別11）メッセージを送信する。

```
$traceroute www.nytimes.com
traceroute to www.nytimes.com (170.149.168.130), 64 hops max, 52 byte packets
 1  wireless_broadband_router (192.168.1.1)  1.189 ms  0.544 ms  0.802 ms
 2  l100.washdc-vfttp-47.verizon-gni.net (96.255.98.1)  2.157 ms  1.401 ms
    1.451 ms
 3  g0-13-2-7.washdc-lcr-22.verizon-gni.net (130.81.59.154)  3.768 ms  3.751 ms
    3.985 ms
 4  ae5-0.res-bb-rtr1.verizon-gni.net (130.81.209.222)  2.029 ms  2.314 ms
    2.314 ms
```

```
  5  0.xe-3-1-1.br1.iad8.alter.net (152.63.37.141)  2.731 ms  2.759 ms  2.781 ms
  6  xe-2-1-0.er2.iad10.us.above.net (64.125.13.173)  3.313 ms  3.706 ms  3.970 ms
  7  xe-4-1-0.cr2.dca2.us.above.net (64.125.29.214)  3.741 ms  3.668 ms
     xe-3-0-0.cr2.dca2.us.above.net (64.125.26.241)  4.638 ms
  8  xe-1-0-0.cr1.dca2.us.above.net (64.125.28.249)  3.677 ms
     xe-7-2-0.cr1.dca2.us.above.net (64.125.26.41)  3.744 ms
     xe-1-0-0.cr1.dca2.us.above.net (64.125.28.249)  4.496 ms
  9  xe-3-2-0.cr1.lga5.us.above.net (64.125.26.102)  24.637 ms
     xe-2-2-0.cr1.lga5.us.above.net (64.125.26.98)  10.293 ms  9.679 ms
 10  xe-2-2-0.mpr1.ewr1.us.above.net (64.125.27.133)  20.660 ms  10.043 ms
     10.004 ms
 11  xe-0-0-0.mpr1.ewr4.us.above.net (64.125.25.246)  15.881 ms  16.848 ms
     16.070 ms
 12  64.125.173.70.t01646-03.above.net (64.125.173.70)  30.177 ms  29.339 ms
     31.793 ms
```

以下に示すように、tracerouteは最初の52バイトメッセージを送信し、受信を開始する。そして、170.149.168.130への途中でアクセスするアドレスに関する一連の情報を受信する。ペイロードをさらに詳細に見てみよう。

```
$ tcpdump -nXr traceroute.pcap  | more
21:06:51.202439 IP 192.168.1.12.46950 > 170.149.168.130.33435: UDP, length 24
        0x0000:  4500 0034 b767 0000 0111 ed85 c0a8 010c  E..4.g..........
        0x0010:  aa95 a882 b766 829b 0020 b0df 0000 0000  .....f..........
        0x0020:  0000 0000 0000 0000 0000 0000 0000 0000  ................
        0x0030:  0000 0000                                ....
21:06:51.203481 IP 192.168.1.1 > 192.168.1.12: ICMP time exceeded in-transit,
        length 60
        0x0000:  45c0 0050 a201 0000 4001 548e c0a8 0101  E..P....@.T.....
        0x0010:  c0a8 010c 0b00 09fe 0000 0000 4500 0034  ............E..4
        0x0020:  b767 0000 0111 ed85 c0a8 010c aa95 a882  .g..............
        0x0030:  b766 829b 0020 b0df 0000 0000 0000 0000  .f..............
        0x0040:  0000 0000 0000 0000 0000 0000 0000 0000  ................
21:06:51.203691 IP 192.168.1.12.46950 > 170.149.168.130.33436: UDP, length 24
        0x0000:  4500 0034 b768 0000 0111 ed84 c0a8 010c  E..4.h..........
        0x0010:  aa95 a882 b766 829c 0020 b0de 0000 0000  .....f..........
        0x0020:  0000 0000 0000 0000 0000 0000 0000 0000  ................
        0x0030:  0000 0000                                ....
21:06:51.204191 IP 192.168.1.1 > 192.168.1.12: ICMP time exceeded in-transit,
        length 60
        0x0000:  45c0 0050 a202 0000 4001 548d c0a8 0101  E..P....@.T.....
        0x0010:  c0a8 010c 0b00 09fe 0000 0000 4500 0034  ............E..4
        0x0020:  b768 0000 0111 ed84 c0a8 010c aa95 a882  .h..............
        0x0030:  b766 829c 0020 b0de 0000 0000 0000 0000  .f..............
        0x0040:  0000 0000 0000 0000 0000 0000 0000 0000  ................
```

tracerouteはUDPメッセージを送信するが、ポート33435から始め、メッセージを送信するたびにポート番号を1つ増やしていく。ポート番号を増やすのは、パケットの送信順序を再現するためである。オフセット0x001C以降のICMPパケットには、元のUDPパケットが含まれている。前述したように、ICMPメッセージはさまざまな手法を使ってコンテキストを提供する。TTL超過などのエラーメッセージには、IPヘッダと元のパケットの最初の8バイトが含まれている。これにはUDP送信元ポート番号が含まれている。tracerouteは、ICMPメッセージをこのポート番号で整理して、メッセージが送信された順序を判断する。

tracerouteはデフォルトでUDPを使うが、TCPやIPペイロードの最初の8バイトに管理可能な値（エフェメラルポート番号など）を含む他の任意のプロトコルでも同じ手法が利用できる。

pingとtracerouteは、さまざまな場所から使えるとさらに便利である。そのために、多くのインターネットサービスプロバイダや他の組織が**ルッキンググラスサーバ**を提供している。ルッキンググラスサーバは、さまざまな一般的なインターネットアプリケーションへの、誰でも利用できる（一般的にはWeb経由）インタフェースである。ほとんどのルッキンググラスはNOCやISPが管理し、さまざまなルータにアクセスできる。実装は標準化されておらず、それぞれのルッキンググラスが異なるサービスを提供する。総合的なリストはwww.traceroute.orgで入手できる。

8.2.5　IP調査情報：位置情報と人口情報

多くのデータベースや調査情報サービスが、IPに関するさらなる情報を提供している。このような拡張データには、所有者、位置情報、人口情報などがある。

この拡張データを自律システム、ドメイン名、whois情報などの情報と区別することが重要である。後者はネットワークの維持に必要であり、ICANNに関連するインターネット組織が管理している。位置情報、人口データ、所有者などは、調査の産物である。これらの情報を作成する企業は、ネットワークスキャンだけでなく、実地調査などのさまざまな方法を用いている。このため、これらの情報には、いくつかの重要な性質がある。

- 調査情報の更新は遅いが、DNSは即座に変更できる。128.2.11.214が自動車部品販売には関係なく、現在はマルウェアをホスティングしていることを知るには、さらなる調査が必要になる。

- 常にある程度の近似である。経験則として、調査情報のデータは詳細になるほど正確性が下がる。通常、国情報は正しいが、米国、西ヨーロッパ以外の都市情報については不正確で、物理的位置にいたっては全く信用できない。

- 対価に見合う情報が手に入る。このデータを作成する企業にはそれを必要とする顧客がいる。ほとんどの企業は大規模なWebサイトに人口情報データを提供するようになったが、いまだに問い合わせ回数をライセンスに基づいて制限しているのが一般的である。詳細度や精度には対価が伴う。無料の調査情報データベースもあるが、国コードよりも詳細な情報が欲しければ、対価を払う必要がある。

最も一般的に使われるオープンソースのリファレンスはMaxMind社のGeoIPで、都市、国、地域、組織、ISP、ネットワーク速度のデータベースを提供する。GeoIP（http://bit.ly/geo-ip）は、「軽量」データベースの形で都市と国を探す無料サービスも提供している。MaxMind社の製品はすべてダウンロード可能なデータベースであり、定期的に更新されている。MaxMind社はこのサービスを長年提供しており、Pythonやその他のスクリプト言語からデータベースにアクセスするためのさまざまなAPIも提供している。

さらに広範な情報が欲しければ、Neustar（http://www.neustar.biz）やDigital Envoy社のDigital Element（http://www.digitalenvoy.com）がある。どちらもさらに精密な計測情報のほか、大都市統計地域（MSA：Metropolitan Statistical Area、政府が統計分析に使う高人口密度の隣接地域）や北米産業分類体系（NAICS：North American Industry Classification System）コード（業種のためのデューイ10進番号に類似した数値識別子）などの追加の人口動態データを提供している。ただし、このようなサービスは**安価ではない**。

8.3　DNS

世界が単純ならば、個々のIPアドレスには1つだけDNS名がついていて、データベースを調べるだけでIPアドレスに対応するDNS名を探すことができるだろう。しかし、世界はそんなに単純ではない。

DNSは、インターネットを人間が利用できるようにするための、接着剤のようなものである。DNSはインターネットを動作させてきた古いサービスの1つであり、他のサービス（特に電子メール）と役割が重なる。現時点では、DNSは、DNS名とIPアドレス、DNS名とDNS名、メールアドレスとメールサーバなど、さまざまな関係を検索可能にする分散データベースである。

8.3.1　DNS名の構造

ドメイン名は、www.oreilly.comのようにピリオドで区切られた階層的な一連のラベルで構成されている。ドメイン名は左から右に読むにつれてより一般的になり、ルートドメインで終わる（ルートドメインは「.」だが、ほとんど常に省略される）。ドメイン名には制限がある。名前の全長は253文字、個々のラベルは64文字に制限されている。

歴史的に、ラベルはASCII文字のサブセットに制限されていた。2009年以降、**国際化ドメイン名**（internationalized domain name）を取得できるようになり、中国語、ギリシャ語などの文字を使うことができるようになった[*1]。1つの名前に253文字という機械的な制限は引き続きあり、符号化はさらに複雑になった。

[*1] 国際化ドメイン名では、例えばoreilly.comに似て見えるが、実はキリル語のoを使ったドメイン名を作るなどの、同型異義語攻撃の危険が発生する。

NICとドメイン名割り当て

　IPアドレスと同様に、ドメイン名を割り当てる機関はICANNから始まる。ICANNがルートゾーンを管理し、ツリーのルート直下のトップレベルドメイン（TLD：Top-Level Domain）を指定する。アドレスの場合と同様に、TLDにはそれぞれネットワークインフォメーションセンター（NIC：Network Information Center）と呼ばれる管理機関がある。NICの名前割り当てポリシーはそれぞれ異なる。例えば、.comアドレスは誰でも取得できるが、.eduアドレスは教育機関にしか認められない。NICのポリシーによって、登録権限をさらに1つ以上の登録機関に委任することができる。

　IANAは4つのカテゴリのTLDを指定している。最も古いカテゴリは**ジェネリック（分野別）TLD（gTLD）**である。これは.comや.eduなどの、国と関係のないトップレベルドメインである。次に、1ドメインしかないインフラストラクチャTLDがある。これにはリバースDNSルックアップに使う.arpaドメインのみが含まれている。**国別コードTLD**（ccTLD：country code TLD）は、国用の2文字のトップレベルドメインである（例えば、アイルランド用の.ieなど）。新しい国際化TLD（IDN ccTLD）は、非ラテン文字を許す。

　TLDには、それぞれ独自のNICがある。以下の**表8-3**に、よく参照されるTLDのNICを示す。

表8-3　重要なNIC

TLD	NIC	URL
.org	Public Interest Registry	www.pir.org
.biz	Neustar	www.neustar.biz/enterprise/domain-name-registry
.com	VeriSign	www.verisigninc.com/
.net	VeriSign	www.verisigninc.com/
.edu	Educause	www.educause.ed
.int	IANA	www.iana.org/domains/int
.fr	AFNIC	www.afnic.fr/
.uk	Nominet	www.nominet.org.uk
.ru	Coordination Center for TLD RU	www.cctld.ru/en/
.cn	CNNIC	www1.cnnic.cn/
.kr	KISA	www.kisa.or.kr/

　このネームサーバの階層は、**権威**サーバを決定するためにも用いられる。トップレベル登録機関は、下位の登録機関にゾーンを与えることで権限を委譲する。各ゾーンにはドメイン名を管理して問い合わせ時に権限を持つ1つのマスタサーバがある。ゾーンをネストして、複数のサーバに権限を委譲することができる。

8.3.2 digを使ったフォワードDNS問い合わせ

基本的なDNS問い合わせツールはdig (domain information groper) である。digは、DNSに主なレコードをすべて問い合わせできるコマンドラインDNSクライアントである。まずは、簡単なdig問い合わせを実行してみよう。

```
$ dig oreilly.com
dig oreilly.com

; <<>> DiG 9.8.3-P1 <<>> oreilly.com
;; global options: +cmd
;; Got answer:
;; ->>HEADER<<- opcode: QUERY, status: NOERROR, id: 29081
;; flags: qr rd ra; QUERY: 1, ANSWER: 2, AUTHORITY: 0, ADDITIONAL: 0

;; QUESTION SECTION:
;oreilly.com.                    IN      A

;; ANSWER SECTION:
oreilly.com.            383     IN      A       208.201.239.101
oreilly.com.            383     IN      A       208.201.239.100

;; Query time: 10 msec
;; SERVER: 192.168.1.1#53(192.168.1.1)
;; WHEN: Sat Jul 20 19:11:17 2013
;; MSG SIZE  rcvd: 61
$ dig +short oreilly.com
208.201.239.101
208.201.239.100
```

まずdigの表示オプションを、次にDNS応答の構造を見ていこう。上記の例でわかるように、基本的なdigコマンドは問い合わせに関する広範囲な情報を提供する。最初に起動時のオプションのリスト、そしてDNSヘッダ、次に問い合わせに対応するセクションを表示する。ヘッダ行のQUERY、ANSWER、AUTHORITY、ADDITIONALフィールドと、その後のセクションが対応していることに注意しよう。このドメインはAUTHORITYやADDITIONALのレコードを返さなかったので、出力には何も表示されていない。問い合わせの次には、問い合わせに関する一連の統計量（サーバ、所要時間、メッセージのサイズ）が続く。

digには膨大な数の出力オプションがある。上の例ではデフォルトの表示を示した。各セクションの表示は、+nocomments（二重セミコロンで始まるすべてのコメントを削除する）、+nostats（最後の統計量を削除する）、+noquestionと+noanswer（DNS応答を削除する）を使って止めることができる。+shortとすると、すべての付加情報が削除され、応答だけが表示される。

digは単なるDNSクライアントなので、表示される情報の大部分はDNSサーバからの情報である。

digでは、コマンドラインで@を使ってさまざまなサーバに問い合わせできる。以下に例を示す。

```
$ # 8.8.8.8はGoogleのパブリックDNSサーバ。これを使ってCDNを問い合わせよう。
$ dig @8.8.8.8 www.foxnews.com
; <<>> DiG 9.8.3-P1 <<>> @8.8.8.8 www.foxnews.com
; (1 server found)
;; global options: +cmd
;; Got answer:
;; ->>HEADER<<- opcode: QUERY, status: NOERROR, id: 18702
;; flags: qr rd ra; QUERY: 1, ANSWER: 4, AUTHORITY: 0, ADDITIONAL: 0

;; QUESTION SECTION:
;www.foxnews.com.                IN      A

;; ANSWER SECTION:
www.foxnews.com.          282    IN      CNAME   www.foxnews.com.edgesuite.net.
www.foxnews.com.edgesuite.net. 21582 IN CNAME   a20.g.akamai.net.
a20.g.akamai.net.         2      IN      A       204.245.190.42
a20.g.akamai.net.         2      IN      A       204.245.190.8

;; Query time: 141 msec
;; SERVER: 8.8.8.8#53(8.8.8.8)
;; WHEN: Sat Jul 20 19:48:01 2013
;; MSG SIZE  rcvd: 135

$ # デフォルトサーバを使った問い合わせ
$ dig www.foxnews.com

; <<>> DiG 9.8.3-P1 <<>> www.foxnews.com
;; global options: +cmd
;; Got answer:
;; ->>HEADER<<- opcode: QUERY, status: NOERROR, id: 47098
;; flags: qr rd ra; QUERY: 1, ANSWER: 4, AUTHORITY: 0, ADDITIONAL: 0

;; QUESTION SECTION:
;www.foxnews.com.                IN      A

;; ANSWER SECTION:
www.foxnews.com.          189    IN      CNAME   www.foxnews.com.edgesuite.net.
www.foxnews.com.edgesuite.net. 9699 IN  CNAME   a20.g.akamai.net.
a20.g.akamai.net.         9      IN      A       23.66.230.160
a20.g.akamai.net.         9      IN      A       23.66.230.106

;; Query time: 97 msec
;; SERVER: 192.168.1.1#53(192.168.1.1)
;; WHEN: Sat Jul 20 19:48:09 2013
;; MSG SIZE  rcvd: 135
```

このように、CDN管理のサイト（Fox NewsはAkamaiを使用）を問い合わせると、同じ名前に対して、全く異なるIPアドレスが返される。CDNは、公開されたデータのキャッシュが対象から地理的に近くなるようにDNSを操作する。@を使ってサーバを指定しないと、digはデフォルトでシステムが使うように設定されたサーバを使う（例えば、UnixシステムではこれはＦ/etc/resolv.confで管理されている）。

CDNは、インターネットに発展性をもたらしたキャッシュネットワークである。Web以前では、ユーザは1時間に4つから5つのホストを訪問するぐらいだった。Web以降では、1つのWebページを見るために、100ものHTTPリクエストを発行することもある。これらのリクエストの大多数は、DNS経由で地理的に近くにあるキャッシュサーバにリダイレクトされる。

CDNはWeb分析の上で面倒な問題となる。1つのCDNサーバが複数のWebサイトをホスティングしている場合があるからだ。アドレスがCDNだと判明した場合、実際に何をアクセスしていたのかを正確に知ることは非常に難しい。

さて、DNSデータを見てみよう。DNSはある種のデータベース連合である。問い合わせはまずローカルDNSサーバに行き、ローカルDNSサーバがそのクエリに対する答えがある場合には応答を送る。情報がない場合には、名前の階層構造を用いて、リクエストを送信すべき場所を見つけ出し、そこからの応答を待って、クライアントに応答を返す。DNSはリソースレコード（RR：Resource Record）と呼ばれるさまざまな問い合わせをサポートし、問い合わせ中に送信されるオプションで要求するリソースレコードと追加サーバに問い合わせるためのオプションを指定する。上記の行のAやCNAMEの値はリソースレコードである。

ヘッダには以下の8つのフィールドが列挙される。

opcode
> クエリ（正引き）、逆引き、サーバ状態などのさまざまな動作を指定するためのフィールドだが、実際には、常にクエリに設定する。他にもさまざまなopcodeがあるが、それらはサーバ間での情報通信にのみ用いられる。

status
> 応答の状態。NOERROR、NXDOMAIN、SERVFAILの3つのメッセージが最も頻繁に出現する。NOERRORは問い合わせが成功したことを示し、NXDOMAINはドメインが得られなかったことを示し、SERVFAILはドメインの権威ネームサーバに到達できなかったことを示す。

id
> メッセージID。DNSはUDPでも用いることのできるプロトコルであり、メッセージIDを使って問い合わせと応答を管理する。

flags

> 応答に情報を付加する。qr（応答の場合にオンに設定される）、aa（答えが権威ネームサーバ
> から来た場合にオンに設定される）、rd（再帰希望）、ra（再帰可能）が入る。

残りの4つのフィールドは、応答で送信されたレコードの種類を示す。以下にその4つを示す。

QUERY

> このレコードは単に元のリクエストのコピーである。この場合、digのQUESTIONセクション
> に問い合わせがコピーされているのがわかる。

ANSWER

> 応答が入る。

AUTHORITY

> 他のサーバを特定するレコードのために予約されている。

ADDITIONAL

> 追加情報を提供する。今後の問い合わせで考えられる応答など。

追加情報は、ネームサーバの管理者に非常に左右される。一般的な使い方の例を以下に示す。こ
の例では、MX問い合わせの返答となるメールサーバの名前検索を提供している。

```
$ dig +nostats +nocmd mx cmu.edu
;; Got answer:
;; ->>HEADER<<- opcode: QUERY, status: NOERROR, id: 30852
;; flags: qr rd ra; QUERY: 1, ANSWER: 4, AUTHORITY: 0, ADDITIONAL: 3

;; QUESTION SECTION:
;cmu.edu.                        IN      MX

;; ANSWER SECTION:
cmu.edu.                20051   IN      MX      10 CMU-MX-02.ANDREW.cmu.edu.
cmu.edu.                20051   IN      MX      10 CMU-MX-03.ANDREW.cmu.edu.
cmu.edu.                20051   IN      MX      10 CMU-MX-04.ANDREW.cmu.edu.
cmu.edu.                20051   IN      MX      10 CMU-MX-01.ANDREW.cmu.edu.

;; ADDITIONAL SECTION:
CMU-MX-03.ANDREW.cmu.edu. 20412 IN      A       128.2.155.68
CMU-MX-01.ANDREW.cmu.edu. 20232 IN      A       128.2.11.59
CMU-MX-02.ANDREW.cmu.edu. 20051 IN      A       128.2.11.60
```

次に、リソースレコードの実際の意味を説明しよう。DNSには、さまざまな機能を持つ20種類以

上のリソースレコードがある。主要なものを紹介する。

A

特定の名前に関連付けられているIPアドレスを提供する回答レコード。

AAAA

Aに似ているが、名前のIPv6アドレスを提供する。

CNAME

正規名と別名の2つの名前を関連付ける。

MX

ドメインのメールサーバを返す。

PTR

正規名を指す。主にDNSリバースルックアップに使う。

TXT

任意のテキストデータが入る。

NS

アドレスのネームサーバを表す。

SOA

アドレスの権威ネームサーバに関する情報を提供する。

digのリソースレコードはすべて、名前、TTL、クラス、リソースレコードの識別子の4つの値で始まる（例えば、cmu.edu, 20051, IN, MX）。名前は問い合わせで渡される。TTLは名前の値を信頼できる時間（秒単位）を示す。DNSはキャッシュに大きく依存しており、TTLはキャッシュを更新すべきタイミングを指示する。クラスはほとんどいつでもIN（インターネット）になる。他のクラス名もあるが、本書の対象範囲外である。

AとAAAAは基本的なDNS機能を提供する。問い合わせた名前とIPアドレスを関連付けるのである。AレコードはIPv4アドレス、AAAAレコードはIPv6アドレスを提供する。digは、デフォルトではAレコードを問い合わせる。他のレコードは以下のようにコマンドラインに追加して指定する。

```
$ dig +nocomment +noquestion +nostats +nocmd www.google.com
www.google.com.         55      IN      A       74.125.228.81
www.google.com.         55      IN      A       74.125.228.83
www.google.com.         55      IN      A       74.125.228.84
www.google.com.         55      IN      A       74.125.228.80
www.google.com.         55      IN      A       74.125.228.82
$ dig +nocomment +noquestion +nostats +nocmd aaaa www.google.com
```

```
www.google.com.          18      IN      AAAA    2607:f8b0:4004:802::1014
```

Googleに対する問い合わせでは、5つのAレコードが帰ってきている。これは、一般的な負荷分散テクニックの**ラウンドロビンDNS割り当て**の例である。ラウンドロビン割り当てでは、同じドメイン名を複数のIPアドレスに割り当てる。その名前にアクセスするためのIPアドレスを選ぶ際には、この中からランダムに選ぶ。ラウンドロビン割り当ては、リバースルックアップ（名前からIPアドレス）を非常に面倒にする多くのDNSテクニックの1つでもある。

TTL値が短いことにも注意しよう。特定のGoogleサーバがダウンした場合、このTTLにより、55秒後にはユーザが別のサーバにアクセスできることが保証される。

正規名（CNAME）レコードを使って別名と正規名を関連付ける。例えば、www.oreilly.comのルックアップを考える。

```
dig +nocomment +noquestion +nostats +nocmd www.oreilly.com
www.oreilly.com.    3563    IN      CNAME   oreilly.com.
oreilly.com.        506     IN      A       208.201.239.101
oreilly.com.        506     IN      A       208.201.239.100
```

このように、名前www.oreilly.comは実際にはoreilly.comを指している。www.oreilly.comはIPアドレスを持っていない。www.oreilly.comはoreilly.comを指し、その名前がIPアドレスを持つ。正規名は、（前述の例のように）短縮のためや、コンテンツ配布を管理するためにも使っている。Fox Newsの例では、まずAkamaiがCNAMEを使ってすべてのFox Newsのサイト名を独自のネットワーク名にする様子を示した。

DNSは、MX（Mail eXchange）レコードで、電子メールのルックアップ機能を提供している。MXレコードは、特定のドメインのメールサーバのアドレスを記録する。例えば、jbro@andrew.cmu.eduにメールする場合には、cmu.eduのMXレコードを調べれば、送信先のメールサーバを見つけることができる。

```
$dig  +noquestion +nostats +nocmd mx cmu.edu
;; Got answer:
;; ->>HEADER<<- opcode: QUERY, status: NOERROR, id: 49880
;; flags: qr rd ra; QUERY: 1, ANSWER: 4, AUTHORITY: 0, ADDITIONAL: 2

;; ANSWER SECTION:
cmu.edu.                21560   IN      MX      10 CMU-MX-03.ANDREW.cmu.edu.
cmu.edu.                21560   IN      MX      10 CMU-MX-04.ANDREW.cmu.edu.
cmu.edu.                21560   IN      MX      10 CMU-MX-01.ANDREW.cmu.edu.
cmu.edu.                21560   IN      MX      10 CMU-MX-02.ANDREW.cmu.edu.

;; ADDITIONAL SECTION:
CMU-MX-01.ANDREW.cmu.edu. 21519 IN      A       128.2.11.59
CMU-MX-02.ANDREW.cmu.edu. 21159 IN      A       128.2.11.60
```

MXレコードにはサーバ名（CMU-MX-03.ANDREW.cmu.eduなど）のほか、メールサーバの優先度値が入る。この重み付け値を使ってメールサーバを選ぶ。メールクライアントは、優先度順でメールサーバを選ぶようにする（つまり、10の前に1を選ぶ）。

この例では、追加のセクションにあるAレコードに注目する。このレコードは、CMU-MX-01とCMU-MX-02のアドレスを解決している。この情報が入っているのはCMUのDNS管理者の配慮で、ルックアップの実行回数を減らすことができる。

NSレコードは、ゾーンの権威ネームサーバを探すのに用いられる。例えば、O'Reilly Mediaでは以下のようになる。

```
$ dig +nostat ns oreilly.com

; <<>> DiG 9.8.3-P1 <<>> +nostat ns oreilly.com
;; global options: +cmd
;; Got answer:
;; ->>HEADER<<- opcode: QUERY, status: NOERROR, id: 32310
;; flags: qr rd ra; QUERY: 1, ANSWER: 2, AUTHORITY: 0, ADDITIONAL: 0

;; QUESTION SECTION:
;oreilly.com.                    IN      NS

;; ANSWER SECTION:
oreilly.com.            3600    IN      NS      nsautha.oreilly.com.
oreilly.com.            3600    IN      NS      nsauthb.oreilly.com.
```

CDNが管理しているサイトのNSレコードを見てみよう。ここでもFox Newsを使う。

```
$ dig +nostat ns foxnews.com

; <<>> DiG 9.8.3-P1 <<>> +nostat ns foxnews.com
;; global options: +cmd
;; Got answer:
;; ->>HEADER<<- opcode: QUERY, status: NOERROR, id: 38538
;; flags: qr rd ra; QUERY: 1, ANSWER: 8, AUTHORITY: 0, ADDITIONAL: 5

;; QUESTION SECTION:
;foxnews.com.                    IN      NS

;; ANSWER SECTION:
foxnews.com.            300     IN      NS      usc2.akam.net.
foxnews.com.            300     IN      NS      ns1.chi.foxnews.com.
foxnews.com.            300     IN      NS      ns1-253.akam.net.
foxnews.com.            300     IN      NS      dns.tpa.foxnews.com.
foxnews.com.            300     IN      NS      usw1.akam.net.
foxnews.com.            300     IN      NS      usw3.akam.net.
```

```
foxnews.com.            300     IN      NS      asia3.akam.net.
foxnews.com.            300     IN      NS      usc4.akam.net.

;; ADDITIONAL SECTION:
usw1.akam.net.          28264   IN      A       96.17.144.195
usw3.akam.net.          50954   IN      A       69.31.59.199
asia3.akam.net.         28264   IN      A       222.122.64.134
usc4.akam.net.          28264   IN      A       96.6.112.196
usc2.akam.net.          88188   IN      A       69.31.59.199
```

　この例では、権威ネームサーバは主にakam.net（Akamai）が所有している。Fox NewsはAkamai
のCDNがホスティングしており、Akamaiは性能を向上させるために必要に応じてホストの名前を
変更している。

　SOAレコードには、ドメインの権威ネームサーバに関する要約情報が記載される。このレコード
は、ルックアップの失敗時に現れることが最も多い。アドレスが見つからないと、代わりにそのゾー
ンのサーバのSOA情報が返される。

```
dig @8.8.4.4 +multiline +nostat zlkoriongomk.com

; <<>> DiG 9.8.3-P1 <<>> @8.8.4.4 +multiline +nostat zlkoriongomk.com
; (1 server found)
;; global options: +cmd
;; Got answer:
;; ->>HEADER<<- opcode: QUERY, status: NXDOMAIN, id: 11857
;; flags: qr rd ra; QUERY: 1, ANSWER: 0, AUTHORITY: 1, ADDITIONAL: 0

;; QUESTION SECTION:
;zlkoriongomk.com.    IN A

;; AUTHORITY SECTION:
com.                899 IN SOA a.gtld-servers.net. nstld.verisign-grs.com. (
                    1374373035 ; serial
                    1800       ; refresh (30 minutes)
                    900        ; retry (15 minutes)
                    604800     ; expire (1 week)
                    86400      ; minimum (1 day)
                    )
```

　SOAフィールドはソースホストから始まり、次に連絡先メールアドレスが続く。このアドレスの
次にはソースファイルの変更回数を示すシリアル番号が続き、その後にタイムアウト統計量が続く。
digに+multilineオプションを付けていることに注意しよう。このオプションによって、SOAレコー
ドが人間の読みやすい複数行の出力で表示されている。

　TXTフィールドは、サーバ管理者が渡したい任意のテキスト出力に使えるワイルドカードフィール

176 | 8章　参照と検索：身元を確認するツール

ドである。例えば、GoogleはGoogle Appsを管理するための文字列を渡す。

```
$ dig +short txt google.com
"v=spf1 include:_spf.google.com ip4:216.73.93.70/31 ip4:216.73.93.72/31 ~all"
```

8.3.3　DNSリバースルックアップ

リバースルックアップは、IPアドレスからDNS名を再構築する処理である。例えば、208.201.139.101の所有者を見つけたい場合には、dig -xを使う。

```
$ dig +nostat -x 208.201.139.101

; <<>> DiG 9.8.3-P1 <<>> +nostat -x 208.201.139.101
;; global options: +cmd
;; Got answer:
;; ->>HEADER<<- opcode: QUERY, status: NOERROR, id: 7519
;; flags: qr rd ra; QUERY: 1, ANSWER: 1, AUTHORITY: 0, ADDITIONAL: 0

;; QUESTION SECTION:
;101.139.201.208.in-addr.arpa.        IN      PTR

;; ANSWER SECTION:
101.139.201.208.in-addr.arpa. 21600 IN  PTR     host-d101.studley.com.
```

リバースルックアップは、IPアドレスからDNS名を取得するリクエストである。質問セクションでは、IPアドレス208.201.139.101ではなく101.139.201.208.inaddr.arpaを要求している。IPアドレスのフィールドを逆順に並べている。DNSがリバースルックアップを行うときには、inaddr.arpa TLDに問い合わせる特殊なドメイン名を作成する[*1]。リバースルックアップに使う数値とピリオドからなる文字列は、元のIPアドレスを逆にしたものである。DNS名とIPアドレスの定義方法は逆だからだ。DNS名は右から左に行くにつれ詳細に（TLDからドメイン、個々のホストへと）指定されるのに対し、IPアドレスは左から右に行くにつれ詳細に指定される。

リバースルックアップはその場しのぎの解決にすぎない。回答で返されるレコードはポインタ（PTR）レコードである。PTRレコードは正規Aレコードから自動的に作成されるのではなく、NICが別途登録したものだ。さらに重要なことに、PTRレコードを登録する義務はないので、名前とIPアドレスの関係は薄弱だ。

例えば、CDNを考えてみよう。Fox NewsのIPアドレスの1つ（23.66.230.66など）を調べると、以下のような結果が得られる。

[*1]　.arpaは、公式にはAddress and Routing Parameter areaの略である。.arpaはもともと、最初にインターネット開発に投資したAdvanced Research Projects Agency, the DoD agency（米国国防総省高等研究計画局）を意味していたので、この名前は省略形ありきで作られた名前である。

```
dig +nostat +nocmd -x 23.66.230.66
;; Got answer:
;; ->>HEADER<<- opcode: QUERY, status: NOERROR, id: 56379
;; flags: qr rd ra; QUERY: 1, ANSWER: 1, AUTHORITY: 0, ADDITIONAL: 0

;; QUESTION SECTION:
;66.230.66.23.in-addr.arpa.      IN      PTR

;; ANSWER SECTION:
66.230.66.23.in-addr.arpa. 290  IN
PTR      a23-66-230-66.deploy.static.akamaitechnologies.com.
```

　CDNは情報の終端である。リバースルックアップからの回答からは、元の問い合わせの名前と関係のある情報は得られない。

　一般的に、DNS情報は最初の問い合わせ時が最も多く収集できる。リバースルックアップの不確かさはその理由の1つである。しかし、リバースルックアップが完璧に機能したとしても、多くの場合、攻撃者は非常に短命な名前を使う。可能な限り、ドメイン名は事後に再構築するのではなく、使用された段階で（HTTPログのURLなど）記録するべきである。

8.3.4　whoisを使って所有者を探す

　DNSはドメインの名前に関する情報を提供できるが、所有者情報の本質はwhoisが提供する。whoisは、DNS名の推定所有者を表示するプロトコル（RFC 3921、http://bit.ly/rfc-3921）である。ドメインに関する標準的なwhois問い合わせは、**例8-2**に示すようにドメインの所有者と連絡先情報を返す。

例8-2　oreilly.comに関するwhois問い合わせ

```
$whois oreilly.com

〈定型文省略〉

  Domain Name: OREILLY.COM
  Registrar: GODADDY.COM, LLC
  Whois Server: whois.godaddy.com
  Referral URL: http://registrar.godaddy.com
  Name Server: NSAUTHA.OREILLY.COM
  Name Server: NSAUTHB.OREILLY.COM
  Status: clientDeleteProhibited
  Status: clientRenewProhibited
  Status: clientTransferProhibited
  Status: clientUpdateProhibited
  Updated Date: 26-may-2012
```

```
    Creation Date: 27-may-1997
    Expiration Date: 26-may-2013

〈定型文省略〉

    Registered through: GoDaddy.com, LLC (http://www.godaddy.com)
    Domain Name: OREILLY.COM
        Created on: 26-May-97
        Expires on: 25-May-13
        Last Updated on: 26-May-12

    Registrant:
    O'Reilly Media, Inc.
    1005 Gravenstein Highway North
    Sebastopol, California 95472
    United States

    Administrative Contact:
        Contact, Admin  nic-ac@oreilly.com
        O'Reilly Media, Inc.
        1005 Gravenstein Highway North
        Sebastopol, California 95472
        United States
        +1.7078277000      Fax -- +1.7078290104

    Technical Contact:
        Contact, Tech  nic-tc@oreilly.com
        O'Reilly Media, Inc.
        1005 Gravenstein Highway North
        Sebastopol, California 95472
        United States
        +1.7078277000      Fax -- +1.7078290104

    Domain servers in listed order:
        NSAUTHA.OREILLY.COM
        NSAUTHB.OREILLY.COM
```

　ドメインのwhoisエントリは大量の標準的な情報を返すことに気付くだろう。また、返される情報には特定の固定フォーマットがないこともわかる。whois情報は、3×5情報カードの電子版に相当する。カードの所有者と所有者によるカードの管理方法によって、電話番号や略歴を入手できることもあれば、何も得られないこともある。

　さまざまな国の登録ファイルを調べると、登録の違いの感触をつかむことができる。whoisには中央データベースはない。トップレベルドメインによって異なるが、任意の数のwhoisサーバでwhois情報を管理できる。例えば、ロシアのwhoisデータ（.ruドメイン）はwhois.ripn.netが管理している。

フランスはlvs-vip.nic.fr、ブラジルはregistro.brである。幸い、whois-servers.netの親切な人々がすべての国とTLDの別名を提供している。whois実装によっては、この情報がすでに実行可能ファイルに含まれている場合もある。

whoisの実装は、最低でも-hスイッチを使ってルックアップサーバを指定する機能を提供している。したがって、whois -h ru.tld-servers.netはwhois -h whois.ripn.netと同じである。whois実装には国を指定する-cオプションを提供しているものもある。whois -c RUは上記の両方の例と同じ意味になる。

whoisはドメイン名に関する情報を提供するだけでなく、アドレス割り当てや所有者に関する情報も提供する。例8-3のように、whoisを名前ではなくIPアドレスを指定して呼び出すと、そのアドレスを所有する組織に関する情報を、多くの場合はネットブロックの形式で提供する。例として、フランスの検索エンジンVoilaのwhois情報を調べてみよう。RIPE（ヨーロッパのトップレベルレジストリ）に問い合わせるか、フランスのNICに問い合わせるかによって得られる情報が異なる。RIPEは多くの情報を提供しているが、フランスのNICからの情報は明らかに少ない。

例8-3　IPアドレスでのwhoisの使用

```
$dig +short voila.fr
193.252.148.80

$ whois -h whois.ripe.net 193.252.148.80
% This is the RIPE Database query service.
% The objects are in RPSL format.
%
% The RIPE Database is subject to Terms and Conditions.
% See http://www.ripe.net/db/support/db-terms-conditions.pdf

% Note: this output has been filtered.
%       To receive output for a database update, use the "-B" flag.

% Information related to '193.252.148.0 - 193.252.148.255'

% Abuse contact for '193.252.148.0 - 193.252.148.255' is 'gestionip.ft@orange.com'

inetnum:        193.252.148.0 - 193.252.148.255
netname:        ORANGE-PORTAILS
descr:          France Telecom
descr:          internet portals for multiple services
country:        FR
admin-c:        WPTR1-RIPE
tech-c:         WPTR1-RIPE
status:         ASSIGNED PA
remarks:        for hacking, spamming or security problems send mail to
```

```
remarks:        abuse@orange.fr
mnt-by:         FT-BRX
source:         RIPE # Filtered

role:           Wanadoo Portails Technical Role
address:        France Telecom - OPF/Portail/DOP/Hebex
address:        48, rue Camille Desmoulins
address:        92791 Issy Les Moulineaux Cedex 9
address:        FR
phone:          +33 1 5888 6500
fax-no:         +33 1 5888 6680
admin-c:        WPTR1-RIPE
tech-c:         WPTR1-RIPE
nic-hdl:        WPTR1-RIPE
mnt-by:         FT-BRX
source:         RIPE # Filtered

% This query was served by the RIPE Database Query Service version 1.60.2 (WHOIS4)

$ whois -h fr.whois-servers.net 195.152.120.129
%%
%% This is the AFNIC Whois server.
%%
%% complete date format : DD/MM/YYYY
%% short date format    : DD/MM
%% version              : FRNIC-2.5
%%
%% Rights restricted by copyright.
%% See http://www.afnic.fr/afnic/web/mentions-legales-whois_en
%%
%% Use '-h' option to obtain more information about this service.
%%
%% [96.255.98.126 REQUEST] >> 195.152.120.129
%%
%% RL Net [#########] - RL IP [########.]
```

　アジアの情報に関しては状況が逆だ。APNICのwhoisはあまり情報が多くないが、多くの場合、国レベルのwhoisエントリは詳細な情報を提供している。

　whois情報は、DNSリバースルックアップからあまり有益なデータを得られないときに特に役立つ。特定のドメイン名が見つからない場合には、whoisを使うと少なくともそのドメインをホスティングするアドレスブロックがわかる。

8.4 他の参照ツール

参照情報が得られるのは、ネットワークやルーティング情報だけではない。エクスプロイト、攻撃、特定のIPアドレスのレピュテーションに関する、誰でもアクセスできるサイトが多数存在する。通常、このようなサイトは小規模なボランティアによって運営され、利用者も多い。

8.4.1 DNSBL

DNSブラックホールリスト（DNSBL：DNS Blackhole List）は、主にアンチスパムテクニックとして利用するDNSベースのIPアドレスデータベースである。最初のDNSBLはBGPを使って実装されており、スパマのIPアドレスに関連するルートを動的に落としていた。今では、DNSBLは、メールソフトウェアのレピュテーションデータベースとしての役割を果たしている。例えば、メール転送エージェントはDNSBLを調べて送信IPがスパマであるかを判断し、それに応じて対応している。

DNSBLは、DNSサーバにリバースルックアップ形式の機能を提供する。例えば、digを使ってDNSBLでエコーアドレスを調べることができる。

```
$ dig 2.0.0.127.sbl.spamhaus.org

; <<>> DiG 9.8.3-P1 <<>> 2.0.0.127.sbl.spamhaus.org
;; global options: +cmd
;; Got answer:
;; ->>HEADER<<- opcode: QUERY, status: NOERROR, id: 45434
;; flags: qr rd ra; QUERY: 1, ANSWER: 1, AUTHORITY: 0, ADDITIONAL: 0

;; QUESTION SECTION:
;2.0.0.127.sbl.spamhaus.org.      IN      A

;; ANSWER SECTION:
2.0.0.127.sbl.spamhaus.org. 300 IN      A       127.0.0.2

;; Query time: 39 msec
;; SERVER: 192.168.1.1#53(192.168.1.1)
;; WHEN: Sun Jul 28 15:10:23 2013
;; MSG SIZE  rcvd: 60
```

問い合わせたアドレスは127.0.0.2だ。リバースルックアップの場合と同様に、IPアドレスを逆にする。それにリストの名前を付加して問い合わせる。この処理は、ハードコーディングされた .arpa TLDに頼らないリバースルックアップである。応答は、SpamhausのSBLサーバが提供するAレコードによって返される。

DNSBLは、リストとプロバイダによって異なる。プロバイダは、さまざまなトラフィックの種類に対してさまざまな形式のリストを提供できる。プロバイダが異なれば、DNSBLにアドレスを追加

または削除するポリシーも異なる。組織による**リストからの削除**方法の違いは、リストの特徴に根本的な影響を与える。ほとんどの場合、最後の悪用から一定の期間が経つと自動的にアドレスを削除するが、手動での介在が必要な場合もある。

有名なDNSBLの一部を以下に示す。

SORBS (Spam and Open Relay Blocking System、http://www.sorbs.net)

15個以上の、ホストをさまざまな挙動で分類したDNSBLを提供する。特に、ダイヤルアップやDSLアドレスなどの動的アドレスの分類に有用である。これには、特殊なリストDUHL (Dynamic User and Host List) を用いる。

Spamhaus (http://www.spamhaus.org)

多くの別のブラックリストとホワイトリストを作成する非営利民間企業。Spamhausの最も一般的に使われるリストには、PBL (エンドユーザアドレス)、SBL (スパムアドレス)、XBL (乗っ取られたIPアドレスとボット) がある。これらのリストには、1つの統合サービスZENとしてアクセスできる。

SpamCop

現在はCisco Systems社が所有するSpamCopは、私的なプロジェクトとして始まり、最終的にはIronPortのメールレピュテーションシステムの一部になった。現在、SpamCopは公開のSpamCopブラックリスト (SCBL : SpamCop Block List) を提供している。

DNSBLは、悪意のある活動を分類した情報源としての役割も担う。DNSBLを使うと、アナリストは特定のアドレスがインターネット上のどこかで悪意のある活動をしているかどうかと、場合によってはその活動の種類も判断できる。DNSBLは、前に説明した基本的なルックアップ情報を補完する、サイトの過去の履歴情報を提供してくれる。

DNSBLの役割は、フォレンジック分析をサポートすることではない。主にメールエージェントと連係するリアルタイムツールである。レコードは頻繁に変更されるので、イベント発生時にはDNSBLに悪意があるとみなされたアドレスが、アナリストが後に検証する際にはリストから削除されている可能性がある。ほとんどのブラックリストは、フォレンジックに使いやすいフィードやデータダンプを販売している。

9章
他のツール

本書の最初に述べたように、特定の目的で使うことになるであろうツールが多数存在する。本章では、分析に便利なツールをいくつか紹介し、それらの使い方を簡単に説明する。

これらのツールの多くは非常に強力で、3ページではとても説明しきれない。本章では各ツールに簡単に触れ、それぞれの例を示すようにする。もちろん、これだけでは不十分なので追加資料や補足文書を探してほしい。

9.1　可視化

グラフの可視化には、主にRを使うが、特定の状況で便利なツールが他にもある。Graphvizは、グラフを可視化する。Gnuplotは万能ナイフのようなプロットツールで、強力でスクリプト可能だが、扱いにくい。

9.1.1　Graphviz

Graphviz（http://www.graphviz.org）は、グラフレイアウトおよび可視化パッケージである。このパッケージはもともとAT&T社が開発し、現在はEclipseライセンスでリリースされ、活発にメンテナンスされている。

Graphvizは実際にはツール群であり、それぞれが異なる機構でグラフを自動的にレイアウトする。各ツールは、グラフ定義に基づいてグラフを自動的にレイアウトする。グラフはdotと呼ばれる言語で定義する。dot言語はさまざまな属性のノードとそのノードを接続するリンクを指定する。dotコマンドの例と出力を**例9-1**に示し、その結果を**図9-1**に示す。

例9-1　サンプルグラフのdotファイル

```
# これはグラフの基本機能を示す簡単なdotfile。
digraph sample_graph {
        # 別々にラベルを付ける場合、ノードはnodeコマンドで指定する。
```

```
    # ラベルが名前になる。
    node [shape=circle] node_a, node_b;
    # 自動的に円形になる。
    node [label="Node Gamma"] node_c;
    # ノード属性は伝播されるので、すべてが「Node gamma」と
    # 呼ばれるようになるのを避けるには、
    # ラベルをノード名に設定しなおさなければいけない。
    node [shape=square, label="\N"] node_1, node_2;
    node [shape=doublecircle] node_3;
    # 辺の属性は角かっこで設定する。
    # labelはグラフのテキストラベルである。
    node_1 -> node_a [ label="Transition 1,A" ];
    node_a -> node_1;
    node_b -> node_b [ label="Transition B,B" ];
    node_c -> node_2;
    node_2 -> node_1;
    # 色はcolor属性で制御する。
    node_2 -> node_3 [color = "blue"];
    node_2 -> node_a;
    # styleはdotted、boldなどに指定できる。
    node_2 -> node_b [style = "dotted"];
    node_2 -> node_c;
    label="Sample Graph";
    fontsize=14;
}
```

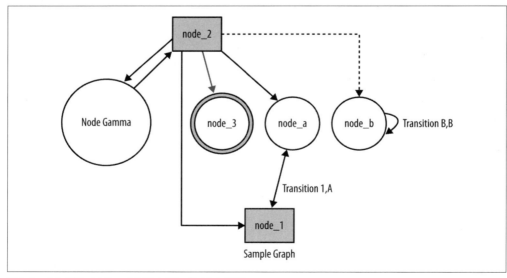

図9-1　サンプルdotファイルによるレイアウト結果

ログレコードを独自フォーマットからdotに変換するのはとても簡単にできる。結果のグラフを見ると、中央ノードなどのグラフの特性がひと目でわかることも多い。例9-2は、HTTPページとリファラ（参照元）サイトをリンクに変換し、dotを使ってネットサーフィンの連鎖をプロットするコードを示す。

例9-2　Webログレコードをdotグラフに変換する

```python
#!/usr/bin/env python
#
# log2dot.py
#
# 入力：
# 標準入力からのログファイル。このファイルは、URLとリファラURL
# を提供するように加工されていることを前提とする。
#
# 出力
# 標準出力に、graphvizで実行できるdotファイルを出力する。
import sys, re
host_id = re.compile('^https?://([^/]+)')
pairs = {}
nodes = {}
def graph_output(nodes, pairs):
    graph_header = """digraph graph_output {
size="7.5,10";
"""
    print graph_header

    a = nodes.keys()
    a.sort()
    for i in a:
        print "    node [shape = circle] %s;" % i
    print ""

    a = pairs.keys()
    a.sort()
    for i in a:
        for j in pairs[i].keys():
            # 各リンクを出力し、出現回数でラベルを付ける。
            print '    %s -> %s [label="%d"];' % (i,j,pairs[i][j])
    print "}"

if __name__ == '__main__':
    for i in sys.stdin.readlines():
        values = i[:-1].split()
        host = values[-2][:-1]
        referrer = values[-1]

        if host_id.match(host):
```

```
            host = host_id.match(host).groups()[0]

        if host_id.match(referrer):
            refname = host_id.match(referrer).groups()[0]
        else:
            refname = referrer

        a = host.split('.')
        if a[0] == 'www':
            host = '.'.join(a[1:])

        a = refname.split('.')
        if a[0] == 'www':
            refname = '.'.join(a[1:])

        host = host.replace('-','_')
        host = host.replace('.','_')
        refname = refname.replace('-','_')
        refname = refname.replace('.','_')
        nodes[host] = 1
        nodes[refname] = 1
        if pairs.has_key(refname):
            if pairs[refname].has_key(host):
                pairs[refname][host] += 1
            else:
                pairs[refname][host] = 1
        else:
            pairs[refname] = {host:1}
graph_output(nodes, pairs)
```

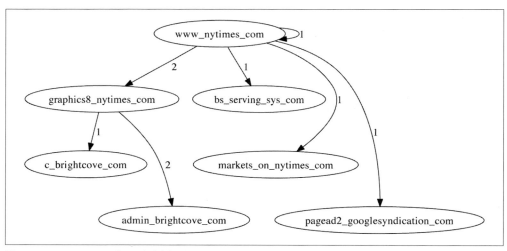

図9-2　log2dotスクリプトの出力例

9.2 通信と探査

本書で説明したように、ネットワーク監視の多くは受動的に行う。しかし、能動的な監視と検査をするべき状況も多い。この節で紹介するツールは、能動的にネットワークの調査や探査（プローブ）を行う。

本書の目的に照らして、監視インフラを能動的に補うツールに重点を置く。これらのツールの目的は、サンプルセッションの提供（netcat）、能動的な探査による受動的な監視の補足（nmap）、特定の監視設定を検査するために工夫されたセッションの提供（Scapy）である。

9.2.1 netcat

netcat（http://nc110.sourceforge.net）は、Unixコマンドラインツールで出力をTCPソケットやUDPソケットにリダイレクトできる。netcatは、ソケットをパイプアクセス可能なありふれたUnix FIFOに変える。またnetcatを使うと、クライアント、サーバ、プロキシ、ポートスキャナを簡単に実装できる。

netcat host portを使うと、netcatを簡単に呼び出すことができ、指定のホストとポート番号へのTCPソケットを作成する。以下のように標準のUnixリダイレクトを使って入力をnetcatに渡し、出力を読み込む。

```
$ echo "GET /" | netcat www.oreilly.com 80
<!DOCTYPE HTML PUBLIC "-//IETF//DTD HTML 2.0//EN">
<html><head>
...
```

この例では、netcatを使ってWebサイトのインデックスページを取得している。GET /は標準的なHTTP構文である[1]。HTTP、SMTPなどの特定のプロトコルを使ってセッションを作成できれば、netcatを介して送信してクライアントを作成できる。

同じ原理で、バナーグラビングにもnetcatを利用できる（15章を参照）。例えば、netcatで偽のセッションをSSHサーバに送信するとsshバナーを入手できる。

```
$ echo "WAFFLES" | nc fakesite.com 22
SSH-2.0-OpenSSH_6.2
Protocol mismatch.
```

この例ではncを使っていることに注意しよう。ほとんどのnetcatパッケージでは、この2つのアプリケーションは同じものの別名である。デフォルトではnetcatはTCP接続を開くが、-uオプションで変更することもできる。

---

[1] HTTPは非常に堅牢なプロトコルで、どのような組み合わせのセッション試行もできるので、例としてはあまり面白みがない。

netcatには、詳細な制御を可能にするさまざまなコマンドラインオプションがある。例えば、ポートの範囲指定を用いて、バナーグラビングを改善してみよう。

```
echo "WAFFLES" | nc -w1 -v fakesite.com 20-30
fakesite.com [127.0.0.1] 21 (ftp) open
220 fakesite.com NcFTPd Server (licensed copy) ready.
500 Syntax error, command unrecognized.
fakesite.com [127.0.0.1] 22 (ssh) open
SSH-2.0-OpenSSH_6.2
```

-vは出力量を指定するオプションで、どのポートを開いたかについての行を追加する。-w1コマンドは、1秒間の待機を指定し、20-30はポート20から30を調べることを指定している。

簡単なポートスキャンには-zオプションを用いる。このオプションを付けると、単に接続が開いているかどうかだけ調べるようになる。以下に例を示す。

```
$ nc -n -w1 -z -vv 192.168.1.9 3689-3691
192.168.1.9 3689 (daap) open
192.168.1.9 3690 (svn): Connection refused
192.168.1.9 3691 (magaya-network): Connection refused
Total received bytes: 0
Total sent bytes: 0
```

この例では、Apple TVをスキャンしている。

netcatはアプリケーションに対するアドホッククライアントを迅速に作成できるので、バナーグラビングや内部での分析に非常に便利である。新しい内部サイトが見つかった場合には、もっといいツールがなければ、netcatでスキャンしてみるのがよいだろう。

9.2.2 nmap

受動的なセキュリティ分析には限界がある。効果的な内部セキュリティプログラムには何らかのスキャンツールの利用が必要になる。Network Mapper（nmap、http://www.nmap.org）は、最高のオープンソースのスキャンツールである。

nmapなどのスキャンツールを使う理由は、これらのツールには脆弱性やOSに関する膨大な量の情報が含まれているからだ。スキャンにより、対象となるホストやネットワークに関する調査情報を取得できる。簡単なハーフオープンスキャンはコマンドラインで簡単に実装できるが、本格的なスキャンツールには、バナーグラビング、パケット分析、他のテクニックを組み合わせてホスト情報を特定できるエキスパートシステムが組み込まれている。例えば、前述の例で使ったApple TV（アドレス192.168.1.9）に対する簡単なnmapスキャンを考えてみよう。

```
$ nmap -A 192.168.1.9

Starting Nmap 6.25 ( http://nmap.org ) at 2013-07-28 19:44 EDT
```

```
Nmap scan report for Apple-TV-3.home (192.168.1.9)
Host is up (0.0058s latency).
Not shown: 995 closed ports
PORT       STATE SERVICE     VERSION
3689/tcp  open  daap        Apple iTunes DAAP 11.0.1d1
5000/tcp  open  rtsp        Apple AirTunes rtspd 160.10 (Apple TV)
| rtsp-methods:
|_ ANNOUNCE, SETUP, RECORD, PAUSE, FLUSH, TEARDOWN, OPTIONS, \
   GET_PARAMETER, SET_PARAMETER, POST, GET
7000/tcp  open  http        Apple AirPlay httpd
| http-methods: Potentially risky methods: PUT
|_See http://nmap.org/nsedoc/scripts/http-methods.html
|_http-title: Site doesn't have a title.
7100/tcp  open  http        Apple AirPlay httpd
|_http-methods: No Allow or Public header in OPTIONS response (status code 400)
|_http-title: Site doesn't have a title.
62078/tcp open  tcpwrapped
Service Info: OSs: OS X, Mac OS X; Device: media device;
CPE: cpe:/o:apple:mac_os_x

Service detection performed. Please report any incorrect results at
http://nmap.org/submit/ .
Nmap done: 1 IP address (1 host up) scanned in 69.63 seconds
```

nmapスキャン結果には、開いたポート、各ポートのサーバソフトウェアのバージョン、潜在的なリスク、さらにCPE文字列[*1]などが含まれている。

分析においては、ネットワーク上に新しいホストを発見したらすぐに、スキャンツールでそのホストの正体を特定する。以下の手順で行う。

1. フローデータを監査し、新しいホストとポートの組み合わせがネットワーク上に出現しているかどうかを確認する。
2. 新しいホストが見つかったら、そのホストにnmapを実行して稼働しているかどうかを判断する。
3. nmapがポート上のサービスを特定できなければ、ncを実行して基本的なバナーグラビングを行い、新しいポートが何かを調べる。

9.2.3 Scapy

Scapy (http://bit.ly/scapy) は、Pythonベースのパケット操作および分析ライブラリである。Scapyを使うと、パケットをPythonで扱いやすい構造に分解したり、内容を可視化したり、新たな

[*1] CPE (http://1.usa.gov/cpe-nist) は、プラットフォームを表すための共通フレームワークを提供するNISTプロジェクトである。

IPパケットを作って、パケット列に追加したり挿入したりすることができる。私は、tcpdumpレコードの変換と操作のためのツールとして、Scapyを愛用している。

Scapyは、tcpdumpデータのPythonで扱いやすい表現を提供する。データをロードしておけば、さまざまな表示関数を使ってデータを閲覧し、パケットのさまざまなレイヤを調べることができる。パケットのレイヤはそれぞれ、ディクショナリの各要素として表される。**例9-3**では、Scapyが提供するテキスト機能を使ってパケットの内容を読み込んで調査し、付随する画像を作成する。**図9-3**にその出力を示す。

例9-3　パケット内容の読み込みと調査

```
>>> # まずはrdpcapを使ってダンプファイルをロードする。
>>> s=rdpcap('web.pcap')
>>> # TCPペイロードを持つ最初のパケットを探す。
>>> for i in range(0,100):
...     if len(s[i][TCP].payload) > 0:
...         print i
...         break
...
63
>>> # show()を使って内容を調べる。
>>> s[63].show()
###[ Ethernet ]###
  dst= 00:1f:90:92:70:5a
  src= 8c:2d:aa:46:f9:71
  type= 0x800
###[ IP ]###
     version= 4L
     ihl= 5L
     tos= 0x0
     len= 1110
     id= 10233
     flags= DF
     frag= 0L
     ttl= 64
     proto= tcp
     chksum= 0xbe42
     src= 192.168.1.12
     dst= 157.166.241.11
     \options\
###[ TCP ]###
        sport= 50300
        dport= http
        seq= 4157917086
        ack= 3403794807
```

```
              dataofs= 8L
              reserved= 0L
              flags= PA
              window= 8235
              chksum= 0x5dd5
              urgptr= 0
              options= [('NOP', None), ('NOP', None), ('Timestamp',
                        (560054364, 662137900))]
###[ Raw ]###
              load= 'GET / HTTP/1.1\r\nHost: www.cnn.com\r\nConnection:...'
>>> # PDFdumpを使って内容を書き出す
>>> s[63].pdfdump('http.pdf')
```

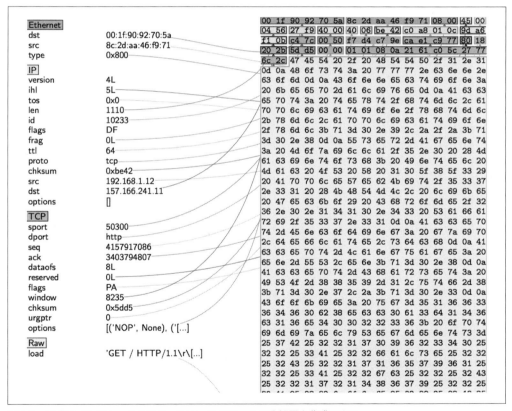

図9-3　完全にインストールすると、Scapyはパケットの分解図を作成できる

　私はScapyを主にtcpdumpレコードの変換と再フォーマットに使う。以下は、非常に簡単な適用例である。**例9-4**に示すスクリプトは、rwcutの出力と同じような、pcapファイルの列形式の出力を

192 | 9章　他のツール

提供する。

例9-4　tcpcut.py スクリプト

```python
#!/usr/bin/env python
#
#
# tcpcut.py
#
# これは入力としてtcpdumpファイルを取り、
# 内容をrwcutに似た形式で画面に出力する。
# 9つのフィールドだけをサポートし、
# 標準的な教育的理由からプロンプトはサポートしない。
#
# 入力
# tcpcut.py data_file
#
# 出力
# 標準出力への列形式の出力

from scapy.all import *

import sys, time

header = '%15s|%15s|%5s|%5s|%5s|%15s|' % ('sip','dip','sport','dport',
        'proto','bytes')
tfn = sys.argv[1]

pcap_data = rdpcap(tfn)

for i in pcap_data:
    sip = i[IP].src
    dip = i[IP].src
    if i[IP].proto == 6:
        sport = i[TCP].sport
        dport = i[TCP].dport
    elif i[IP].proto == 17:
        sport = i[UDP].sport
        dport = i[UDP].dport
    else:
        sport = 0
        dport = 0
    bytes = i[IP].len
    print "%15s|%15s|%5d|%5d|%5d|%15d" % (sip, dip, sport, dport,
      i[IP].proto, bytes)
```

Scapyは、セッションをテストするためのデータの作成にも利用できる。例えば、ログ記録システムを新たに導入したら、まずログを取りながらpcapを使ってセッションを作成する。次に、Scapyを使ってセッションを変更して実行し、その変更がログ記録にどのような影響を与えるかを確認する。

9.3 パケットの検査と参照

この節で扱うツールはすべて、パケットの検査と分析を主に行う。Wiresharkは最も便利なパケット検査ツールと言ってよいだろう。geoipを用いるとトラフィックデータの出所を簡単に割り出すことができる。

9.3.1 Wireshark

Wiresharkに多くのページを割くつもりはない。Snortやnmapと同様、Wiresharkはトラフィック分析で最もよく使われているし、ドキュメントも整っているからだ。Wiresharkはグラフィカルなプロトコルアナライザで、パケットの検査や統計量収集機能だけでなく、データを調査して理解可能な情報を取り出すためのツールも備えている。

Wiresharkの強みは、パケットデータを分析するための広範なdissectorライブラリにある。dissectorは、パケットデータの分解やセッションの再構築を行う一連のルールや手続きである。この例を図9-4に示す。これは、WiresharkがHTTPセッションの内容を抽出して表示した様子を示す。

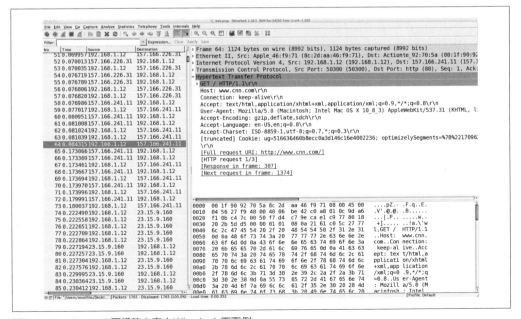

図9-4　セッションの再構築を表すWireshark画面例

9.3.2 GeoIP

位置情報サービスはIPアドレスを受け取り、そのアドレスの物理的位置に関する情報を返す。位置情報は調査を必要とする情報である。位置情報を調べるには、NICからの割り当てから始め、伝送遅延のマッピングから、企業に電話して郵送先アドレスを聞くことにいたるまでさまざまな方法を組み合わせる必要がある。

MaxMind社のGeoIP（http://www.maxmind.com）は、非常に一般的な無料の位置情報データベースである。無料バージョン（GeoLite）は、都市、国、ASN情報を提供する。

Applied Security社（http://www.appliedsec.com）が、Python向けの素晴らしいGeoIPライブラリ（pygeoip、pipでも利用可能、http://bit.ly/pygeoip）を作成している。pygeoipは、商用と無料のどちらのデータベースインスタンスでも動作する。以下のサンプルスクリプトpygeoip_lookup.pyは、APIの機能を用いている。

```python
#!/usr/bin/env python
#
# pygeoip_lookup.py
#
# 標準入力から渡されたIPアドレスを、
# 引数で指定されたMaxMind社のgeoipデータベースから
# 検索して国コードを返す。
#
import sys,string,pygeoip

gi_handle = None
try:
    geoip_dbfn = sys.argv[1]
    gi_handle = pygeoip.GeoIP(geoip_dbfn,pygeoip.MEMORY_CACHE)
except:
    sys.stderr.write("Specify a database\n")
    sys.exit(-1)

for i in sys.stdin.readlines():
    ip = i[:-1]
    cc = gi_handle.country_code_by_addr(ip)
    print "%s %s" % (ip, cc)
```

位置情報は大規模な実事業で、多くの位置情報データベースが利用できる。MaxMind社は独自のデータベースを提供している。他にはNeustar社のIP Intelligence（http://bit.ly/ip-intel）、Akamai（http://www.akamai.com）、Digital Envoy（http://www.digitalenvoy.com）などがある。

9.3.3 NVD、マルウェアサイト、C*E

NVD（National Vulnerability Database）は、NISTが管理する公共サービスで、ソフトウェアおよびハードウェアシステムの脆弱性を列挙して分類している。NVDプロジェクトは、長年にわたってさまざまな名前で運営されており、データベースはいくつかの要素から構成されている。最も重要な構成要素は、Cで始まってEで終わるもので、MITRE社が行ってきたものだ。

CVE

CVE（Common Vulnerabilities and Exposures：共通脆弱性識別子）データベースは、ソフトウェア脆弱性とエクスプロイトを列挙するメカニズムである。

CPE

CPE（Common Platform Enumeration：共通プラットフォーム一覧）データベースは、階層的な文字列を使ってソフトウェアプラットフォームを表すメカニズムである。CVEエントリは、CPEを使ってCVEが対象とする特定の脆弱なソフトウェアリリースを参照する。

CCE

CCE（Common Configuration Enumeration：共通セキュリティ設定一覧）は、Apacheインストールなどのソフトウェア設定を示して列挙する。CCEはまだ構築中である。

NVDは、このようなすべての一覧をSCAP（Security Content Automation Protocol：セキュリティ設定共通化手順）の下で管理している。SCAPは、セキュリティ設定を自動化するための継続的なプロジェクトである。分析目的には、CVEが最も重要である。1つの脆弱性に対して何十、何百ものエクスプロイトが記述されるが、その脆弱性のCVE番号がすべてのエクスプロイトをまとめる働きをする。

政府出資のプロジェクトの他にも、以下のような多くの共通エクスプロイト一覧がある。

BugTraq ID

BugTraqは、多数の独立した研究者から提示された新しいエクスプロイトや脆弱性を対象とした脆弱性メーリングリストである。BugTraqは簡単な数値IDを使い、特定した新しい脆弱性の一覧（http://bit.ly/vuln-list）を管理している。BugTraqのバグ報告は、NVDと多くの部分で重複する。

OSVDB（http://www.osvdb.org/）

脆弱性データを管理するための非営利組織OSF（Open Security Foundation）が管理する脆弱性データベース。

Symantec社のSecurity Response（http://bit.ly/sec-resp）

このサイトには、Symantec社のAVソフトウェアが作成したすべてのマルウェアシグネチャのデータベースと概要が紹介されている。

McAfee社のThreat Center（http://bit.ly/mcafee-threat）

Threat Centerは、Symantec社のサイトと同じ目的を果たす。McAfee社のAVソフトウェアが追跡し、現在特定した脅威とマルウェアに対するフロントエンドである。

Kaspersky社のSecurelist脅威説明

Kaspersky社のシグネチャ一覧。

　このようなデータベースは、マルウェア研究者には直接的に役立つ。彼らは、エクスプロイトや乗っ取りを対象としているからだ。ネットワークセキュリティ分析においては、これらのサイトは、ワームや他のマルウェアがネットワークに伝播してくる経路を特定するのに有用である。経路が特定できれば、マルウェアが発するトラフィックをおおまかに予想することができる。例えば、マルウェアがHTTPとNetBIOS[*1]を介して伝播するということがわかれば、どのネットワークサービスとポート番号から調査を開始すべきかがわかったことになる。

9.3.4　個人的コミュニケーションによる情報の入手

　平均的なアナリストと優れたアナリストの違いは、この点にある。平均的なアナリストは、pcapやWebログからデータを受け取り、提供されたデータから結論を導く。優れたアナリストはさらに、Webログやメーリングリスト、さらには何らかのフォーラムでのアナリストとのやり取りから情報を導き出す。

　コンピュータセキュリティは常に変化が伴う分野であり、攻撃は常に動く標的である。簡単な攻撃だけで膨大にあり、追跡と監視を行うだけでアナリストは自己満足してしまいがちだが、攻撃者は常に進化して新しいツールや手法を使う。インターネットトラフィックはさまざまな理由で変化する。しかもその多くは非技術的な理由による。トラフィック急増の原因が、NANOG（North Americal Network Operators Group）などのメーリングリストやNew York Timesの一面記事でわかることもある。

9.4　参考文献

1. Laura Chappell and Gerald Combs, "Wireshark 101: Essential Skills for Network Analysis."

[*1]　多くのマルウェアが実際これらを用いている。

2. Graphviz (http://www.graphviz.org)

3. Gordon "Fyodor" Lyon, "Nmap Network Scanning," Nmap Project, 2009

4. Nmapプロジェクト (http://www.insecure.org)

5. Scapy (http://bit.ly/scapy)

6. Wireshark (http://www.wireshark.org)

第Ⅲ部
分析

　第Ⅰ部、第Ⅱ部では、収集できるデータの種類と、集めたデータを操作するツールについて説明した。第Ⅲ部では、これらのデータを使った分析に目を向ける。

　以降の章では、データに対して適用できるさまざまな数学および分析テクニックを取り上げる。各章はそれぞれセキュリティと適用現場に関連している。10章では**探索的データ分析**（EDA：Exploratory Data Analysis）の手順を取り上げるので、他の章よりも前に読むとよい。11章、12章、13章、14章では、挙動の例を取り上げ、挙動と攻撃を関連付け、その挙動から警告を生成する方法や、挙動をフォレンジックや調査に使う方法を説明する。15章では、ネットワークのマッピングの問題について述べ、それまでの章のテクニックを適用して状況認識を行う。

10章
探索的データ分析と可視化

　探索的データ分析（EDA：Exploratory Data Analysis）は、データやその挙動に関してあらかじめ前提をおかずにデータセットを調べるプロセスである。実世界のデータセットは乱雑かつ複雑なので、漸進的なフィルタ処理と層別化を行わないと、警告生成や、アノマリ（異常）検知、フォレンジックに利用できる現象を見つけることができない。攻撃者やインターネットは「動く標的」であり、アナリストは絶えずおかしなことに直面する。この理由から、EDAは持続的なプロセスとなる。

　EDAで重要なのは、数学を適用する前にデータセットをよく把握することだ。これがなぜかを理解してもらうために、簡単な統計問題を見ていこう。**表10-1**に4つのデータセットを示す。それぞれベクトルXとベクトルYで構成されている。各データセットの以下の値を求める。

- XとYの平均
- XとYの分散
- XとYの相関

表10-1　4つのデータセット

I		II		III		IV	
X	Y	X	Y	X	Y	X	Y
10.0	8.04	10.0	9.14	10.0	7.46	8.0	6.58
8.0	6.95	8.0	8.14	8.0	6.77	8.0	5.76
13.0	7.58	13.0	8.74	13.0	12.74	8.0	7.71
9.0	8.81	9.0	8.77	9.0	7.11	8.0	8.84
11.0	8.33	11.0	9.26	11.0	7.81	8.0	8.47
14.0	9.96	14.0	8.10	14.0	8.84	8.0	7.04
6.0	7.24	6.0	6.13	6.0	6.08	8.0	5.25
4.0	4.26	4.0	3.10	4.0	5.39	19.0	12.50
12.0	10.84	12.0	9.13	12.0	8.15	8.0	5.56
7.0	4.82	7.0	7.26	7.0	6.42	8.0	7.91
5.0	5.68	5.0	4.74	5.0	5.73	8.0	6.89

どのデータセットも、平均、分散、相関は同一だが、数値を見ればすぐに何か怪しいと思うだろう。可視化するとどう違うのかすぐわかる。**図10-1**は4つのデータセットをプロットしたものだが、各データセットが全く異なる分布を示すことがわかるだろう。これは**アンスコムの例**（Anscombe Quartet）と呼ばれるもので、データ分析における外れ値（データセットIVにある）の影響の大きさと、可視化の効果を示すために考案されたものだ。

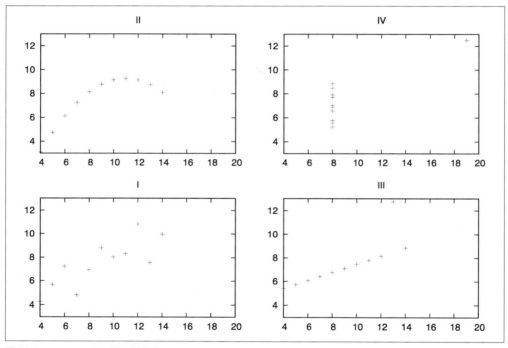

図10-1　アンスコムの例の可視化

この例が示すように、統計データだけからではわからないようなデータセットの大きな特徴が、簡単な可視化だけではっきりする。統計分析でよくある間違いは、データを調べる前に数学に依存してしまうことだ。例えば、アナリストはデータセットの平均と標準偏差を求めて、閾値（通常は平均から約3.5標準偏差）を設定することが多い。このような設定は、データセットが正規分布であるという前提に基づいているが、正規分布でない場合には（実際正規分布であることは稀なのだが）、簡単な数え上げの方が効果的だ。

10.1　EDAの目的：分析の適用

　EDAプロセスの要は、モデルに近づくことにある。モデルはデータの正式な表現であることもあれば、「何かがたくさん来たら警告を発する」ぐらいに単純な場合もある（もちろん、「たくさん」や「何か」は適切に定量化される）。ここでは、情報セキュリティにおけるデータ分析の4つの基本的な目的を説明する。警告の生成、フォレンジック、防御の構築、状況認識である。

　警告として使う場合には、分析作業では何らかの数値を生成し、正常活動のモデルと比較して**観測結果をアナリストに知らせて注意喚起するべきか**を判断する。異常は必ずしも攻撃ではなく、攻撃は必ずしも対応に値するわけではない。よい警告とは、正常な状況下での予測可能な現象に基づいており、防御者が対応できるものである。一方、攻撃者は自分の目的を達成するために警告を妨げようとする。

　情報セキュリティを運用する上での問題は、警告の作成ではなく、警告の管理である。アナリストは警告を受け取ると、まずコンテキストの提供を行わなければならない。脅威が本物であるかを検証し、関連性を確かめ、被害の程度を判断し、対策を提言するのだ。偽陽性は重大な問題だが、警告の失敗にはほかにもさまざまな形がある。よく分析できていれば警告の有効性を向上させることができる。これに関しては7章で詳しく述べた。

　セキュリティ分析のほとんどはフォレンジック分析であり、イベントの発生後に行う。フォレンジック分析はさまざまな方面からの情報に基づいて開始される。警告、IDSからの信号、ユーザの報告、新聞記事[*1]などが考えられる。

　フォレンジック分析は何らかのデータから始める。感染したIPアドレスや悪意のあるWebサイトなどだ。調査員はそこから攻撃に関するできるだけ多くのことを知る必要がある。被害の程度、攻撃者の他の活動、攻撃の主なイベントの時系列などだ。フォレンジック分析はアナリストにとって最もデータ集約型の作業である。トラフィックログから社員へのインタビューにいたるまでさまざまな情報源からのデータを収集し、何年も前に格納したデータのアーカイブを調べる必要があるからだ。

　警告とフォレンジック分析はどちらも対処法的な手段だが、アナリストはデータを積極的に利用し、防御を行うこともできる。アナリストの取れる手段には、ポリシーの提言、ファイアウォールルール、認証などがあり、これらを使って防御を実現できる。問題は、このような手段には基本的な制約があることだ。ユーザの観点から見ると、セキュリティは、抽象的な好ましくない出来事が後に起こらないように、今現在の挙動を制限してくるルールだ、ということだ。

　情報セキュリティでは、常に人が最後の砦となる。セキュリティの実装が不十分であったり独断的であったりすると、システム管理者とユーザに敵対関係が生まれ、やがてすべてがポート80で行われることになるだろう。分析を活用すると、ユーザに過度の負担をかけることなく攻撃を制限する妥当な制約を判断できる。

---

*1　攻撃者がNew York Timesの記事に書かれていたので調査を開始する、というようなことはないだろうが。

警告、フォレンジック、再設計はすべて攻撃サイクルに着目している。攻撃の検出、理解、そして攻撃からの復旧である。このサイクルは常にナレッジマネジメント（知識管理）に依存する。インベントリ、過去の履歴、検索データ、さらには電話帳といったナレッジマネジメントが、進行中の災難を管理可能な災難に変えるのだ。

ナレッジマネジメントはすべてに影響する。例えば、ほぼすべての侵入検知システム（特にシグネチャ管理システム）は、パケットの内容をそれが何なのかを知らずに検査する。例えば、あるIISエクスプロイトと思われたものは、実際にはAmiga 3000上のApache[*1]を狙っていたものだった。IDSにおける偽陽性は、そのIDSが早々に失敗したことを意味する。インベントリをメンテナンスして情報をマッピングすることは、効果的な警告を生成するための第一歩だ。多くの攻撃は、初めから失敗している。失敗に終わった攻撃はコンテキストやアナリストの手を煩わせる前に破棄された警告から特定できる。

優れたインベントリと過去の履歴データは、フォレンジック調査の効率的な実施にも役立つ。多くのフォレンジック分析はコンテキストを提供するためにさまざまなデータソースを相互参照する。必要となる情報は事前に予測できる。例えば、内部IPアドレスに対して、その所有者や稼働しているソフトウェアを調べておくべきだろう。

ナレッジマネジメントには、複数の異なる情報源から取得したデータを1か所に集めておく必要がある。ASN、whoisデータ、さらに電話番号などの情報は、数百とはいかなくても数十のさまざまな方法で管理されたデータベースに格納されており、それぞれローカルな制約やポリシーの影響を受ける。内部ネットワークにも誰も把握していないサービスがほぼ常に稼働しているので、グローバルなネットワークと同様に混沌としている。多くの場合、運用現場の資産を特定する作業自体がネットワーク管理やITの問題を解決する助けとなる。

データを調べるときには、データ分析の目的をはっきりさせておこう。目的は、警告を上げることだろうか？時系列の再構築だろうか？あるファイアウォールルールを導入したらユーザが反対するかどうか判断することだろうか？

10.2 EDAワークフロー

図10-2に情報セキュリティにおけるEDAのワークフロー図を示す。このワークフローが示すように、EDAの主な作業は、EDAテクニックの適用、現象の抽出、詳細な分析のループである。EDAはまず質問から始まる。この質問は「典型的な活動とは何か」といった、イエス、ノーでは答えられないものになる。この質問によってデータの選択を行う。例えば「BitTorrentトラフィックはパケットサイズで特定できるか」という質問に答えるには、ポート6881〜6889（一般的なBitTorrentポート）でやり取りされる既知のBitTorrentトラッカーやBitTorrentトラフィックと通信するトラフィッ

[*1] 実際に存在する。

クを選択する。

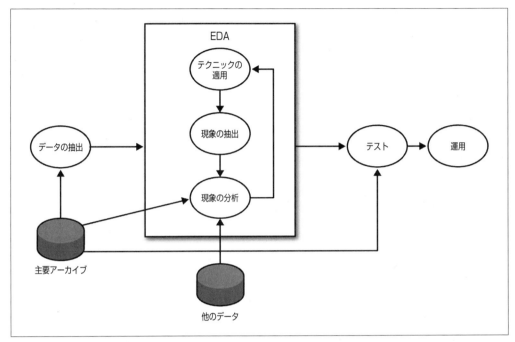

図10-2　探索的データ分析のワークフロー

　EDAループでは、アナリストは3つの手順を繰り返す。何らかのテクニックを用いたデータの要約と調査、データ内の現象の特定、そして現象の詳細な調査である。**EDAテクニック**とは、データセットを要約して**人間**が調査に値する現象を特定できるような形式にする作業である。多くのEDAテクニックは可視化であり、本章のほとんどでは可視ツールに着目している。他のEDAテクニックにはクラスタリングなどのデータマイニング手法や、回帰分析などの古典的な統計的手法がある。

　EDAテクニックは挙動に関する手がかりを提供する。その手がかりを利用して元のデータに立ち戻って、特定の現象を抽出してさらに詳しく調査を進める。例えば、ポート6881～6889のトラフィックを調べることを考えてみよう。あるホスト群では50～200バイトのペイロードを含むフローが多いことがわかったとする。アナリストはこの情報を利用して、元のデータに立ち戻り、Wiresharkを使ってそのパケットがBitTorrent制御パケットであることを確認する。

　このテクニック、抽出、分析の手順は永遠に繰り返すことができる。現象を発見し、このループを停止するタイミングの判断は、経験からのみ得られる。初期の最も効果的な手段は広範で偽陽性に陥りやすいので、分析には膨大な数の偽陽性を伴う。多くの場合、EDAプロセスでは複数のデータソースを調べる必要がある。例えば、BitTorrentデータを調べているアナリストは、プロトコル定

義を参照したり、BitTorrentクライアントを自分で実行してみたりして、データで観測された特性が当てはまるかどうかを判断する。

EDAプロセスはいつかは止めなければならない。EDAが完了した時点で、通常、アナリストは当初の問題に応えるメカニズムをいくつか手にしているはずだ。例えば、ボットネットC&Cへの通信など定期的な現象を探すには、自己相関やフーリエ解析を使うこともできるし、単に一定時間内のイベント数を数えてもよい。複数の選択肢を手にすると、次はどれを選ぶかが問題となる。どれを用いるかは、多くの場合、テスト作業や運用上の要求で決まる。

テストプロセスではEDA中に開発されたテクニックを使い、運用に最も適したテクニックはどれであるかを判断する。プロセスのこの段階では、実際の警告とレポートを作成する。よい警告を生成するためのクライテリアに関しては、7章の異常検知に関する節を参照してほしい。

10.3　変数と可視化

最も利用しやすくまた一般的に使われるEDAのテクニックは可視化である。可視化はツールで行う。特定のタスクに適用可能な可視化手法は一般にたくさんあるが、データの種類と解析の目的によって定まる。データを理解するためにはまず、**変数**を理解しなければならない。

変数は、重量や温度などのような測定できるエンティティの特性である。変数は、エンティティや時間によって変化する。人の身長は年齢とともに変化するし、個人によって異なる。

変数には4つの種類がある。初級の統計学の授業を受けたことのある読者ならなじみがあるだろう。ここでは厳密なものから順に、簡単に復習する。

間隔変数

間隔変数は2つの値の差に意味があるが、2つの値の比率には意味がないような変数だ。ネットワークトラフィックデータでは、イベントの開始時間が間隔データの最も一般的な形態である。例えば、あるイベントが真夜中から100秒後に記録され、別のイベントが真夜中から200秒後に記録されたとしよう。2番目のイベントが最初のイベントの後に起きたことには意味があるが、最初のイベントよりも2倍後に発生したということには意味がない。「時間ゼロ」の概念がないからだ。

比率変数

比率変数は間隔変数に似ているが、意味のある「ゼロ」を持つので、乗算や除算を論じることができる。比率変数の1つとして、パケットのバイト数がある。例えば、200バイトのパケットと400バイトのパケットがあるとする。間隔変数の場合と同様に、一方が他方より大きいと言えるが、一方のパケットは他方よりも「2倍大きい」とも言える。

順序変数

数値として順を持つが、一定の間隔ではない。顧客の評価がこのカテゴリに入る。評価5は4よりも高く、4は3よりも高いので、5も3より高いのは間違いない。しかし、顧客の満足度の上昇は3から4と4から5で同じとは言えない（評価の計算を基準として利用する際、評価を間隔や比率変数のように処理してしまうことが多いが、これは間違いである）。

名前付き値変数

このデータは、「名前付き値」という言葉が示すように、数値ではなくただの名前である。このデータには順番はない。よく出て来るこの種類のデータには、ホスト名やサービス（Web、メールなど）がある。

データは数値で指定されるからといって必ずしも順序があるわけではない。ポートは名前付き値データである。ポート80はポート25よりも何らかの意味で「上位」ではない。この数値は、HTTPポート、SMTPポートなどに代わる単なる名前と考えるのが最も適切だろう。

間隔変数、比率変数、順序変数は**量的**変数とも呼ばれるのに対し、名前付き値変数は**質的**変数とも呼ばれる。間隔変数と比率変数はさらに**離散変数**と**連続変数**に分けられる。離散変数は個々の値の差を分割できないが、連続変数は差を無限に分割できる。ネットワークトラフィックデータでは、収集されるほとんどすべてのデータが離散データである。例えば、パケットのペイロードは9バイトでも10バイトでもあり得るが、その間であることはない。開始時間などの値は、非常に細かく分割することができるが、離散値である。一般的に、連続変数はパケットごとの平均バイト数などのように、何らかの方法で導出されたものである。

10.4　一変量の可視化：ヒストグラム、QQプロット、箱ひげ図、順位プロット

測定した変数の種類に応じて、可視化手法を選択することができる。最も基本的なものは**一変量**データに適用されるものだ。一変量データは、測定単位ごとに1つだけ変数が観測されるものである。一変量測定値の例には、パケットごとのバイト数や、ある期間に観測されたIPアドレス数などがある。

10.4.1　ヒストグラム

ヒストグラムは、比率データと間隔データに対する基本的なプロット手法で、変数が取り得るそれぞれの値に対して、実際にその値ととった回数を示す。このプロットは一連の**ビン**（値の離散的範囲）と**頻度**からなる。つまり、1秒間に0から10,000の任意の速度でパケットを受信できる場合、0から999、1,000から1,999などの範囲を示す10個のビンを作成できる。頻度は、ビンの範囲内に観測値が出現した回数である。

208 | 10章　探索的データ分析と可視化

ヒストグラムの作成

　ヒストグラムの基本要素は一連の定量的観測値である。例えば、Rのプロンプトでは、生デー
タから簡単にヒストグラムを作成できる。

```
> sample <- rnorm(10,25,5)
> sample
 [1] 30.79303 25.52480 22.29529 29.20203 21.88355 19.73429 24.99312
 [8] 20.79997 22.24344 24.29335
> hist(sample)
```

　Rのrnorm関数はパラメータとしてサンプルサイズ、値の平均、標準偏差を取り、一連のラ
ンダムな観測値を作成する。Rの関数にはよくあるように、hist関数はユーザの手間を省くよ
うにできており、例えばビンの幅を自動的に割り当ててくれる。

　hist関数で覚えておくと便利な引数を以下に示す。

prob（論理値を取る）

　　Trueに設定すると、面積が1になるようにプロットする。Falseに設定すると、頻度そ
　　のものをプロットする。

breaks（複数のオプションを取る）

　　breaksは、データをどのようにビンに分割するかを指定する。数値を指定すると、ビ
　　ンの数となる。ベクトルを指定した場合には、分割点となる。文字列であらかじめ定
　　義されたアルゴリズムを指定することもできるし、関数ポインタを指定することもで
　　きる。

　ヒストグラムがデータ分析において有用なのは、変数分布の構造を理解する助けとなるからだ。
構造はさらなる調査の材料になる。ヒストグラムで一般的な構造は**モード**（分布内で最も多く出現す
る値）で、ヒストグラムの頂点として現れる。ヒストグラム分析は、ほとんどの場合以下の2つの質
問からなる。

1. 分布が正規分布か、もしくは性質が明らかな別の分布か。
2. モードはどこか。

　このような分析の例として、**図10-3**を見てみよう。このヒストグラムはBitTorrentセッションで
のフローサイズ分布で、約78〜82バイトの間で際立った頂点を示す。この頂点はBitTorrentプロト
コルによるものだ。BitTorrentピアが他のピアに特定のファイルがあるかを尋ねた際に受け取る「い
いえ」の回答がこのサイズなのだ。

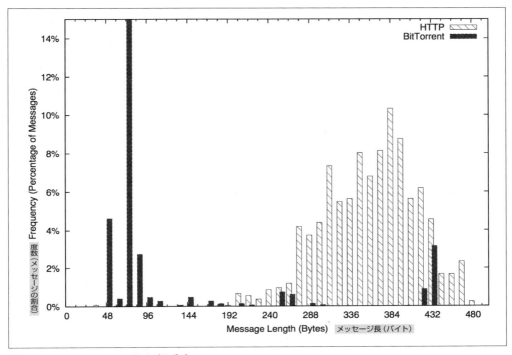

図10-3　BitTorrentフローサイズの分布

　モードから新たな質問が浮かび上がる。分布のモードを特定したら、元データに立ち戻ってモードを生成したレコードを調べることができる。図10-3の例では、2番目のモード（250〜255の頂点）に立ち戻り、そのトラフィックが顕著な特徴（フローが短い、長い、空のアドレスとの通信など）を示しているかを確認する。モードが次の疑問を導くのだ。

　このように、可視化の結果によって、リポジトリに立ち戻りさらに詳細なデータを取得するプロセスは、図10-2に示した反復的分析のよい例である。EDAとは、アナリストがデータソースに繰り返し立ち戻り、何かが顕著な特徴を示している理由を理解する循環プロセスなのだ。

10.4.2　棒グラフ（円グラフではなく）

　一変量質的データが対象の場合、**棒グラフ**とヒストグラムは似ている。両者とも棒の高さを使ってデータセット内で観測された値の頻度をプロットする。図10-4に棒グラフの例を示す。ネットワークトラフィックデータから得たさまざまなサービスの回数である。

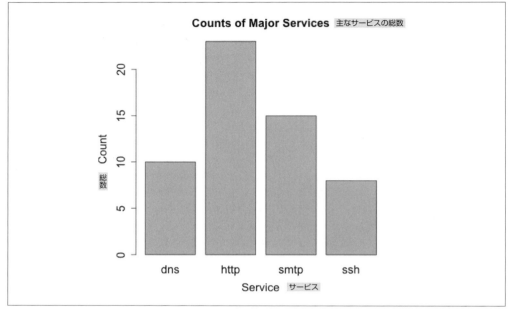

図10-4　主なサービスの分布を表す棒グラフ

　棒グラフとヒストグラムの違いはビンにある。量的データは範囲にグループ化できる。ヒストグラムではビンはその値の範囲を表す。このビンの設定は近似であり、値の範囲を変更して、より説明しやすいイメージを作ることができる。棒グラフの場合は、それぞれのデータ値は離散的で列挙可能であり、多くの場合順序を持たない。この順序の欠如は、複数の棒グラフを扱うときに特に問題になる。複数の棒グラフを書く場合は、常に同じ順序でプロットするようにし、ゼロ値も含めるようにする。

　科学的な可視化においては、円グラフよりも棒グラフの方が好まれる。円グラフの扇形では細かな差を区別するのは困難だが、棒グラフの方では差がずっと明白になるからだ。

10.4.3　QQプロット

　QQ (Quantile-Quantile) プロットは、2つの変数の分布を比較する2次元プロットである。x軸は分位数として正規化した一方の分布の値で、y軸はやはり分位数として正規化したもう1つの分布の値である。例えば、各分布を100パーセンタイルに分割する場合、最初の点は各分布の1パーセンタイル、50番目の点は50パーセンタイルのようになる。

　図10-5と図10-6に、以下のコードを用いて表示した2つのQQプロットを示す。Rのqqnorm関数を使って作成したこのプロットは、正規分布に対する各分布をプロットしている。最初のプロット（正規分布）は、2つの類似した分布をQQプロットにプロットしたときに予期される挙動（値が対角

線に沿う）を示す。多少の逸脱はあるが、あまり重大ではない。2番目の一様分布の結果と比べてみてほしい。この図では、プロットの最後に大幅な逸脱が発生している。

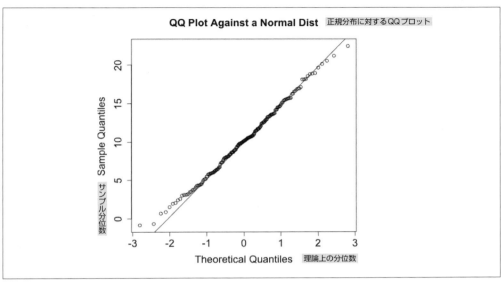

図10-5　正規分布に対するQQプロットの例

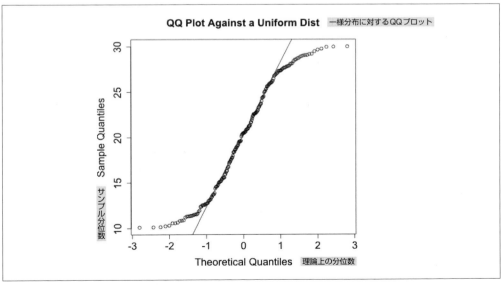

図10-6　一様分布に対するQQプロットの例

```
> # 一様分布と正規分布を作成する
> set.normal <- rnorm(n = 200, mean=10, sd = 5)
> set.unif <- runif(n = 200, min = 10, max = 30)
> # 正規分布に対してプロットする                正規分布に対するQQプロット
> qqnorm(set.normal,main='QQ Plot Against a Normal Dist')
> qqline(set.normal)
> # 一様分布に対しても同様にプロットする
> qqnorm(set.unif, main='QQ Plot Against a Uniform Dist')
> qqline(set.unif)                    一様分布に対するQQプロット
```

RにはさまざまなQQプロットルーチンがある。最も重要なのは正規分布に対してデータセットをプロットするqqnorm、2つのデータセットを比較するQQプロットを作成するqqplot、そして基準線を描くqqlineである。

正規分布？

6章と本章で、データセットが正規分布かどうか（さらに正確に言うと、正規分布を使って十分にモデル化できるか）を判断するための手法を説明した。パラメータで表現できる分布に該当する場合には、さまざまなツールを利用できる。問題は、生のネットワークデータがパラメータで表現できる分布になることは、雪男を見つけるよりも稀であることだ。正規分布かどうかを判定する手法には以下がある。

- 統計的正規性検定のシャピロ＝ウィルク検定（**例6-4**）
- 汎用的適合度検定のコルモゴロフ＝スミルノフ検定（**例6-5**）
- 分布を可視化するヒストグラム（「10.4.1　ヒストグラム」）
- QQプロットで正規分布とデータを比較（「10.4.3　QQプロット」）

さまざまなツールが利用できるが、可視化手法（ヒストグラムとQQプロット）が望ましい。分布を調べる際に重要なのは実用性である。適当な閾値を設定して、他のツールを使える程度に数学に適合していればいい。測定環境を制御できないので、測定の感度はそれほど高くできないからだ。通常、適切な基準を選べば攻撃者は簡単に特定できる。データを調べずに平均や標準分布を使ってはいけない。ほとんどのネットワークセキュリティデータセットが多くの外れ値を持つからだ。この外れ値によって標準偏差が非常に大きくなる。その結果、設定した閾値では大きく外れたイベントにしか反応できなくなる。

10.4.4 5数要約と箱ひげ図

5数要約は、データセットを表すための標準的な統計的簡略表現である。5数要約は以下の5つの値からなる。

- データセットの**最小値**
- データセットの**第1四分位数**
- データセットの**第2四分位数**（**中央値**）
- データセットの**第3四分位数**
- データセットの**最大値**

四分位数はデータセットを4分割する点なので、5数とは最小値、25%閾値、中央値、75%閾値、最大値になる。5数要約は簡略表現であり、多くのデータセットを素早く調べる際には有効だ。データセットの概略が簡単にわかる。

5数要約は**箱ひげ図**（図10-7）を使って可視化できる。箱ひげ図は5つの線で構成され、それぞれが5数要約の各値を示す。中央の3つの線を箱型に結び（プロットの**箱**）、外側の2つの線はプロットの垂直線（**ひげ**）で結ぶ。

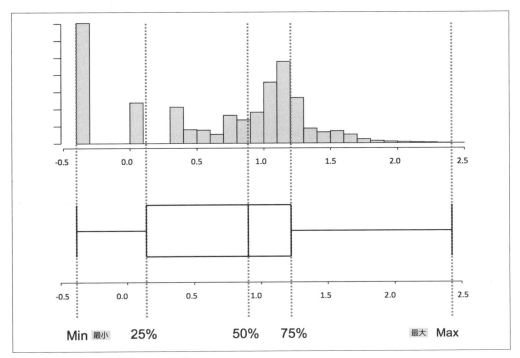

図10-7　箱ひげ図と対応するヒストグラム

10.4.5 箱ひげ図の作成

Rでは、以下の例に示すように fivenum コマンドを使って5数要約を作成する。

```
> s<-rnorm(100,mean=25,sd=5)
> fivenum(s)
[1] 14.61463 22.26498 24.50200 27.43826 37.99568
```

基本的な箱ひげ図は以下のように boxplot コマンドで作成する。結果は図10-8のようになる。

```
>boxplot(s)
```

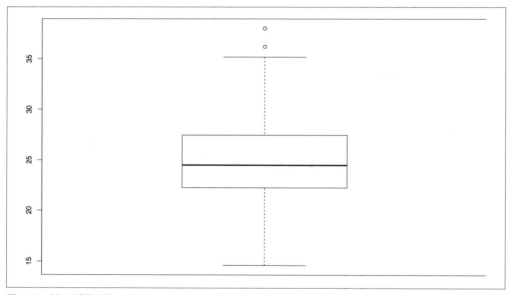

図10-8　箱ひげ図の例

このプロットはひげの外側にドットがある。これは**外れ値**で、第1および第3四分位数から大きく離れていることを意味する。デフォルトでは、低い値は第1四分位数までの距離が四分位範囲（第1四分位数と第3四分位数の差）の1.5倍を超えている場合に外れ値とみなされる。同様に、高い値は第3四分位数までの距離が四分位範囲の1.5倍を超えている場合に外れ値とみなされる。

boxplotで覚えておくと便利なパラメータを以下に示す。

notch（論理値）
　　Trueに設定すると、箱ひげ図の中央値に切り込みを入れる。2つのプロットの切り込みが重ならない場合は、中央値が異なることを示す明確な特徴となる。

range (数値)
ひげを伸ばす長さを表す。デフォルト値は前述したように1.5である。rangeをゼロに設定すると、いくらでもひげが伸び、外れ値はなくなる。

5数要約では、平均を示すことも多い（図10-9）。別の文字（通常はx）を使って平均を含めた箱ひげ図を見かけることも多いだろう。

Rでこの種の表現を行うには、以下のように同じキャンバスに複数のプロットを行う。

```
>boxplot(s)
>points(mean(s), pch='x')
```

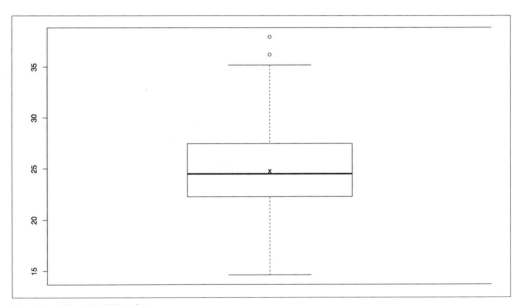

図10-9　平均を含む箱ひげ図

この例では、pchパラメータで点の文字を設定している。この場合はxである。
boxplotは複数のベクトルを取れるので、複数の異なるデータセットを簡単に比較できる。例えば、データセットに異なる現象があれば、各現象を別々の列に分割して比較できる。以下の例は、処理したスキャンデータを使ってその方法を示す。図10-10のような横並びの箱ひげ図を作成する。

```
> nonscan<-rnorm(100,mean=150,sd=30)
> scan<-runif(50,min=254,max=255)
> boxplot(nonscan,scan,names=c('nonscan','scan'))
```
　　　　　　　　　　　　非スキャン　スキャン

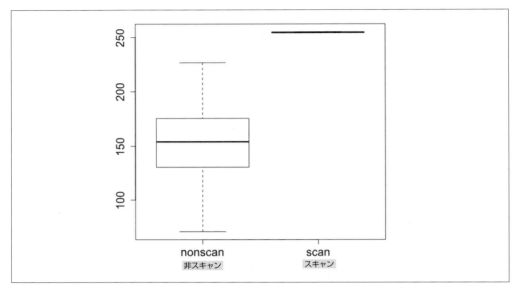

図10-10　横並びの箱ひげ図

　箱ひげ図がそれだけで役に立つことはあまりない。1つの値を扱う場合には、ヒストグラムを用いたほうが、より多くの情報が得られるからだ。箱ひげ図は、たくさんのデータを並べるような場合で、ヒストグラムを使うと意味のある情報を取り出すのが難しいような場合に真価を発揮する。

10.5　二変量の表現

　二変量データとは、測定単位ごとに2つの観測変数で構成されるデータである。二変量データの例としては、トラフィックフローで観測されたバイト数とパケット数（2つの量的変数の例）や、プロトコルごとのパケット数（質的変数と量的変数の例）などがある。二変量データによく用いられるのは、散布図（2つの量的変数の比較に用いる）、複数の箱ひげ図（量的変数と質的変数の比較に用いる）、分割表（2つの質的変数の比較に用いる）である。

10.5.1　散布図

　散布図は量的プロットの主力であり、2つの順序変数、間隔変数、または比率変数の関係を示す。散布図を分析する際の課題は、ノイズ構造の特定である。散布図の一般的な特徴はクラスタ、ギャップ、線形関係、外れ値である。

　まず全く関連のないデータを使って散布図を調べてみよう。図10-11にノイズの多い散布図の例を示す。この例は、2つの一様分布の相互関係をプロットして作成している。これはあまり意味がない。

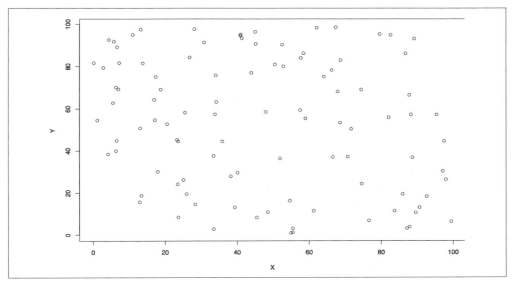

図10-11　意味がない散布図

　クラスタとギャップは、散布図の密度の変化を意味する。**図10-11**のつまらない散布図は、2つの無関係な確率密度の一様変数のプロットであった。2つの変数に関連があれば、プロットのどこかに、密度の変化があるはずだ。**図10-12**にクラスタとギャップの例を示す。この例では、左下部分の活動が大幅に増え、右上部分は大幅に減っている。

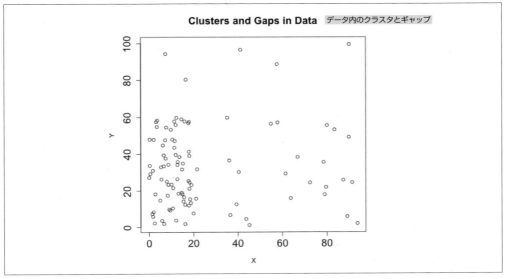

図10-12　データ内のクラスタとギャップ

線形関係は、その名の通り、散布図では直線として現れる。関係の強さは、線の周辺の点の密度で推定できる。図10-13に $y = kx$ という形式の3つの単純な線形関係の例を示す。関係の強さは次第に弱まり、ノイズが多くなっている。

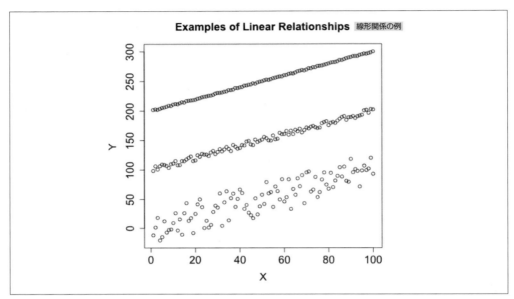

図10-13　データ内の線形関係

10.5.2 分割表

　分割表は、2つのカテゴリデータを比較するときに向いている。分割表は単なる行列である。行に一方の変数が取り得るすべての値を列挙し、列にはもう一方の変数が取り得るすべての値を列挙する。各セルのエントリは両方のカテゴリを持つ観測値の数である。実装によっては、行および列の**周辺合計**（その行/列に出現したすべての値の合計）を含むこともある。

　Rでは、分割表はtableコマンドを使って作成する。tableコマンドは、以下に示すように周辺合計を問い合わせができる表を返す。

```
# ホストとサービスの2つのベクトルから作成したR表の例
> hosts[0:3]
[1] "A" "B" "A"
> services[0:3]
[1] "http" "dns"  "smtp"
> # 表作成。ホストとサービスは同じ長さでなければいけない
> info.table<-table(hosts,services)
> info.table
```

```
        services
hosts dns http smtp ssh
    A   2   15   10   0
    B   6    5    3   4
    C   3    3    1   2
> # margin.tableを呼び出すと周辺合計を取得できる
> margin.table(info.table)
[1] 54
> margin.table(info.table, 1)
hosts
 A  B  C
27 18  9
> margin.table(info.table, 2)
services
 dns http smtp  ssh
  11   23   14    6
```

10.6　多変量の可視化

　多変量データセットは、測定単位ごとに少なくとも3つの変数を持つデータセットである。多変量の可視化は、特定のプロット手法ではなく、むしろテクニックに近い。多変量の可視化のほとんどは、二変量の可視化に何らかの方法で情報を追加したものである。最も一般的な方法には、色やアイコンの変更、複数の画像のプロット、アニメーションの使用などがある。

　多変量データセットを可視化には、読み手を細部に溺れさせることなく、個々のデータセットに含まれる情報を伝えなければならない。1つのグラフにたくさんのデータセットをプロットするのは簡単だが、多くの場合はわかりにくくなるだけだ。

　多変量の可視化の一番基本的な方法は、さまざまなティックマークや色でデータソースを示すことで、複数のデータセットを同じグラフに重ね合わせる方法である。経験則として、読み手を混乱させることなく1つのグラフにプロットできるデータセットはだいたい4つまでだ。使用する色や記号を選ぶ際は、以下に注意する。

- 黄色は使わない。白と紛らわしく、多くの場合、印刷時や画面では読めない。
- 対照的な記号を選ぶ。私は、丸、塗りつぶし丸、三角、×印を使うことにしている。
- 色相環で遠くなる色を選ぶ。私は赤、緑、青、黒を選ぶことが多い。
- 複雑な記号は避ける。多くのプロットパッケージは何種類ものアスタリスクのような形を提供していたりするが、ほとんど見分けがつかない。
- 色または記号の選択は一貫性を保つようにする。またドメインをまたがってはならない。例えば、赤はHTTPで、三角はFTPというのはよくない。

Rでの複数のデータセットのプロットに関する詳細は、「6.5.3　可視化に注釈を付ける」を参照してほしい。

同じグラフに複数のデータセットをプロットする別の方法には、複数の小さなプロットを並べて使う方法がある。一般的に**トレリス（格子）プロット**と呼ばれる。図10-14はRのpairsコマンドで作成した例である。pairsをデータフレームに対して実行すると、図10-14に示す図のようなマトリックスが作成される。それぞれの変数ペアが個々の散布図になる。各散布図はそのペアの関係を表している。この例からは、ボリュームと記事には何らかの関係がありそうだが、他は無関係のように見えることが、短時間で簡単に把握できる。

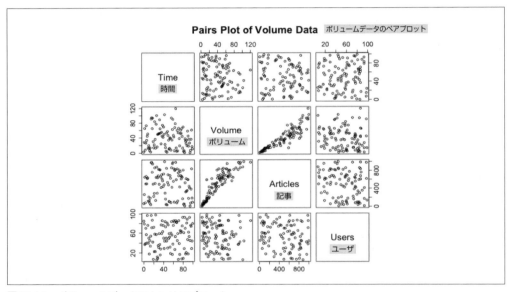

図10-14　ボリュームデータのトレリスプロット

Rのペアプロットは強力なデータ探査が可能で、多変量可視化の表現力を示すよい例である。複数の簡単な可視化結果を、適切に定義された明確な構造で関連付けているので、膨大な量のデータを迅速に処理できる。このような可視化を行うための秘訣は簡潔さである。プロットが小さくなるので、空間をうまく使う必要がある。

トレリスプロットはさまざまな変数間の関係を示すためのユーザが制御できるメカニズムを提供するため、通常は多変量データをプロットするための最善の選択肢であると考えられている。図10-14は、多変量の可視化で留意すべき、ミニマルなデザインになっている。通常、トレリスプロットにはプロットの数に比べて膨大な量の冗長なメタデータ（軸、目盛り、ラベルなど）がある。このプロットでは最小限のデータ表現しか用いていない。冗長な軸を取り除き、内部のラベルや目盛りを削除し

てある。

　アニメーションはその名の通り、複数の画像を作成して順に提示する手法である。私の経験では、アニメーションはあまりうまくいかない。アナリストが直接観測できる情報量が減るので、視覚的にではなく記憶の中で関連付けなければならないからだ。

10.6.1　セキュリティ可視化の運用

　EDAと可視化は探索的なプロセスの一部であり、どうしても完全でない部分がある。EDAプロセスには多数の袋小路があるし、方針を立てた時点で間違ってしまうこともある。分析処理の運用段階で、可視化を修正して対応策を補う必要がある。現場で可視化が十分に役立つように磨き上げるには、追加の処理や修正が必要である。以下に、よい可視化と悪い可視化の例と、情報セキュリティにデータ可視化を活用するためのルールを示す。

ルール1：可視化範囲を限定し、破壊的事象に備える。

　セキュリティ情報をプロットするときには、破壊的事象に対応する必要がある。結局のところ、セキュリティイベントの調査において重要なのは、破壊的事象を探し出すことだ。プロット時に自動スケールなど機能を使うと、おかしなことが発生したときにデータが隠れて、妨げとなる可能性がある。例えば、図10-15にいくつ異常なイベントがあるかわかるだろうか。このプロットには2つの異常があるが、2つ目をプロットしたために、1つ目のイベントが見えなくなっている。

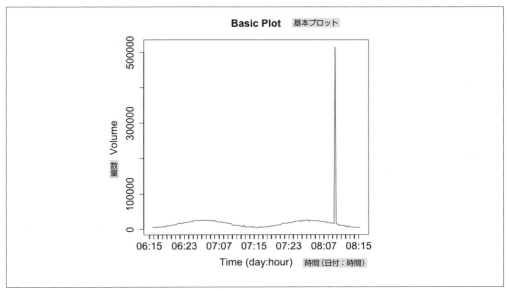

図10-15　破壊的事象の可視化における自動スケールの影響

こうしたスパイクに対応する方法は2つある。1番目は従属 (y) 軸に**対数目盛り**を使うことである。対数プロットでは、線形目盛りを対数目盛りに置き換える。例えば、軸の目盛りが10、20、30、40から10、100、1000、10000になる。図10-16に同じ事象を対数でプロットしたもの示す。対数目盛りを使うと、大きな異常とそれ以外のデータの差が縮小する。

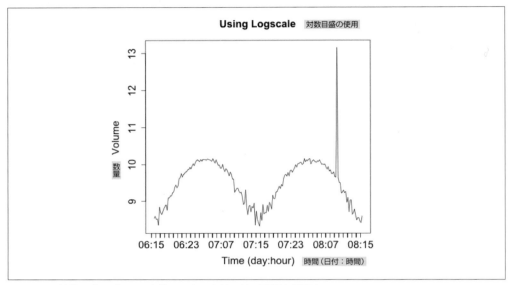

図10-16　対数目盛りプロットを使って大きな外れ値の影響を制限する

対数目盛りはEDAに適している。ほとんどのツールは対数目盛りで自動的にデータをプロットするオプションを提供している。Rでは、プロットコマンドに log パラメータを渡して対数にすべき軸を指定する (log="y" など)。

しかし、実運用における可視化では対数目盛りは好ましくない。対数目盛りでは、一般的な現象に関する情報が失われてしまうことが多い。図10-16では、典型的なトラフィックの曲線が対数目盛りによって変形してしまっている。また、対数目盛りの意味は少し説明しにくい。対数目盛りを何度も繰り返し説明したくはない。誰かが同じデータを繰り返し調べるような場合には、線形にしておいた方が使いやすい。

このようなわけで、プロットの目盛りはいつも同じにしておき、外れ値を特定して取り除いたほうがよい。このような方法の例は図10-8で見ている。図10-8ではRは箱ひげ図から外れ値を自動的に分離している。運用上のプロットを作成するときには、プロットの範囲を推定し、通常は観測データの98パーセンタイルを表示する上限として設定する。異常値は、他のデータとは離して別にプロットし、異常であることを明示する。図10-17にその簡単な例を示す。

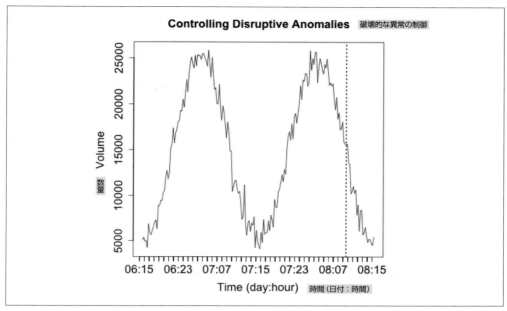

図10-17　正常データからの異常値の分離

　図10-17では、線によって描画範囲を超えた異常値を示している。2番目の異常（07:11）はこの処理では検出されていないが、可視化によって明らかになっている。とはいえ、この異常を示す目印はさらなる情報やトレーニングがなければ全く意味がない。ここから第2のルールが導出される。

ルール2：異常にラベルを付ける

　ルール1を実施すれば、正常なトラフィックから異常を区別するための基本的な規則をすでに確立できたことになる。運用時の可視化の役割はアノマリ（異常）検知の補助なので、IDSの構築（7章を参照）と同じルールが適用できる。すなわち、データを事前に取得しておくことで、運用担当者の対応時間を減らすのだ。図10-18に示す例では、異常値と判断された原因である情報を統計量の一部とともに記載している。

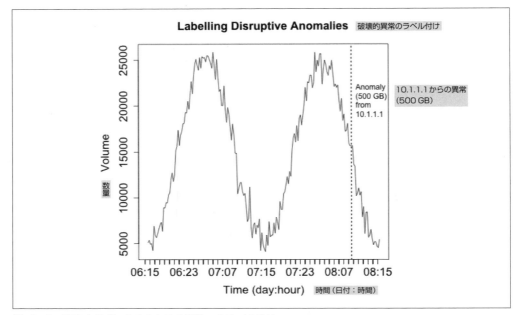

図10-18　調査をサポートするための異常へのラベル付け

　図10-18からもわかるように、プロット上の異常値にラベルを付けると参照しやすくなるが、それは異常があまり多くない場合に限られる（そして、ルール1を適用すると異常はかなり多くなる）。図10-18のラベルは有益だが、すでに利用可能な横方向の空間の5分の1を占めている。プロットの隣に別の表を書いて、そちらで異常値を説明するようにすれば、必要なだけデータを示すことができる。

ルール3：近似曲線を使い、観測値と人工的な結果を区別する

　運用時の可視化では、要約と平滑化のテクニックのバランスを取る必要がある。要約と平滑化は、アナリストが細部に陥ることなくデータを処理する助けになる。しかし同時に可視化では、アナリストが独力では解析できない実データも提供しなければならない。したがって、運用時の可視化では、生データと何らかの平滑化近似曲線を同時に描くとよい。図10-19にこのような可視化の簡単な例を示す。移動平均を使って観測された破壊的挙動を取り除いている。

　このような可視化を行う際には、アナリストが（元の）データから来る情報と、補助のために作成した人工的情報をはっきりと区別できるようにする必要がある。また、ルール1から破壊的イベントの影響を把握しなければならない。そうすれば、破壊的イベントに妨げられることなく平滑化ができる。

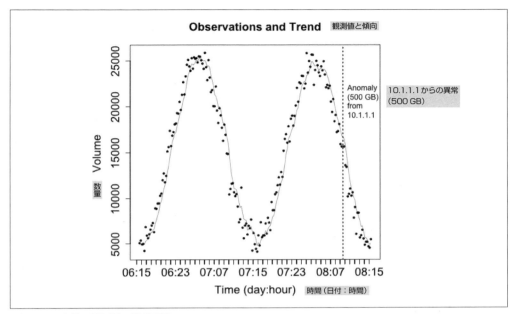

図10-19　直接の観測値の移動平均

ルール4：プロット間で一貫性を保つ

　可視化はわれわれの持つパターンマッチ能力を利用している。しかし、その能力のせいで、曖昧なヒントを誤解してしまうこともある。例えば、ホストごとの活動を可視化する際に、HTTPトラフィックを赤線で表したとしよう。同じ可視化セットの中で、受信トラフィックを表すのに赤線を使ってしまうと、誰かがそれもHTTPトラフィックと思い込んでしまうだろう。

ルール5：コンテキスト情報を付加する

　異常にラベルを付けるだけでなく、分析の参考になる控えめなコンテキストデータを表示してもよいだろう。図10-20の例では、活動が業務時間中か業務時間外のどちらに起こるかを示すために、灰色の帯を追加している。

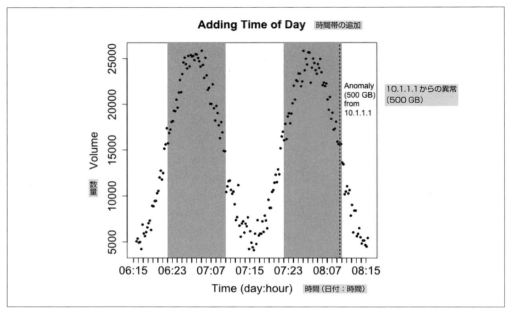

図10-20　時間帯を識別する色の追加

ルール6：見た目を重視しない

　最後になるが、運用時の可視化は、手早く何度も繰り返すことになる。

　革新的なグラフィック表現の見本ではないのだ。運用時の可視化の目標は、情報を手早く明確に表現することだ。アニメーションや色の選択などに凝っても、処理に時間がかかるばかりで、情報が増えるわけではない。

　実世界やサイバー空間のメタファーを用いた可視化には特に注意が必要だ。そのときは斬新であってもすぐに古くさくなるし、そもそも、物質世界を扱っているわけではないからだ。「デスクを開く」ような動きや「建物のすべてのドアをガタガタ言わせる」ようなメタファーは、コンセプトだけ聞くと良さそうだが、実際には時間のかかるつなぎのアニメーションが必要になる上、メタファーのせいで情報が欠落したりする。実際にそういう可視化を見たことがあるが、ろくなものではない。簡潔で十分な表現力を持つ実直な表示にしたほうがよい。

ルール7：時間のかかる作業を実行する際は、ユーザに状態フィードバックを返す

　SiLK問い合わせを実行するときには、必ず--print-fileスイッチを付けるようにしている。どのファイルにアクセスしているかを知りたいからではなく、処理が実行中か、システムがハングアップしていないかを示すインジケータになるからだ。可視化を行う際には、完了までにかかる時間を把握

し、実際に可視化が進行中であるということをユーザにフィードバックしなければならない。

10.7 参考文献

1. Greg Conti, *Security Data Visualization: Graphical Techniques for Network Analysis* (No Starch Press, 2001)
2. NIST Handbook of Explorator Data Analysis (http://1.usa.gov/ex-data-an)
3. Cathy O'Neil and Rachel Schutt, *Doing Data Science* (O'Reilly, 2013)
4. Edward Tufte, *The Visual Display of Quantitative Information* (Graphics Press, 2001)
5. John Tukey, *Exploratory Data Analysis* (Pearson, 1997)

11章
ファンブルの処理

これまでデータの収集と分析のための手法を説明してきた。いよいよ、これまで見てきた手法と攻撃者の挙動とを結び付けよう。

7章で述べた異常検知とシグネチャ検知の区別を思い出してほしい。本書の焦点は異常を検出して対応するための実行可能なメカニズムを見つけることにある。メカニズムを見つけるには一般的な攻撃者の挙動を知らなければならない。本章のトピックである**ファンブル**（fumbling）は、そういった挙動の一例である。

ファンブルとは、何らかの参照を用いた、標的への系統だった接続試行ミスのプロセスを意味する。参照はIPアドレス、URL、メールアドレスなどだ。ファンブルが**疑わしい**のは、正規のユーザなら必要な参照が与えられているはずだからだ。新しい会社に入社すると、まずメールサーバの名前を教えてくれる。推測する必要はない。

攻撃者はその情報にアクセスできない。したがって、攻撃者はシステムからその情報を推測するか、盗むか、探し回るかしなければならない。それゆえ接続試行に失敗する。多くの場合、この失敗は大量で系統立っている。このような失敗を特定し、無害な失敗と区別することが分析における重要な第一歩である。

本章では、攻撃者に侵害された正常なユーザの挙動のモデルを見ていく。本章では、メール、ネットワークトラフィック、ソーシャルネットワーク分析による情報などの前の章のさまざまな結果をまとめる。

11.1 攻撃モデル

攻撃者の挙動について話す前にまず用語の説明が必要である。ハッキングプロセスを複数の手順に分割する**攻撃モデル**に関する論文や研究が数多くある。このようなモデルには、比較的簡単な直線状のものから、脆弱性やエクスプロイトの分類を試みる非常に詳細な**攻撃ツリー**まである。まずは、大部分の攻撃に共通する手順を含む、簡潔だが柔軟なモデルから始めよう。

予備調査

攻撃者は標的を探す。攻撃の種類によって、予備調査にはさまざまな形がある。Googleで
の検索、ソーシャルエンジニアリング（掲示板に投稿し、対象ネットワークのユーザを見つ
けて仲良くなる）、nmapや関連ツールを使った能動的スキャンなどである。

転覆

攻撃者が標的にエクスプロイトを発行し、制御権を握る。リモートエクスプロイト、トロイ
の木馬ファイルの送信、パスワードクラッキングなどだ。

設定

攻撃者が自分で使いやすいように標的のシステムを変更する。これにはアンチウィルスパッ
ケージの無効化、追加マルウェアのインストール、システムとその機能のインベントリの取
得、他の攻撃者が標的を乗っ取るのを防ぐために追加の防御ツールのインストールなどがあ
る。

悪用

攻撃者が自分の目的のためにホストを利用する。悪用の性質は、攻撃者が標的に関心を持っ
た元々の理由によって異なる（後述）。

伝播

可能な場合、攻撃者がそのホストを使って別のホストを攻撃する。そのホストが使い捨ての
プロキシとしての役割を果たし、近隣（例えば、192.168.0.0/16ネットワークのファイアウォー
ルの背後にある他のホスト）を攻撃する可能性がある。

このモデルは完璧ではないが、技術的な詳細に立ち入らずに、一般的な攻撃者の挙動を適切に表
している。とはいえ、以下のような微調整は必要だろう。

- P2Pのワーム増殖やフィッシング攻撃は、受動的なエクスプロイトや多少のソーシャルエンジニ
  アリングに依存している。このような攻撃は、標的がリンクをクリックしたりファイルにアクセ
  スすることを前提としているので、餌（ファイル名やそれを取り巻く環境）がクリックされるよう
  に魅力的にする必要がある。例えば、本書の執筆時点では信用格付けを餌に使ったフィッシン
  グ攻撃が多発している。昔のものは、信用格付けが上がったと通知したものだが、最新のもの
  は信用格付けが下がったといって脅してきた。P2Pネットワークでは、攻撃者は犠牲者を惹きつ
  けるために流行りのゲームやアルバムの名前でトロイの木馬を配置する。このような場合でも、
  やはり「監視」はできる。多くのAPT攻撃で行われるフィッシング攻撃では、対象サイトの人々
  を偵察し、投稿習慣を調べることで、巧妙に作られたメールに応答しそうな犠牲者を特定するこ
  とになる。

- ワームでは、多くの場合、予備調査と転覆の段階が1つになっている。この例は本章で後に示すが（特に**例11-1**）、攻撃者は既知のPHP URLに対してエクスプロイトを発行するだけで、実際に存在するかは確認しない。

攻撃者はあなたにそれほど関心がない：
あなたに関心のある攻撃者と無関心な攻撃者

攻撃者の像を思い浮かべるとき、技術に詳しい人がサイトの弱点を知ってファイルや情報を盗もうとしている、と考えてしまいがちだ。このような像は、古典的な**関心のある**攻撃者の典型で、現金、データ、世間受け、その他何らかの目的で、特定のサイトを転覆させ制御しようとしている攻撃者だ。このような攻撃者は話としては面白いが、この10年以上の間に、消滅したとまではいかないが、ますます少数派になっている。

最近では、できるだけ多くのホストを乗っ取りたいだけで、特定のホストには興味がない**無関心な**攻撃者が多くなっている。無関心な攻撃はほとんどが自動化されている。異常に高い失敗率に耐えるためには自動化するしかないからだ。したがって、多くの場合、予備調査と転覆の段階を統合している。自動化されたワームは、ホストが脆弱であるかどうかにかかわらず、単に遭遇したすべてホストに攻撃を仕掛ける。

無関心な攻撃者は、ツールに依存し、誰かがどこかに脆弱性を持つことを期待して攻撃する。ほとんどの場合、乗っ取るまでそのホストの存在すら知らない。無関心な攻撃者の初期の例には、DDoSネットワークのためのロボットを収穫するものがあった。ボットマスタは多くのマシンを乗っ取ってDDoSソフトウェアをインストールし、標的にSYNフラッドを仕掛ける。ネットワークが整備されるにつれて、ボットネットの対象範囲と柔軟性も増大した。攻撃者はソフトウェアをインストールし、プロキシとして機能させたり、付属のWebカメラからの画像を盗んでポルノサイトに売ったり、スパムボットにするなど、およそすべての悪事を実行するようになった。

無関心な攻撃者の行動は、従来の的を絞った攻撃者のそれよりも、収穫者に近い。無関心な攻撃者はスクリプトを実行し、そのスクリプトの結果をフィルタして何が得られたかを確認する。ホストにウェブカムが付いていて、大学の寮にあれば、ポルノフィードにする。ホストに大量のディスク空間と太いネットワークがあればファイルサーバに、ホストがホームマシンであれば、キーロガーをインストールする。

この収穫ベースの方法は、攻撃者が乗っ取りの対象について知らないことが多いことを意味する。初期のSCADAエクスプロイトでは、明らかに攻撃者は対象のホストが何なのかわかっていなかった。彼らにとっては単に奇妙なアプリケーションと余計なディレクトリがある

Windowsホストだったのだ。現在でも、医療ハードウェアが乗っ取られたのに、単なるボットネットとして利用されていることは多い[*1]。

近年では、ホストの「構成」も役割に含まれている。ホストの所有者、使用目的、そのホストを手に入れることでどのようなメリットが得られるかなどである。例えば、隣接する2国が敵対していれば、一方の国のハッカー団が敵対国のサイトを改ざんしてしまうこともあるだろう。国防省は、諜報サーバから小学校にいたるまで、文字通り数千ものWebサイトを運用している。その中から脆弱なサイトを見つけてハッキングして、「国防省をハッキングした」と世界に公表することはそれほど難しくない。注意してほしい。

11.2　ファンブル：設定ミス、自動化、スキャン

ファンブルという用語は、一般にホストが資源へのアクセスを試行し、失敗したことを表す。TCPでのファンブルはホストが特定のホストアドレスとポートの組み合わせに到達できなかったことを意味するが、HTTPでのファンブルはURLにアクセスできないことを表す。個々のファンブルはよくあることなので、すべてが疑わしいわけではない。しかし、繰り返しファンブルするようであれば注意する必要がある。集約された挙動としてのファンブルは、ホスト名ルックアップの失敗や設定ミス、自動化されたソフトウェア、スキャンによって生じる。

11.2.1　ルックアップの失敗

通常、ファンブルが起こるのはそもそも送信先が存在しないからだ。これはアドレス指定ミスやホスト移動のための一時的な現象の場合もあれば、存在したことのない資源のアドレスが指定されている場合もある。

ユーザが手動でアドレスを入力することはまずない。ほとんどのユーザは直接IPアドレスを入力することはなく、DNSを利用して通信する。同様に、TLDは別として、ユーザがURLを手動で入力することはほとんどない。他のアプリケーションからURLをコピーしたりクリックする。誰かが不完全なアドレスやURLを入力したということは、通常はそこへ導いたルックアッププロトコルチェーンの上位のどこかで失敗したことを意味する。

標的が移動すると、一般的な現象として**アドレス指定ミス**が起こる。アドレスミスの場合には、標的は**存在する**が、送信元に誤ったアドレス情報が伝えられている。例えば、攻撃者が間違った名前やIPアドレスを入力したり、ホストが移動してからも古いIPアドレスを使っていたりすることがある。

[*1]　監訳者注：SCADA (Supervisory Control And Data Acquisition)：システム監視とプロセス制御を行う産業管理システム。

11.2 ファンブル：設定ミス、自動化、スキャン | **233**

どのサイトにも未使用のIPアドレスとポート番号がある。例えば、/24（クラスC）アドレス空間では254個のアドレスを使えるが（2つのアドレスは特殊な目的のために予約されている）、多くのネットワークではそのほんの一部しか使われていない。未使用のアドレスやポート番号は**ダーク空間**と呼ばれる。正規ユーザがダーク空間にアクセスを試みることはほとんどないが、攻撃者はほぼ必ずアクセスを試みる。しかし、未使用IPアドレスやポートにアクセスすること自体は危険ではなくよく起こることなので、それを監視することには価値がない。

アドレス指定ミスは珍しいものではない。1人や2人のユーザではなく、大規模なコミュニティでは頻発する。アドレスミスの典型的な例は、メーリングリストに送ったメールでURLを入力ミスした場合である。このような事態が発生すると、1つや2つのエラーでは済まない。個々のエラーを見ても状況はわからない。まとめて見ると、全く同じ意味のない文字列が、数十のサイトから何度も繰り返し現れているのがわかる。さまざまなサイトからの大量のファンブルがあり、すべてが同じですべてがスペルミスを示していたら、DNSの設定ミス、Webサーバでのリダイレクトミス、メールでのURLミスなどの、共通した理由がある兆候である。

11.2.2 自動化

人はせっかちである。実際にサイトに到達できないときには、もう一度ぐらいは試してみるが、すぐに興味を失い、もっと面白いものを探しに行ってしまう。逆に、自動化されたシステムにとっては、再試行が信頼できる方法なので、多くの場合、比較的短い間隔で標的が稼働しているかどうかを確認する。

このため、ネットワークトラフィックフィードでは、人間駆動型のプロトコル（SSH、HTTP、Telnet）の方が、ほとんど自動化されているプロトコル（SMTP、P2P通信）よりも、接続あたりの失敗率が低い。

11.2.3 スキャン

スキャンは、ネットワーク上で**観察される最も一般的な種類の攻撃トラフィック**である。それなりの大きさのIP空間（例えば/24以上）を持っているなら、1日に文字通り何千回もスキャンされているだろう。

スキャンは、怪しげなセキュリティ数値の原因の1つだ。スキャンを攻撃として分類すると、1日に数千の攻撃を受けていると主張することができる。意図的な攻撃はほとんどないが、それでも数千だ。スキャンは、スクリプトキディにとって簡単で楽しい娯楽である。

運用ネットワークを、x軸がIPアドレス、y軸がポートの2次元格子で表すとしよう。この格子には$65,536 \times k$個のセルがある、kはIPアドレスの総数である。スキャン実行者は標的（IPとポートの組み合わせ）を見つけるたびに、セルに印を付ける。1台のホストのすべての機能を調べたい場合には、そのホストが持つすべてのポートへの接続を試すことになり、結果的に格子上に1つの垂直線ができ

る（**垂直スキャン**）。垂直スキャンを補完するのが**水平スキャン**であり、攻撃者はネットワーク上の
すべてのホストの特定のポートにアクセスする。

経験則としては、防御者は垂直スキャンを行い、攻撃者は水平スキャンを行う。この違いは攻撃
者は隙を見つけようとしていることによる。攻撃者は**悪用できる脆弱性から外れた**標的には関心がな
いため、ネットワークを水平方向にスキャンする。特定の標的に**関心がある**攻撃者は、垂直方向に
スキャンすることもある。防御者は攻撃者が何を探し出すか予測できないので垂直方向にスキャン
する。

攻撃者が事前にネットワークの構造について何か知っていることがあれば**ヒットリスト**が使える。
ヒットリストとは、脆弱であるとわかっている、もしくは可能性があるIPアドレスのリストである。
一般的なヒットリスト攻撃の例が、AaltaとDacierによる論文に書かれている。まず、攻撃者はネッ
トワークをブラインドスキャンしSSHホストを特定する。しばらくしてからそのリストを使ってパ
スワード攻撃を開始する[1]。

11.3　ファンブルの特定

ファンブルを特定するには、2つの段階がある。まずは、ユーザが資源に正しくアクセスできなかっ
たことが、そのプロトコルにおいて何を意味するかを判断する。言い換えれば、アクセスの失敗がど
のように「見える」かを判断するのだ。次の段階は、失敗が恒常的か一時的か、グローバルかローカ
ルかを判断する。

11.3.1　TCPファンブル：ステートマシン

TCP接続の失敗を特定するには、TCPのステートマシンとその機能を、ある程度理解する必要が
ある。前に述べたように、TCPは、パケットベースのIP上に、仮想的にストリームベースのプロト
コルを実現する。このストリームのシミュレーションは、**図11-1**に示すTCP状態マシンを使って実
現されている。

通常の状況では、TCPセッションは初期状態を確立する一連のハンドシェイクパケットで構成さ
れる。

- クライアント側では、（最初のSYNパケットを送信した状態の）SYN_SENTから（サーバから
  SYN|ACKパケットを受信し、レスポンスでACKを送信して）ESTABLISHEDに遷移し、その
  後通常のセッション操作に移る。
- サーバ側では、LISTENから（SYNを受信し、SYN|ACKを送信して）SYN_RCVDに遷移し、
  その後（ACKを受信して）ESTABLISHEDに移る。

---

[1]　Alata, E. et al., "Lessons learned from the deployment of a high-interaction honeypot," EDCC 2006

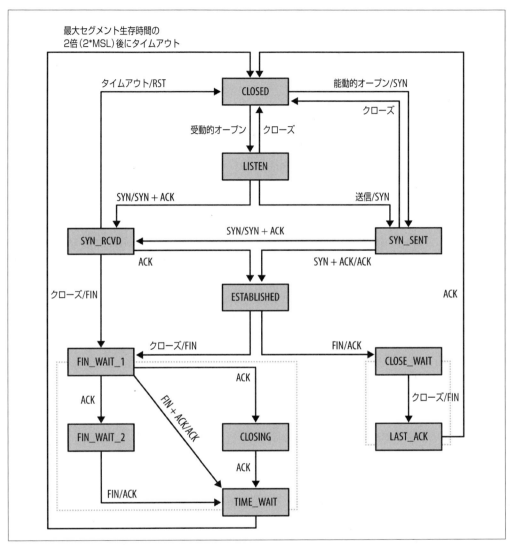

図 11-1　texample.net からの TCP 状態マシン

- どちら側でも、クローズ処理には少なくとも 2 つのパケットが必要（CLOSE_WAIT から LAST_ACK、または FIN_WAIT_1 から CLOSING もしくは FIN_WAIT_2 そして TIME_WAIT）になる。

このような遷移の結果から、適切に動作する TCP/IP セッションでは接続を確立するだけで**少なくとも 3 つのパケットが必要**である。これは TCP に必要なオーバーヘッドであり、TCP プロトコル自

体が実行する通信は含まれていない。1,500バイトの標準MTUも相まって、ほとんどの正規セッションは少なくとも数十パケットで構成される。

さらに、自動再試行があるのでさらに問題が複雑になる。RFC 1122はTCP再送試行のための基本的な指針を設けており、接続をあきらめる前に最低3回の再送を推奨している。通常、実際の再試行値はソフトコーディングされ、スタック依存である。例えば、Linuxシステムでは、一般的に再試行回数はデフォルトで3になっており、TCP変数tcp_retries1で制御できる。WindowsシステムではレジストリHKLM\SYSTEM\CurrentControlSet\Services\Tcpip\ParametersのTcpMaxConnectRetransmissionsでこの挙動を制御する。

アナリストはさまざまな指標を調べることでファンブルを特定する。利用する指標は、運用担当者が利用できるデータの種類や必要な正確性に依存する。このような技術には、ネットワーク**マップ**を使う方法、**双方向トラフィック**を調べる方法、活動の**単方向フロー**を調べる方法などがある。どの手法にも長所と短所があるのでそれを説明する。

11.3.1.1　ネットワークマップ

ファンブルを特定するための最善のツールは、最新で正確なネットワークマップである。TCPトラフィックを調べる方法では、応答や再試行を見なければファンブルが判断できないが、ネットワークマップがあれば、1つのパケットを見るだけでファンブルを特定できる。

とはいえ、ネットワークマップは実際のネットワーク情報ではなく、しばらく前に構築されたネットワークのモデルにすぎない。最も極端な例として、DHCPネットワークのマップの有効時間は限られている。静的にアドレス指定されたネットワークであっても、新しいサービスやホストが定期的に出現する。ネットワークマップを使うときには、この節に列挙した他の手法のいずれかを使って定期的に整合性を確認する必要がある。

11.3.1.2　単方向フローフィルタ

セッションの両側（つまり、クライアントからサーバ、サーバからクライアント）にアクセスできる場合、両側のデータを結合するだけ完全なセッションを特定することができる。しかし、そのような情報がなくても、パケットがセッション全体の一部であるかどうかを推測することができる。

個人的な経験では、ファンブルを特定するには個々のパケットよりもフローを調べた方が効率的だと考えている。ファンブルパケットには、調べるべきペイロードがないためサービスと正しくやり取りできない。同時に、ファンブルを特定するにはほぼ同じ時間に発生した同じアドレスが指定された複数のパケットを調べなければならない。これはまさにフローの教科書的な定義である。

必要な情報量と精度によって、さまざまなヒューリスティック（経験則）でTCPフローのファンを特定できる。基本的な手法としては、フラグ、パケット数、ペイロードサイズとパケット数の調査がある。

フラグはファンブルの優れた指標だが、スキャン実行者はIPスタック実装を区別するためにフラグを喜んで悪用しているので、事態は複雑だ。**図11-1**に示したように、クライアントはサーバから最初のSYN + ACKを受信してからしかACKフラグを送信しない。応答がなければ、クライアントはACKフラグを送信すべきではない。その結果、SYNフラグがあってACKがないフローはファンブルの優れた指標になる。応答がフローコレクタのタイムアウト後に来る**可能性**はあるが、実際にはほとんど起こらない。

攻撃者は、スタックとファイアウォールの設定を判断するために奇妙なフラグの組み合わせでパケットを作り上げる。よく知られている例として、SYN ACK FIN PUSH URG RSTが設定されている「クリスマスツリー」パケットがある（すべてのフラグがクリスマスツリーのように点灯しているためこのように呼ばれる）。SYNとFINの両方が設定されているフラグの組み合わせも一般的である。寿命の長いプロトコル（SSHなど）の場合は、ACKだけからなるパケットに遭遇することも多い。このようなパケットはTCPキープアライブパケットであり、ファンブルではない。

奇妙ではあるがファンブルではないもう1つの例として**バックスキャッタ**（後方散乱）がある。バックスキャッタは、あるホストがなりすましアドレスを使って既存のサーバへの接続を開こうとし、サーバが接続元のなりすましアドレスに応答を送信すると発生する。対象に到達しない孤立したSYN、ACK、RSTパケットはおそらくバックスキャッタである。

大雑把にフローが完全なセッションを表すかどうかを知るには、パケット数を調べるだけで十分だ。正規のTCPセッションでは、サービスデータの送信を開始する前に、少なくとも3つのオーバーヘッドパケットが必要である。さらに、ほとんどのスタックは再試行値を3から5パケットに設定している。このルールは単純なフィルタで実装できる。5パケット以下のTCPフローはファンブルの可能性が高い。

パケット数に対するパケットサイズの割合を調べるとフローサイズを補完できる。TCPのSYNパケットには、いくつかの可変長のTCPオプション（http://bit.ly/tcp-para）が含まれている。接続の失敗中には、ホストは同じSYNパケットオプションを繰り返し送信する。そのため、フローがnパケットのSYNファンブルの場合、送信された総バイト数は$n \times (40 + k)$（kはオプションの総サイズ）になると予期できる。

11.3.2　ICMPメッセージとファンブル

ICMPは接続の失敗をユーザに知らせるために設計されている。ICMPタイプ3メッセージ（送信先到達不可）は、クライアントパケットが対象のネットワーク（コード0）、ホスト（コード1）、ポート（コード3）に到達できないことを示す。また、ICMPはルートが未知であること（コード7）や管理上禁止されていること（コード13）を示すメッセージも提供している。

pingを除き、ICMPメッセージは他のプロトコルでの失敗に対応して現れる。ホストやネットに到達できないといったメッセージは、送信先アドレス以外の地点（一般的には最も近いルータ）から発

生する。ICMPメッセージは当該のネットワークの方針に従ってフィルタすることもできるため、センサーで受信されない場合がある。

この非対称性から、ICMPトラフィックからファンブルを追跡するときには、**応答を探した方が効率的である**。ルータから発生したメッセージが突然急増した場合は、ほぼ間違いなくメッセージの送信対象がルータのネットワークを探査している。そのホストからのトラフィックを調べれば、疑わしい通信を特定できる。

スキャンされたから、メダルをあげよう

現時点では、スキャンは偏在し、止めることはできず、不快なので、攻撃というよりは、一種のインターネットの天気のようなものになってきている。ネットワークを調べなくても、TCPポート80、443、22、25、135あたりスキャンされているほうに賭けてもいいぐらいだ。

そのため、スキャンそのものは面白くもないが、それでもスキャン検知には**価値**がある。これは主に最適化の問題である。4章で述べたように、アナリストが主要なデータフローで直面するレコード数を減らすために、スキャンデータは後処理中に破棄する。監視するネットワークが大規模になるにつれ、スキャンデータの問題はますます重要になる。/16ネットワークに対する単純なスキャンは、標的とするポートごとに65,535のフローを生成してしまう。寿命の長いSSHセッションが8つほどフローを生成していても、スキャンノイズの中で見付けられるかどうかは疑問だ。

スキャンの除去はIPごとに行うべきだ。あるホストがネットワークをスキャンしているなら、そのホストはおそらく正当なことは何も行っていないからだ。スキャンアドレスを特定し、そのアドレスから起こっている**すべての**トラフィックを削除する。削除したトラフィックから、スキャンの送信先ポートを特定することで、動向がわかり、使用されているエクスプロイトを判断し（IDSが特定した場合）、スキャンの種類の経年変化を知ることができる。ただ、上位 n 位のリストはスキャンの動向を知るためにはあまり役に立たない。上位5つは過去5年間ほとんど変わっていないからだ。

運用環境では多くの場合、フロートラフィックを正確に特定することにあまりこだわらず、代わりに高域フィルタ手法を利用してTCPトラフィックを**短い**ファイルと**長い**ファイルに分割し、長いファイルを問い合わせのためのデフォルトデータセットとして使うようにしている。短いファイルにどうしてもアクセスする必要があって見ることもある。データはそこにあるが、短い通信が実際に有意義な通信をしていて、**そのホストからのすべてのトラフィックが短いファイルにだけある**という確率はほとんどゼロだ。

分析上、スキャンデータが役に立つのは、スキャンの送信者ではなく**応答者**のほうだ。攻撃者は、ネットワーク管理者よりも積極的かつ頻繁にネットワークをスキャンする。そのため、スキャンに応答したホストを調べると、次の監査よりずっと前に新しいシステムやサービスを発見できる。

　おそらく、スキャンの動向を知ることにはいくらかの価値があるだろう。いくつかの組織が似たようなデータを提供しているが、SANSは現在のスキャン統計データをインターネットストームセンター（https://isc.sans.edu）で管理している。傾向を知ることに価値があるにしても、上位5つのポート（ポート22、25、80、443、139）が圧倒的なため、なかなか傾向をつかむのは難しい。

11.3.3　UDPファンブルの特定

　UDPトラフィックから失敗したUDP接続を特定するのはほとんど不可能である。TCPプロトコルには対称性があるが、UDPは配信を保証しない。UDPサービスが何らかの対称性や相互依存性を提供する場合、それはそのサービス固有の属性である。UDPファンブルを特定するには、ネットワークマップが最適で、次にICMPトラフィックが向いている。

11.4　サービスレベルでのファンブル

　一般的に、サービスレベルのファンブルはスキャン、自動エクスプロイト、さまざまなスカウティングツールによって起こる。ネットワークレベルのファンブルとは違って、サービスレベルのファンブルは通常はっきりと特定できる。ほとんどの主要サービスにはエラーコードがあり、ログに記録されているので、正規のリクエストと不正な接続を区別できるからだ。

11.4.1　HTTPファンブル

　HTTPトランザクションは3桁の状態コードを返すことを思い出そう。4xx系の状態コードはクライアントエラーのために確保されている。4xx系の最も重要で一般的な2つのアクセスエラーは、404（見つからない）と401（未認証）である。

　404はリクエストで指定されたURLに資源がないことを示し、最も一般的なHTTPエラーである。ユーザが複雑なURLをタイプミスした場合など、手動で404エラーを発生させることが多い。誰かが存在しないURLを公表するなどの設定ミスも、この問題の原因となることが少なくない。

　間違ったURLの公表やタイプミスによるこの種のエラーは、特定が比較的容易である。URLミスでは、タイプミスは比較的稀だ。同じタイプミスしたURLが繰り返されることはほとんどない。あるユーザがタイプミスをしたとすると、毎回少し異なる間違え方をするだろう。さらに、タイプミス

は**個人的**な間違いなので、同じタイプミスが複数の場所から来ることは考えられない。異なる複数の場所から同じ間違いが発生している場合には、間違ったURLを公表した結果である可能性が高い。このような間違った公表は、HTTP Refererヘッダを調べると特定できる。Refererが管理下のサイトを指している場合には、そのサイトでエラーを見つけて修正できる。

404エラーの3番目に一般的な原因は、既知のHTTPサイト脆弱性をスキャンするボットである。最近のほとんどのHTTPサイトは複数のアプリケーションで構成されているので、コンポーネントアプリケーションから脆弱性が持ち込まれることが多い。このような脆弱性はよく知られており、同じ場所に配置されているため、ボットがどこでも探し回る。**例11-1**に示したURLはどれも、一般的なMySQLデータベース管理ツールのphpMyAdminに関連している。

例11-1　一般的なURLを取得するボットネット

```
223.85.245.54 - - [16/Feb/2013:20:10:12 -0500]
              "GET /pma/scripts/setup.php HTTP/1.1" 404 390 "-" "ZmEu"
223.85.245.54 - - [16/Feb/2013:20:10:15 -0500]
              "GET /MyAdmin/scripts/setup.php HTTP/1.1" 404 394 "-" "ZmEu"
188.230.44.113 - - [17/Feb/2013:16:54:05 -0500]
               "GET http://www.scanproxy.net:80/p-80.html HTTP/1.0" 404 378 "-"
194.44.28.21 - - [18/Feb/2013:06:20:07 -0500]
              "GET /w00tw00t.at.blackhats.romanian.anti-sec:) HTTP/1.1" 404 410
                  "-" "ZmEu"
194.44.28.21 - - [18/Feb/2013:06:20:07 -0500]
              "GET /phpMyAdmin/scripts/setup.php HTTP/1.1" 404 397 "-" "ZmEu"
194.44.28.21 - - [18/Feb/2013:06:20:08 -0500]
              "GET /phpmyadmin/scripts/setup.php HTTP/1.1" 404 397 "-" "ZmEu"
194.44.28.21 - - [18/Feb/2013:06:20:08 -0500]
              "GET /pma/scripts/setup.php HTTP/1.1" 404 390 "-" "ZmEu"
194.44.28.21 - - [18/Feb/2013:06:20:09 -0500]
              "GET /myadmin/scripts/setup.php HTTP/1.1" 404 394 "-"
```

前述した404エラーとは異なり、404スキャンはサイトの実際の構造と**完全に無関係**であることから特定できる。攻撃者はそこに何かがあると**推測**し、ドキュメントや一般的なやり方に従って脆弱な標的に到達しようとしているだけだ。

401エラーは認証エラーであり、HTTPのベーシック認証メカニズム（決して使ってはいけない）から起こる。ベーシック認証はHTTP標準に早い時期から組み込まれており[1]、暗号化されていないbase64でエンコードされたパスワードを使ってユーザが保護されたディレクトリにアクセスすることを承認する。

ベーシック認証はひどいものなので、近代的なWebサーバでは使ってはいけない。システムログ

---

[1]　RFC 1945 (http://bit.ly/rfc-1945) とRFC 2617 (http://bit.ly/rfc-2617) を参照。

で401エラーを見かけたら、サーバ上の原因を特定して取り除くべきだ。残念ながら、ベーシック認証は組み込みシステムで利用できる唯一の認証方式として今でもときどき出現する。

WebクローラとRobots.txt

検索エンジンは、**クローラ**、**スパイダ**、**ロボット**などのさまざまな呼び方がある自動プロセスを用いて、Webサイトを探索し、検索可能なコンテンツを探し出す。クローラはサイトのコンテンツを非常に積極的にコピーすることがある。Webサイトの所有者は、**ロボット排除規約**（robot exclusion standard）であるrobots.txtを使ってクローラがアクセスするものを定義できる。この規約は共通のファイル（前述のrobots.txt）を規定している。クローラはこのファイルにアクセスし、アクセスしてよいファイルといけないファイルに関する指示を得る。

robots.txtにアクセスせずに、すぐにサイトを探りまわるアクセス元ホストは疑わしい。さらに、robots.txtは自発的な規約であって、クローラに規約を順守させる方法はない。倫理的でないクローラや新しいクローラが指示を無視することも多い。

また、サイトを調べたいスキャン実行者がクローラのふりをすることも珍しくない。通常、クローラは2つの挙動で特定できる。クローラは特有のUser-Agent文字列を使い、決まった範囲のIPアドレスからやって来る[*1]。ほとんどの検索エンジンは、アドレス範囲を公開してなりすましの防止を図っている。このアドレス範囲は変更されることがあるので、Robots Database（http://bit.ly/web-robots）やList of User-Agents（http://www.user-agents.org）などのサイトを定期的に調べるのはいいアイデアである。

11.4.2 SMTPファンブル

本書の目的においては、SMTPファンブルはホストが存在しないアドレスにメールを送信したときに起こる。その結果、SMTPサーバ設定によって、の次の3つの動作のいずれかが起こる。拒否、差し戻し（バウンス）、またはキャッチオール（catch-all）アカウントへのリダイレクト（キャッチオール設定の場合）である。これらのイベントはすべて、最終的なルーティングを決定するSMTPサーバでログ記録する必要がある。

SMTPファンブルの分析では、すべてのSMTPトラフィック分析と同じ問題に直面する。スパムだ。スパマは考えられるすべてのアドレスにメールを送信するため[*2]、SMTPメッセージでは多くの失敗したアドレスが送信される。その結果、比較的無害なファンブル（アドレス指定ミスなど）は、

[*1] Googlebotは顕著な例外であり、Googlebotであることを検証する方法は別途提供されている。
[*2] 使っていないアカウントにログインしたら、3,000のスパムメッセージに迎えられたことがあった。

スパムに埋もれてしまう。その一方で、攻撃者がファンブルを行う理由（予備調査）には意味がない。スパマはアドレスが存在するかを調べたりしない。ただスパムを送るだけだ。

　失敗したSMTPアドレスを分析する理由があるとしたら、ごまかしを見破るためである。複数のAPT型のスピア型フィッシングメールで、攻撃者がTo:行に本物のような偽のアドレスを入れているのを見たことがある。このアドレスは企業が倒産したために無効になっているか、メールに表面上の正当性を与えるために意図的に追加しているのだと思われる。

11.5　ファンブルの分析

> 優秀な研究者がさらに優れた手法を考え出すまでは、スキャン検出はつまるところX個のイベントをYサイズの時間ウィンドウで検査することになるだろう。

> —— Stephen Northcutt

　ファンブルに対する警告は、スキャン、スパム、および攻撃者が標的のネットワークに関する知識がほとんどない場合の他の現象の検出に利用できる。

11.5.1　ファンブル警告の作成

　ファンブルがたまたま発生したものではない疑いがあるときに警告を発することが、ファンブル検出の目的である。そのためには、まず本章で示したルールを使ってファンブルイベントを集めなければいけない。このメカニズムは以下のようになる。

1. 対象のマップを作成または調査し、攻撃者が実際の標的に到達しているかどうかを判断する。
2. トラフィックから接続に失敗した証拠を調べる。接続失敗の例には以下がある。
   a. 非対称のTCPセッション、またはACKフラグのないTCPセッション
   b. HTTP 404レコード
   c. メールの差し戻し（バウンス）ログ

　無害なファンブル（偽陽性）は、ある種の設定ミスや対象との通信ミスによって起こることが多い。例えば、destination.comのDNS名がIPアドレスAからIPアドレスBに変わったとする。この変更がDNSシステムを通して完全に伝わるまで、ユーザはBではなくアドレスAにアクセスするだろう。このようなエラーは複数の場所から発生し、一貫性がある。destination.comの例に戻ると、アドレスAはすでに使用されておらず、同じネットワークのアドレスCはダークである（つまり、ドメイン名が与えられていない）としよう。ユーザはしばらくうっかりとAにアクセスする可能性はあるが、Cにはアクセスしない。複数の存在しない送信先にアクセスするユーザによるファンブルは疑わしい。あるホストが設定エラーのためにAにアクセスすることはあるだろう。何らかの理由でCにアクセスしてしまう場合もあるかもしれない。しかし、AとCに両方にアクセスしている場合は、標的

を探している可能性が高い。

Northcuttが言うように、無害な失敗から悪意のあるファンブルを見分けるには、閾値（警告を発するのを我慢するイベント数）を決めることだ。閾値を決めるにはメカニズムがいくつかある。

1. ユーザが一定期間内にアクセスするであろうネットワーク上のホスト数の期待値を求める。
2. 別の方法としては、逐次仮説検定を使う。逐次仮説検定は、ある現象が特定の検定に複数回合格または失敗する可能性を求める統計的手法である。この方法は、Jaeyeoon Jungが2004年の論文「Fast Portscan Detection Using Sequential Hypothesis Testing（逐次仮説検定を使った高速ポートスキャン検出」[1]で情報セキュリティ分野において最初に開発した。
3. ユーザがダークアドレスにアクセスするたびに警告を発する。

悪意のあるファンブルに関しては、一般に攻撃者には目立たないようにする理由はない。サイトをスキャンする場合には、手早くすべてを行おうとする。統計的手法は攻撃者を素早く見つけることができるので、警告作成より積極的な防御に使うことが多い。

11.5.2　ファンブルのフォレンジック分析

スキャンそのものには興味がない。地球のすべての馬鹿がインターネットをスキャンしていて、その多くは一日に何回もスキャンしてくる。ワームベースのスキャンもあり（古い例だが、Code RedやSQLSlammerなど）、顕著な効果もなく長年続いている。スキャンは雨のようなものである。スキャンは発生するものであり、スキャンが引き起こす被害を特定することが本当の課題である。

スキャン警告を受け取ったら、次の基本的な項目を確認する。

1. スキャン実行者に誰が応答しているか。個人的な意見では、ダーク空間をいくらスキャンされても構わない。実際に興味があるのは、ネットワーク内の誰かがスキャン実行者に**応答**したのかどうかと、その後に何を行ったかである。より具体的な疑問は以下のようなものである。
   a. スキャン実行者がいずれかのホストと本格的な通信を行っただろうか。通常、攻撃ソフトウェアはスキャンとエクスプロイトを2段階プロセスにまとめる。つまり、スキャンに関する最初の疑問は、本当のエクスプロイトのためのスキャンだったのか、である。
   b. 応答ホストがその後に疑わしいやり取りを行っただろうか。疑わしいやり取りには外部ホストとの通信（特に内部サーバの場合）、ファイルの受信、普通でないポートでの通信などだ。
2. スキャン実行者がネットワークに関して、われわれが知らなかったことを見つけただろうか。インベントリは常に少なくとも**わずかには**古くなっており、攻撃は**絶え間なく**行われる。したがっ

---

* 1　Jung、Jaeyeon他著、「Fast Portscan Detection Using Sequential Hypothesis Testing（逐次仮説検定を使った高速ポートスキャン検出）」。2004年5月、カリフォルニア州オークランドで行われた IEEE Symposium on Security and Privacy で発表された論文。

244 | 11章　ファンブルの処理

て、スキャン実行者の苦労を、われわれの利益のために活用してもいいだろう。

   a.　スキャン実行者は、われわれが知らなかったホストを特定しただろうか。これは未知の情報に関する上記の項目の例である。

   b.　スキャン実行者は、われわれが知らなかったサービスを特定しただろうか。

3. スキャン実行者は他に何を行っただろうか。ボットは一度に複数のことを行うことが多いので、スキャン実行者が他のポートをスキャンしたかどうか、他の種類の探査を行ったか、複数の種類の攻撃を試したかを調べるとよい。

ファンブル実行者に関して一般的に、次のことを確認する。

1. ファンブル実行者が他に何を行っただろうか。同じアドレスや送信元が複数の対象にメールを送信している場合、それはおそらくスパマであり、スキャン実行者と同様に、万能ナイフ的なツールとしてボットを使っている。

2. 特定の標的があるだろうか。これは特にメールアドレスを使ったファンブルに当てはまる。IPアドレスの方は小さな集合から選ぶことになるので、同じ標的が選ばれることは稀ではないからだ。ネットワーク内によく標的になるアドレスがあるだろうか？ある場合には、さらなる調査の候補となる。

11.5.3　ファンブルを活用するためのネットワーク運用

　多くの場合、ファンブルは一般的なネットワーク設定を想定する。最もわかりやすい例として、攻撃者は22などの一般的なポートをスキャンするが、それはそのポートで特定のサービスが実行されていることを期待しているからだ。このような想定を利用して、ネットワーク上に全パケットキャプチャなどのさらに高感度な計測器を設置することもできる。

　悪意のあるスキャンはほとんどの標的サイトの標準性を悪用するため、サイトを非標準的に設定すると、攻撃を少しだけ困難にすることができる。

アドレスの再編成

　　大部分のスキャンは線形である。攻撃者はアドレスX、X + 1という順に当たる。多くの管理者とDHCP実装もアドレスを線形に割り当てる。後半が完全にダークな/24や/27も多い。ネットワーク上に均一に散らばるようにアドレスを再編成したりネットワーク内に大きな空の隙間を残しておいたりすると、簡単にダーク空間を作ることができる。

標的の移動

　　ポート割り当ては大部分が社会的慣習にすぎない。最近のほとんどのアプリケーションは標準的でないポートでサービスを実行しても対応できる。特に内部サービスは、外界からアクセスされることはないので、ポートを変更するだけで、初歩的なスキャン実行者に嫌がらせ

をすることができる。

11.6 参考文献

1. Jaeyeon Jung、Vern Paxson、Arthur W. Berger、Hari Balakrishnan 著、「Fast Portscan Detection Using Sequential Hypothesis Testing（逐次仮説検定を使った高速ポートスキャン検出）」、Proceedings of the 2004 IEEE Symposium on Security and Privacy

12章
ボリュームと時間の分析

　本章では、時間経過に伴うトラフィックの「量」を比較することで特定できる現象を検討する。「量」はバイト数やパケット数の場合もあれば、ファイルを転送しているIPアドレスの数などの場合もある。観測したトラフィックによって、トラフィックデータからさまざまな現象が推測できる。特に以下のような現象がある。

ビーコニング

　　誰かがホストに一定間隔でアクセスしている場合、攻撃の兆候である可能性がある。

ファイル抽出

　　大量のダウンロードは、誰かが内部データを盗んでいることを意味する。

DoS（Denial of Service：サービス拒否）

　　サーバがサービスを提供するのを妨げる。

　トラフィック量データにはノイズが多く含まれる。時間経過に伴うバイト数などの直接数えられるほとんどの観測可能データは大きく変化し、イベントの量とその重要性には実質的な関係はない。言い換えると、バイト数とイベントの重要性の間には有意な関係はほとんどない。本章はスクリプトや可視化によって普通ではない挙動を検出する方法を示す。しかし、危険とみなすべき挙動を判断するには、ある程度、人間の目による観測や判断が必要である。

12.1　就業時間のネットワークトラフィック量に対する影響

　企業ネットワーク上のトラフィックの大半は、その企業で働いている従業員から発生するので、トラフィックの変動は就業時間にほぼ一致する。トラフィックは夜に底をつき、8時頃から上昇し、13時頃に最大になり、18時頃から減少する。

　労働時間が深く関係していることを示すために、**図12-1**を見てみよう。**図12-1**は、2003年の

SWITCHネットワーク（http://www.switch.ch）におけるSoBIG.Fメールワームの増殖を示すプロットである。SWITCHはスイスとリヒテンシュタインの教育ネットワークであり、スイスの国家トラフィックの多くの割合を占めている。図12-1のプロットは、2週間の時間ごとのSMTPトラフィックの総量を示す。SoBIGはこのプロットの最後に増殖している。しかし、ここで強調したいのは左側の週の初期期間の通常の活動である。就業日ごとに頂点があり、昼食時に頂点に達している。また、週末には明らかに活動が低下している。

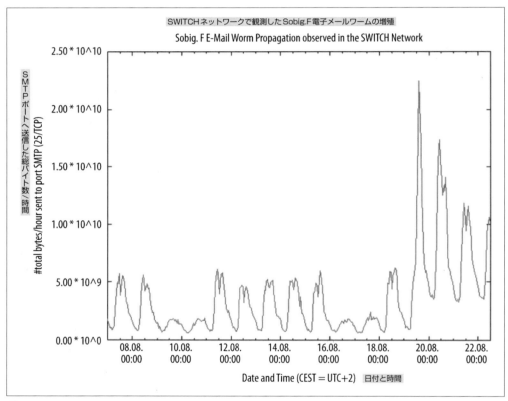

図12-1　スイスのSWITCHネットワークにおけるメールトラフィックとワームの増殖（画像提供：Dr. Arno Wagner）

　これは社会的な現象である。監視しているアドレスのおおよその場所（家庭、職場、学校）と現地の標準時がわかると、イベントとボリュームの両方を予測できる。例えば、夜には人々がテレビを見ながらゆっくりと過ごすため、ストリーミングビデオ会社がトラフィックの大幅な割合を占めるようになる。

　就業日のスケジュールを用いて異常の特定、マッピング、管理を行う方法には、いくつかの経験則がある。活発な期間と活発でない期間、組織の内部スケジュール、標準時の把握などだ。この節

で取り上げる時系列分析テクニックは、基本的で実証的な手法である。さらに高度なテクニックは、参考文献で紹介する。

　サイトデータを扱う際には、通常はトラフィックを「オン」（人々が働いている）と「オフ」（人々が家にいる）の期間に分割するのが最適である。図12-2のヒストグラムは、この現象がトラフィック量の分布にどのような影響を与えるかを示す。この場合、2つのはっきりとした頂点がオン期間とオフ期間に対応している。この2期間を別々にモデリングすると、時系列分析に使う難しい数学に頼らずにより正確な量の推定ができる。

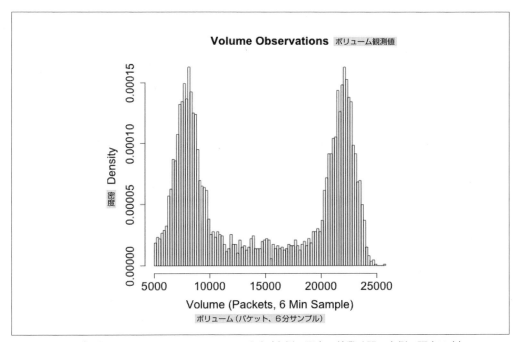

図12-2　サンプルネットワークでのトラフィックの分布（右側の頂点は就業時間、左側の頂点は夜）

　オン期間とオフ期間を決めるときには、組織全体のスケジュールを考えるようにする。会社に創設者の誕生日といった特別な休日やいつもと異なる休日がある場合には、潜在的な休日として記録する。同様に、組織内に社員が常駐する部署や9時から5時までだけいる部署があるだろうか。常駐の社員がいる場合には、シフト切り替え時刻を把握する。シフトの開始時に同じようなトラフィックが繰り返されることが多いだろう。誰もがまずログインし、メールをチェックし、打ち合わせをしてから仕事に取り掛かるからだ。

休日の価値

オフの時間は貴重である。ホームホストへのアクセス、ファイル不正転送、他の疑わしい活動を特定したい場合には、オフ時間を観察する。トラフィックが少なく、人も少ないので、会社の内部的な24時間リズムを知らない誰かを見つけるには、大勢の中に隠れているときよりも、オフの期間中の方が簡単なのだ。

この現象は部内者、特にショルダーサーフィン（肩越しにのぞき見てパスワードなどを盗み見る）や物理的な監視を心配する人に対処する際にも有効だ。彼らは周りの人から怪しまれないために夜や週末に活動するが、トラフィックログにははっきりと残る。

これが会社固有のオフ時間を把握しておく理由である。月曜から金曜の9時から5時の間にだけ活動するようにすれば、トラフィックを隠すことができるが、聖スウィジンの日は会社が休みであることを知らなければ目立ってしまう。

ボリューム分析では業務プロセスが偽陽性の原因となることが多い。例えば、特定のサーバへのトラフィックが隔週で突然急増する企業サイトがあった。隔週金曜に全従業員が会社の給与処理を行うサーバをチェックし、それ以外にアクセスされることはない。毎週、隔週、または30日の倍数で現れる現象は、業務特有のプロセスに関連したものだろう。今後の参考のために特定しておこう。

12.2　ビーコニング

ビーコニングとは、特定のホストに体系的かつ定期的にアクセスすることである。例えば、ボットネットは定期的にコマンドサーバに新たな指示を仰ぐ。これはHTTPを仲介として使う多くの最近のボットネットで顕著である。このような挙動は、サイト上の感染したシステムとサイト外の未知のアドレスとの間での一定間隔の情報フローとして見える。

しかし、正規の挙動であっても、定期的なトラフィックフローを発生させるものはたくさんある。

キープアライブ
対話的なSSHセッションなどの寿命の長いセッションは、相手との接続を維持するために一定間隔で空のパケットを送信する。

ソフトウェア更新
最近のほとんどのアプリケーションには、ある種の自動更新チェックが含まれている。特に、アンチウィルスは定期的にシグネチャ更新をダウンロードして最新のマルウェアを把握する。

ニュースと天気

多くのニュース、天気、などの対話型サイトでは、クライアントがサイトを閲覧している間、定期的にページを更新する。

ビーコン検出は2段階のプロセスである。第1段階では、一貫した信号を特定する。この処理の例であるfind_beacons.pyスクリプトを例12-1に示す。find_beacons.pyは一連のフローレコードを取り、同じサイズのビンに分割する。入力は2つのフィールドからなる。イベントが見つかったIPアドレスとフローの開始時間である。これはrwcutで得る。rwsortを使って送信元IPと時間でトラフィックを並べ替える。

次に、find_beacons.pyは、各IPアドレスに対して、ビン間の距離の中央値を調べ、その中央値から許容範囲内に入るビンの割合をする。多くのフローが中央値に近ければ、周期的に発生するイベントを見つけたことになる。

例12-1　簡単なビーコン検出

```python
#!/usr/bin/env python
#
#
# find_beacons.py
#
# 入力：
#       rwsort --field=1,9 | rwcut --no-title --epoch --field=1,9 | <stdin>
# コマンドライン：
# find_beacons.py precision tolerance [epoch]
#
# precision：ビンサイズの整数表現（秒単位）
# tolerance：中央値からの割合で表した許容範囲の浮動小数点表現。
# 例えば、0.05は（中央値 - 0.05*中央値，中央値 + 0.05*中央値）
# を許容できる。
# epoch：ビンの開始時間。これを指定しないと、
# 最初の時間読み取りの真夜中に設定される。

# 非常に簡単なビーコン検出スクリプト。提供されたトラフィックを
# [precision]の長さのビンに分割する。ビン間の距離を計算し、
# 中央値を距離の代表として使う。すべての距離が中央値の
# tolerance%内に収まる場合には、そのトラフィックをビーコンとして扱う。

import sys

if len(sys.argv) >= 3:
    precision = int(sys.argv[1])
    tolerance = float(sys.argv[2])
else:
```

252 | 12章　ボリュームと時間の分析

```python
        sys.stderr.write("Specify the precision and tolerance\n")
        sys.exit(1)

starting_epoch = -1
if len(sys.argv) >= 4:
    starting_epoch = int(sys.argv[3])


current_ip = ''

def process_epoch_info(bins):
    a = bins.keys()
    a.sort()
    distances = []
    # ビン間の距離の表を作成する
    for i in range(0, len(a) -1):
        distances.append(a[i + 1] - a[i])

    distances.sort()
    median = distances[len(distances)/2]
    tolerance_range = (median - tolerance * median, median + tolerance *median)
    # ビンを調べる
    count = 0
    for i in distances:
        if (i >= tolerance_range[0]) and (i <= tolerance_range[1]):
            count+=1
    return count, len(distances)

bins = {}      # 作成中に該当したビンのチェックリスト。
               # 後にソートして比較する。
               # 実際には集合であり、これを使うとよい。
results = {} # ビン分析の結果を収める連想配列。
               # 最終報告中に出力される。


# データの読み込みを開始する。各行に対して、ビーコンイベントの表を作成する。
# ビーコンイベントは、時間Xにあるトラフィックが「発生した」こと
# だけを示す。トラフィックのサイズ、発生頻度、フローの数
# は無関係である。何かあったか、全くなかったかのどちらかだけ記録する。
for i in sys.stdin.readlines():
    ip, time = i.split('|')[0:2]
    if current_ip == '':
        current_ip = ip
    time = float(time)
    if ip != current_ip:
        if len(bins) > 2:
            results[current_ip] = process_epoch_info(bins)
        bins = {}
        current_ip = ip
```

```
        if starting_epoch == -1:
            starting_epoch = time - (time % 86400) # その日の真夜中に設定する
        bin = (time - starting_epoch) / precision
        bins[bin] = 1

    a = sorted(results.keys())
    for ip in a:
        print "%15s|%5d|%5d|%8.4f" % (ip, results[ip][0], results[ip][1],
                            100.0 * (float(results[ip][0])/float(results[ip][1])))
```

ビーコン検出の第2段階は、（いつものように）インベントリ管理である。先ほど述べたように、正規のアプリケーションも定期的にデータを転送する。NTP、ルーティングプロトコル、AVツールはどれも情報更新のために定期的にホームホストにアクセスする。SSHも周期的な挙動をする傾向がある。これは、管理者がSSHプロトコルを使って周期的なメンテナンスタスクを実行するからだ。

12.3　ファイル転送/略奪

データ窃盗はいまだにデータベースやWebサイトに対する最も基本的な攻撃の形である。とくに内部のWebサイトや、何らかの保護された資源の場合はこの形が一般的である。適切な用語がないので、情報をばらまいたり出力したり売ったりするために、Webサイトやデータベースをコピーする行為を、**略奪（raiding）** と呼ぼう。略奪と正規のアクセスの違いは程度の問題でしかない。いずれにしろサーバはデータをサーブするものなのだから。

当然ながら、略奪が行われるとトラフィック量に変化が現れる。通常、略奪は短時間で（おそらく退職のために自分のブースを片づけている間に）行われ、大抵は**wget**などの自動ツールが使われる。もっとわかりにくくすることもできるだろうが、それには攻撃者の方に、データをゆっくり抽出する時間と忍耐とが必要だ。

データ量は略奪を特定する最も簡単な方法の1つである。まずは、通常時のあるホストから発生するボリュームの時間経過に伴うモデルを構築する。**例12-2**のcalibrate_raid.pyスクリプトは、時間経過に伴うボリュームの閾値とプロットする結果を表にする。

例12-2　略奪検出スクリプト

```
#!/usr/bin/env python
#
# calibrate_raid.py
#
# 入力:
#       なし
```

```
# 出力：
#        時系列と推定ボリュームを含むレポートを標準出力に書き出す
# コマンドライン
# calibrate_raid.py start_date end_date ip_address server_port period_size
#
# start_date：問い合わせを開始する日付
# end_date:：問い合わせを終了する日付
# ip_address：問い合わせるサーバアドレス
# server_port：問い合わせるサーバのポート
# period_size：時間のモデリングに使う期間のサイズ
#
# 特定のIPアドレスを指定すると、（rwcountを使って）時系列と
# 90%～100%閾値の期待値の内訳を作成する。
# カウント出力は、可視化ツールにかけて、
# 外れ値や異常を調べるのに用いることができる。
#
import sys,os,tempfile

start_date = sys.argv[1]
end_date = sys.argv[2]
ip_address = sys.argv[3]
server_port = int(sys.argv[4])
period_size = int(sys.argv[5])

if __name__ == '__main__':
    fh, temp_countfn = tempfile.mkstemp()
    os.close(fh)
    #
    # ここでのフィルタには、送信元のIPアドレスとポートを用いる。
    # これで、サーバから発生したフローを取り出したことになるので、
    # そのサーバからのファイル転送のデータとなる。
    # 送信先アドレスと送信先ポートを使うと、クライアントからサーバへの
    # （はるかに小さい）リクエストを記録することになってしまう。
    #
    os.system(('rwfilter --saddress=%s --sport=%d --start-date=%s '
                            '--end-date=%s --pass=stdout | rwcount --epoch-slots'
                                ' --bin-size=%d --no-title > %s') % (
            ip_address, server_port, start_date, end_date, period_size,
            temp_countfn))

    # ここで行っているフィルタについて。rwfilterで、
    # 4パケット以上のセッションだけを残して、スキャン応答を排除することもできる。
    # しかし、スキャン応答はとても小さいはずなので、
    # ここでは行っていない。

    # カウントファイルをメモリにロードし、構造を持たせる
    #
```

```
a = open(temp_countfn, 'r')
# 基本的にヒストグラムに放り込むだけ。
# 最小と最大を求める必要がある。
min = 99999999999L
max = -1
data = {}
for i in a.readlines():
    time, records, bytes, packets = map(lambda x:float(x),
                                        i[:-1].split('|')[0:4])
    if bytes < min:
        min = bytes
    if bytes > max:
        max = bytes
    data[time] = (records, bytes, packets)
a.close()
os.unlink(temp_countfn)
# hist_sizeスロットでヒストグラムを作成する
histogram = []
hist_size = 100
for i in range(0,hist_size + 1):
    histogram.append(0)
bin_size = (max - min) / hist_size
total_entries = len(data.values())
for records, bytes, packets in data.values():
    bin_index = int((bytes - min)/bin_size)
    histogram[bin_index] += 1


# 90%から100%までの閾値を求める
thresholds = []
for i in range(90, 100):
    thresholds.append(0.01 * i * total_entries)
total = 0
last_match = 0 # 停止位置の閾値のインデックス
# 手順1：閾値を出力する
for i in range(0, hist_size):
    total += histogram[i]
    if total >= thresholds[last_match]:
        while thresholds[last_match] < total:
            print "%3d%% | %d" % (90 + last_match, (i * bin_size) + min)
a = data.keys()
a.sort()
for i in a:
    print "%15d|%10d|%10d|%10d" % (i, data[i][0], data[i][1], data[i][2])
```

本当の略奪を、略奪的な異常から区別するには、ボリュームに対する閾値を調整する必要がある。それには可視化が必須だ。10章で標準偏差の問題を取り上げたが、ヒストグラムは、問題の分布がガウス分布に従うかどうかを判断する最も簡単な方法である。私の経験では、驚くほどたくさんのサービスが定期的にホストから「略奪」している。Webスパイダやインターネットアーカイブなどが顕著な例である。サイトが完全に内部にある場合にも、バックアップや内部監視が偽陽性として検出される。

可視化するとこのような外れ値を特定できる。**図12-3**の例では圧倒的多数のトラフィックが約1000 MB/10分以下で発生している。しかし、2000 MB/10分以上のわずかな外れ値があり、これらが`calibrate_raid.py`だけでなく、大部分の学習アルゴリズムに問題をもたらす。外れ値を特定したらホワイトリストに記録し、`--not-dipset`を使ってフィルタコマンドから取り除く。こうしておけば、`rwcount`を使って簡単な警告メカニズムを構築できる。

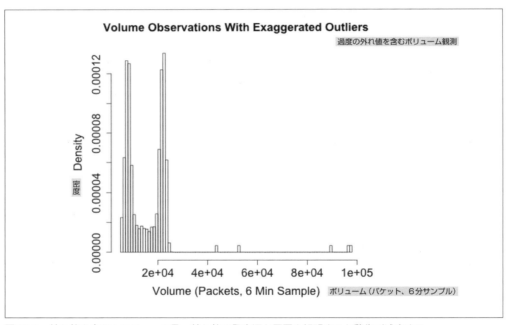

図12-3　外れ値を含むトラフィック量。外れ値の発生源と原因を解明すると警告が減少する

12.4　局所性

局所性とは、参照（メモリ位置、URL、IPアドレス）が集まる傾向を指す。例えば、時間とともにユーザが訪問するWebページを調べると、ページの大部分が少数の予測可能なサイトにあり（空間

的局所性)、ユーザが一定数のサイトを何度も訪問する傾向がある(時間的局所性)ことに気付くだろう。局所性はコンピュータ科学ではよく理解されている概念であり、キャッシュ、CDN、リバースプロキシの理論的な基盤となっている。

局所性はボリューム分析の補完として特に有効である。一般的にユーザは予測可能だからだ。ユーザは少数のサイトを訪問し、わずかな人数の人と話すので、ときどき変化はあるにしても、**ワーキングセット**を使ってこの挙動をモデル化できる。

ワーキングセットの動作を表した例が**図12-4**である。この例では、ワーキングセットは固定サイズ(この場合サイズは4)のLRU(Least Recently Used:最も最近使われていない物を捨てる)キューとして実装されている。この例では、ワーキングセットに、Webサーフィンの履歴を収めている。HTTPサーバのログファイルからURLを取り出して、キューに追加する。ワーキングセットは、それまでに見た参照のコピーを1つだけ保持する。したがって**図12-4**に示した4エントリのキューには4つだけ参照を保持することができる。ワーキングセットが参照を受け取ると次の3つの内のいずれかが起こる。

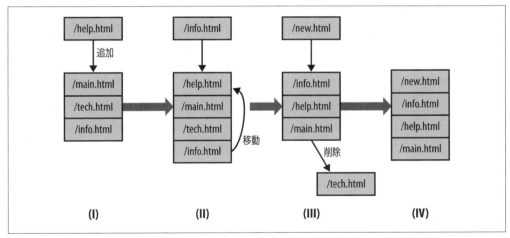

図12-4　ワーキングセットの特性の計算

1. 空の参照が残っている場合には、新しい参照をキューの最後に追加する(IからII)。
2. キューが一杯だが、追加しようとした参照がすでに存在している場合には、その参照をキューの最後に移動する(II)。
3. キューが一杯で参照が存在していない場合には、その参照をキューの最後に追加し、キューの先頭の参照を削除する。

例12-3のコードは、PythonでのLRUワーキングセットモデルを表す。

258 | 12章　ボリュームと時間の分析

例12-3　ワーキングセット特性の計算

```python
#!/usr/bin/env python
#
#
# ワーキングセット深さ分析によるホスト局所性
# 入力：
#       stdin - タグのシーケンス
#
# コマンドライン引数：
#       第1引数：ワーキングセットの深さ

import sys

try:
    working_set_depth = int(sys.argv[1])
except:
    sys.stderr.write("Specify a working_set depth at the command line\n")
    sys.exit(-1)


working_set = []

total_processed = 0
total_popped = 0
unique_symbols = {}
for i in sys.stdin:
    print working_set
    value = i[:-1] #改行を削除 \n
    unique_symbols[value] = 1 # 記号を記録
    total_processed += 1
    try:
        vind = working_set.index(value)
    except:
        vind = -1

    if (vind == -1):
        # 値がLRUキャッシュに存在しない。
        # 最後に使われたのが最も古い値を削除し、この値を最後に追加する。
        if len(working_set) >= working_set_depth:
            del working_set[0]
            total_popped += 1
        working_set.append(value)
    else:
        # 最も最近に使われた値なのでワーキングセットの最後に移動する。
        del working_set[vind]
        working_set.append(value)
```

```
# 交換された確率を求める
print total_popped, total_processed
p_replace = 100.0 * (float(total_popped)/float(total_processed))

print "%10d  %s %10d %8.4f" % (total_processed, unique_symbols.keys(),
                               working_set_depth, p_replace)
```

図12-5に、ワーキングセットの様子を示す。この図は、ワーキングセットサイズごとにワーキングセットの値を交換する確率をプロットしている。ここでは2つの異なるワーキングセットを比較している。1000万個の記号から参照を選んだ完全にランダムなワーキングセットと、パレート分布を使ったユーザ挙動のモデルである。パレートモデルは、通常の状況でのユーザよりは若干不安定だが、通常のユーザ挙動をモデル化するには十分である。

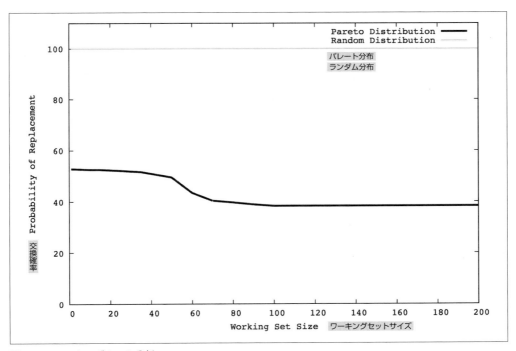

図12-5　ワーキングセット分析

パレートモデルでは「ひざ」のような折れ曲がりができている。一方、ランダムモデルは交換率100%で一定のままである。一般に、ワーキングセットにはそれ以上サイズを増やすと効率が低下する、最適なサイズがある。この「折れ曲がり」はこの現象の現れである。交換確率はこの「折れ曲がり」の前まではわずかに下がり続けるが、「折れ曲がり」の後は一定となる。

ワーキングセットの値を調整すると、ユーザのアクセス習慣を2つのパラメータで表現できたことになる。キューのサイズと、交換の確率である。

12.4.1　DDoS、フラッシュクラウド、資源枯渇

　DoS（Denial of Service：サービス拒否）は、特定の戦略ではなく目的である。DoSは、リモートからホストに到達できなくする。ほとんどのDoS攻撃は、DDoS（Distributed Denial of Service：分散型サービス拒否）攻撃である。DDoS攻撃では、攻撃者はDoSを実現するために支配下においたホストのネットワークを使う。攻撃者がDoSを実現するには以下に示す方法があるが、ほかにも方法はある。

　サービスレベル枯渇

　　　標的のホストが一般に公開されたサービスを実行している場合に用いる。攻撃者はボットネットを用い、対象ホストを標的としてクライアントを起動する。各クライアントで少量ではあるがサービスに固有の操作（Webサイトのホームページ取得など）を行う。

　SYNフラッド

　　　SYNフラッドは古典的なDDoS攻撃である。標的がTCPポートが開いている場合に、攻撃者は多数のクライアントを実行する。このクライアントはTCPポートのサービスを利用するわけではなく、SYNパケットを使って接続を開き、そのまま開きっぱなしにする。

　帯域幅枯渇

　　　ホストを標的とせず、ルータと標的間の接続に負担をかけることを狙う。攻撃者はホストに膨大な不要トラフィックを送信する。

　さらに、単純な内部攻撃も無視すべきではない。攻撃者は物理的なサーバまで歩いて行って、物理的に接続を遮断する。

　上記の手法はすべて同じ結果となるが、ネットワークトラフィックで見ると、それぞれ異なる。また、ダメージを軽減する手法も異なる。攻撃者に必要な資源の数は、攻撃者のDDoS実装方法に左右される。経験則としては、攻撃がOSIモデル階層の上位になるにつれ、標的にかかるストレスが増え、攻撃に必要なボット数が減る。例えば、帯域幅枯渇はルータを襲い、基本的にはルータインタフェースを枯渇させる。古典的なDDoS攻撃のSYNフラッドは、標的のTCPスタックを枯渇させるだけでよい。さらに上位のレベルでは、Slowloris（http://ha.ckers.org/slowloris）などのツールは部分的なHTTP接続を行ってWebサーバの資源を枯渇させる。

　攻撃者の立場からすると、これにはいくつかのメリットがある。資源消費が減ると関与するボットが減るし、正規のセッションになるので、IP層やTCP層を攻撃する巧妙に作成されたパケットをブロックするようなファイアウォールであっても、通過できる可能性が高くなる。

12.4.2 DDoSとルーティングインフラ

ルーティングインフラを狙ったDDoS攻撃は、二次的な被害を引き起こす。図12-6のような単純なネットワークを考えてみよう。太線はサブネットワークCへの攻撃の経路を表す。サブネットワークCを狙った攻撃は、Cへの接続だけでなくルータのインターネットへの接続も枯渇させる。この結果、ネットワークAとB上のホストはインターネットにアクセスできず、インターネットからの受信トラフィックがほぼゼロまで落ち込むことになる。

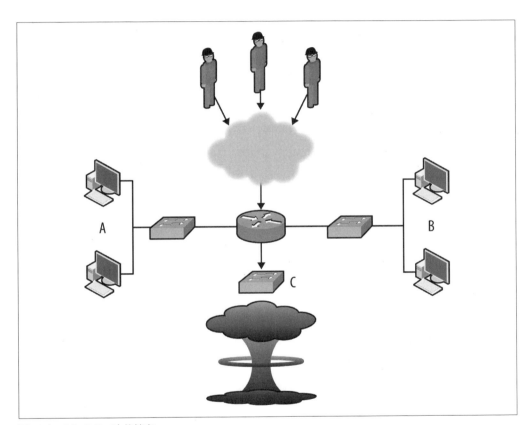

図12-6　DDoSの二次的被害

この種の問題は共同設置サービスでは珍しくない。だから、DDoS防御はネットワークインフラに設置するべきなのだ。クラウドコンピューティングとDDoSの組み合わせが今後長期的にどうなっていくのかに、個人的に興味がある。クラウドコンピューティングによって、防御者はインターネットのルーティングインフラ上に高度に分散してサービスを実行できるようになるだろう。すると、攻撃者にとっては、1つのサービスを取り除くために必要な資源が増加することになる。

DoS攻撃では、最も一般的な偽陽性は、**フラッシュクラウド**とケーブルの切断である。フラッシュクラウドとは、何らかの告知や通知によって、サイトへの正規なトラフィックが突然増大することを指す。フラッシュクラウドは、スラッシュドット（SlashDot）効果、ファーキング（farking）、レディット（Reddit）効果など、何が起こっているかを具体的に説明した別名で呼ばれることもある。

通常、このようなさまざまな種類の攻撃は受信トラフィックのグラフを調べれば簡単に区別できる。理想化した画像を図12-7に示す。この図は現象をおおまかに説明する。

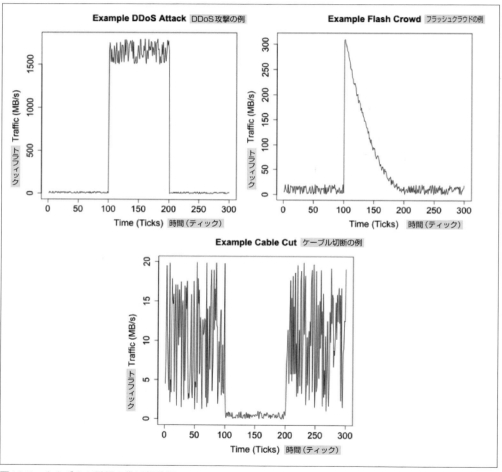

図12-7　さまざまな種類の帯域幅枯渇

図12-7は、DDoS、フラッシュクラウド、ケーブル切断等のインフラ障害、の3種類の帯域幅枯渇を表している。それぞれのプロットは受信トラフィックで、センサーの取得する値である。各プロッ

トの相違は、問題を引き起こした現象の相違を反映している。

DDoS攻撃は機械的である。攻撃者はボットのネットワークにリモートからコマンドを発行しているので、攻撃は即座に作動したり停止する。DDoSが開始されると、ほぼ即座に利用可能な限りの帯域幅が消費される。多くのDDoSプロットでは、プロットの上限はネットワーキングインフラで決まる。10 GBのパイプがあれば、プロットの最大は10 GBになる。また、DDoS攻撃は**一貫**している。一旦攻撃が始まると、一般にほぼ同じボリュームで活動し続ける。ほとんどの場合、攻撃者は大幅に過剰な攻撃を行う。攻撃が続いている間にボットはどんどん削除されていく。しかし、多くのボットがオフラインになったとしても、利用可能なすべての帯域幅を消費するのに十分すぎるボットが存在するのだ。

DDoSによる被害の軽減は我慢比べである。攻撃が始まる前に十分な帯域幅を用意するのが最善の防御となる。実際に攻撃が発生してしまったら、トラフィックのパターンを特定し、最も損害を引き起こしているトラフィックを停止することぐらいしかできない。探すべきパターンの例には以下のようなものがある。

- 標的となったサービスの主要な正規ユーザを特定し、それ以外からのトラフィックを制限する。ユーザはIPアドレス、ネットブロック、国コード、言語、他の属性などを使って特定する。問題は、正規ユーザの集合と攻撃者の集合が部分的に重なっている場合があることである。**例12-4**のスクリプトは、信用できる昔からのユーザと、DDoS攻撃の疑いがある新規ユーザ数の差で、/24ネットワークをソートする。
- なりすまし攻撃は、なりすましの不備によって特定できることが**稀**にある。例えば、なりすましのための乱数ジェネレータがすべてのアドレスをx.x.x.1に設定してしまう場合などだ。

例12-4 ブロックを整列するスクリプトの例

```
#!/usr/bin/env python
#
# ddos_intersection.py
#
# 入力:
#       なし
# 出力:
#       2つの集合のアドレスの数を比較し、集合Bにはなく集合Aにあるホストを
#       数の多い順に並べたレポート
#
#   コマンドライン
#   ddos_intersection.py historical_set ddos_set
#
#   historical_set：特定のホストやネットワークと過去にやり取りしたことのある
#   外部アドレスの集合
```

264 | 12章　ボリュームと時間の分析

```python
#  ddos_set：ddos攻撃してきたホストの集合
#  簡潔性のため、/24ネットワークで行う
#
import sys,os,tempfile

historical_setfn = sys.argv[1]
ddos_setfn = sys.argv[2]

mask_fh, mask_fn = tempfile.mkstemp()
os.close(mask_fh)
os.unlink(mask_fn)

os.system(('rwsettool --mask=24 --output-path=stdout %s | ' +
                      ' rwsetcat | sed "s/$/\/24/\" | rwsetbuild stdin %s') %
                     (historical_setfn, mask_fn))


bins = {}
# 過去データのすべての/24を読み取って格納する
a = os.popen(('rwsettool --difference %s %s --output-path=stdout | '
              'rwsetcat --network-structure=C' % (mask_fn, historical_setfn)), 'r')
# 第1列は過去データ、第2列はddos
for i in a.readlines():
    address, count = i[:-1].split('|')[0:2]
    bins[address] = [int(count), 0]


a.close()
# ddosの全データにも同じ処理を繰り返す
a = os.popen(('rwsettool --difference %s %s --output-path=stdout | '
              'rwsetcat --network-structure=C') % (mask_fn, ddos_setfn),'r')
for i in a.readlines():
    address, count = i[:-1].split('|')[0:2]
    # maskfileの共通集合を取る。もともとmaskfileの生成元のファイルとの
    # 共通集合を取ったので、このファイル内に見つけたアドレスは
    # すでに連想配列binsに含まれている。
    bins[address][1] = int(count)


#
# binsの中身を整列する。このスクリプトは暗にホワイトリストベースの手法を
# サポートするように記述されている。過去データに出現する
# アドレスはホワイトリストの候補であり、他のすべてのアドレスはブロックする。
# 許可された過去のアドレス数で候補ブロックを整列し、
# 許可されたすべての攻撃者アドレスを下げる。
address_list = bins.items()
address_list.sort(lambda x,y:(y[1][0]-x[1][0])-(y[1][1]-x[1][1]))
print "%20s|%10s|%10s" % ("Block", "Not-DDoS", "DDoS")
for address, result in address_list:
    print "%20s|%10d|%10d" % (address, bins[address][0], bins[address][1])
```

こうしたフィルタは、HTTPリクエストを用いたWebサーバへのDDoS攻撃のような、特定のサービスを狙う攻撃の場合に効果を発揮する。攻撃者がルータインタフェースのトラフィックフラッディングを狙っている場合には、多くの場合、もっと上流で防御したほうがよい。

11章で説明したように、人は短気だがマシンは我慢強い。この挙動の違いが、フラッシュクラウドとDDoS攻撃を区別する最も簡単なポイントである。**図12-7**のフラッシュクラウドのプロットに示したように、フラッシュクラウドでは、イベント発生後、使用帯域が急増した後に急激に減少する。この減少は、サイトに到達できないことにユーザが気付き、後で見に来ようと、別の面白そうなサイトに移動していったからだ。

フラッシュクラウドは公的な事象である。何らかの理由で、**誰か**が対象を公開している。したがって、多くの場合、フラッシュクラウドの発信源を解明できる。例えば、HTTPリファラログにはそのサイトへの参照が残る。対象となったサイトをGoogleで検索するのもいいだろう。運用するサイトに関連する記事やニュースをよく知っていれば、それも役に立つだろう。

ケーブルの切断や機械の故障の場合は、トラフィックは実際に減る。ケーブル切断の図に表示される通り、トラフィックが突然ゼロになる。障害が起こったら、まずは対象へのトラフィックを作成し、問題が検知システムの障害ではなくトラフィックの障害であることを確認する。それができたら、代替システムをオンラインにしてから、障害の原因を調査する。

DDoSと倍力装置

事実上、DDoSは消耗戦である。攻撃者が送るトラフィックの量と、標的が提供できる帯域幅の戦いだ。攻撃者は、さまざまな戦略で攻撃の効果を向上できる。より多くの資源を調達する、スタックのさまざまなレイヤを攻撃する、インターネットインフラを使ってさらに被害を与えるなどだ。これらの手法は攻撃者にとって倍力装置と機能し、支配下にあるボットの数が同じでも、より多くの被害を与えることになる。

資源を確保する方法は完全に攻撃者に依存する。最近のインターネット地下組織は、ボットネットのレンタルや利用のための成熟した市場を提供している。別の方法として、特にハッカー集団アノニマスが使う、ボランティアを利用する方法もある。アノニマスは、「LOIC」(Low Orbit Ion Cannon) という呼び名で一連のJavaScriptおよびC# DDoSツールを開発してDDoS攻撃を行っている。LOIC系のツールは、本格的なマルウェアと比べるとかなり原始的である。おそらく、LOICは、ハクティビスト（政治的ハッカー）に提供することだけを意図して作られているのだろう。

このような手法は処理の非対称性に依存している。攻撃者は、接続ごとのサーバ上での処理要求がクライアント上の処理要求よりも大きくなるように何らかの方法で操作を調整する。開

発時の決断が、高水準のDDoSに対するシステムの脆弱性に影響を与えることもある[1]。

　攻撃者はインターネットインフラを使って攻撃を行うこともできる。この種の攻撃は、一般に応答サービスを利用するし、偽装した標的アドレスに応答を送信させることで攻撃を行うものである。この種の攻撃の典型例であるスマーフ（smurf）攻撃は、pingを用いる。サイトBにDDoSを行いたいホストAは、サイトBになりすましてpingをブロードキャストアドレスに送信する。すると、このpingを受信したすべてのホスト（つまりブロードキャストアドレスを共有するすべてのホスト）がサイトBを応答であふれさせる。最近のこの種の攻撃としては、DNSリフレクションを利用するものが一般的である。攻撃者が、標的になりすましてリクエストをDNSリゾルバに送ると、DNSリゾルバはそれに応じて、ありがたい情報の詰まった大きなパケットを標的に送るというわけだ。

12.5　ボリューム分析と局所性分析の適用

　本章で紹介した現象は、さまざまな方法を使って検知できる。一般に、問題は現象の検出ではなく、悪意のある活動と、紛らわしいが正当な活動とを区別することにある。この節では、検知システムを構築する際の、偽陽性を低減するさまざまな手法を紹介する。

12.5.1　データ選択

　トラフィックデータにはノイズが多く、トラフィック量と現象の悪意にはほとんど関係がない。攻撃者がsshを使ってネットワークを制御している場合には、メールで添付ファイルを送信する正規ユーザよりもはるかに少ないトラフィックしか生成しない。データには基本的なノイズがあるが、スキャンやその他の背景放射などの、余分なトラフィックの存在により、さらに悪化する（これに関する詳細は11章を参照）。

　ボリュームを調べる際に最も自明な量は、ある期間中のバイト数とパケット数である。一般に、これらの値は驚くほどノイズが多いので、DDoSや略奪攻撃などの検出ぐらいにしか使えない。

　バイト数やパケット数はノイズが多く、簡単に使い物にならなくなるので、フローなどの構造化された値を使ったほうがよい。NetFlowはトラフィックをおおよそのセッションにグループ化する。以下のようにさまざまな挙動でフローを指定してフィルタできる。

- 正規のホストとだけ通信し、ダーク空間には通信しないホストからのトラフィックをフィルタする。この方法を取るには、15章で説明するネットワークの現在のマップが必要になる。

---

[1]　これは歴史的に真実だ。ファックスは**ブラックファックス**攻撃にさらされてきた。ブラックファックス攻撃とは、攻撃者が真黒なページを送信してトナーを浪費させる攻撃である。

12.5　ボリューム分析と局所性分析の適用 | **267**

- 長いTCPセッションと短いTCPセッション（4パケット以下）を分離する。もしくは、セッションが正規であることを示す他の印（PSHフラグがオンになっているなど）を検出する。この挙動に関しては11章で述べている。

- トラフィックを、コマンド、ファンブル、ファイル転送に分類する。この手法は14章で取り上げるが、トラフィックをさらにいくつかのクラスに細分化することになる。細分されたクラスのいくつかは稀なはずである。

- いくつかのボリュームに大別する。バイト数そのものではなく、受信したバイト数で、100、1000、10000、100000以上に分類し、その回数を記録する。これによって余計なノイズを減らすことができる。

このようなフィルタを行う際に大事なのは、データを捨てずに、分類することだ。例えばボリュームで大別する場合、1〜100、100以上、1000以上、10000以上、100000以上の値を別の時系列データとして記録する。データを捨てないのは、単にパラノイア的な理由からだ。何らかのデータを完全に無視するようにルールを決めてしまうと、攻撃者はそのルールで無視されるようにデータを作り始めるからだ。

ボリューム値よりもノイズが少ない値としては、ネットワークに到達したIPアドレスの数や、取得されたURLの数などがある。このような値は、個々の値を区別しなければならないので、計算にコストがかかる。これはSiLKスイートのrwsetなどのツールや連想配列を使って実現できる。一般にアドレス数はボリューム数よりも安定しているが、ノイズを減らすには、少なくともスキャンしか行わないホストは分離しておいたほうがよい。

例12-5に、フローデータにフィルタや分類を適用し、時系列データを作成する方法を示す。

例12-5　簡単な時系列出力アプリケーション

```
#
#
# gen_timeseries.py
#
# フローレコードを読み取り、分類した時系列出力を作成する
# この例ではデータを短い（4パケット以下）TCP フローと
# 長い（4パケットを超える）TCP フローに分類する
#
# 出力
# 時間 <バイト> <パケット> <アドレス> <長いバイト> <長いパケット> <長いアドレス>
#
# 入力として取る
# rwcut --fields=sip,dip,bytes,packets,stime --epoch-time --no-title
#
# レコードは時刻順に並んでいるとみなす。
# つまり、先行するレコードよりもstimeが前のレコードは
```

268 | 12章　ボリュームと時間の分析

```python
# ないものとする。

import sys
current_time = sys.maxint
start_time = sys.maxint
bin_size = 300 # 便宜上5分ビンを使う。
ip_set_long = set()
ip_set_short = set()
byte_count_long = 0
byte_count_short = 0
packet_count_long = 0
packet_count_short = 0
for i in sys.stdin.readlines():
    sip, dip, bytes, packets, stime = i[:-1].split('|')[0:5]
    # 非整数値を変換する。
    bytes, packets, stime = map(lambda x: int(float(x)), (bytes, packets, stime))
    if (current_time == sys.maxint):
        # 最初に一度だけ実行される。
        # 最初に観測した時間をベースに5分間隔に設定する。
        # t、T+307、t+619などで出力するのではなく、
        # 時間値が常に5分間隔の倍数になるようにしている。
        #
        current_time = stime - (stime % bin_size)

    # 時間ビニングを調べる。新しいビンに入ったら、
    # 中身を書き出してリセットする。
    if stime > current_time + bin_size:
        # 結果を出力する
        print "%10d %10d %10d %10d %10d %10d %10d" % (
            current_time, len(ip_set_short), byte_count_short,
            packet_count_short,len(ip_set_long), byte_count_long,
            packet_count_long)
        current_time = stime - (stime % bin_size)

        ip_set_long = set()
        ip_set_short = set()
        byte_count_long = byte_count_short = 0
        packet_count_long = packet_count_short = 0

    # 出力せず、データを加算するだけ。
    # まず、フローが長いか短いかを判断する。
    if (packets <= 4):
        # フローが短い
        byte_count_short += bytes
        packet_count_short += packets
        ip_set_short.update([sip,dip])
    else:
        byte_count_long += bytes
```

```
                packet_count_long += packets
                ip_set_long.update([sip,dip])

        if byte_count_long + byte_count_short != 0:
            # 最終出力するかどうかのチェック
            print "%10d %10d %10d %10d %10d %10d %10d" % (
                current_time, len(ip_set_short), byte_count_short,
                packet_count_short,len(ip_set_long), byte_count_long,
                packet_count_long)
```

どのように分類して解析しているのかを記録しておこう。例えば、例えば、100バイト以上のブルガリアからのセッションに対してのみボリュームベースの警告を上げる閾値を設定することにしたのであれば、将来も同じ分類に対して閾値を設定するようにしなければいけないし、なぜそうしたのかも含めて文書化しておく必要がある。

12.5.2　警告としてのボリュームの利用

ボリュームベースの警告を作成する最も簡単な方法は、ヒストグラムを作成し、サンプルが閾値を超える確率に基づいて閾値を設定する方法である。**例12-2**の`calibrate_raid.py`はこのような閾値計算のよい例である。警告を作成する際には、「12.1　就業時間のネットワークトラフィック量に対する影響」で説明した時刻の問題を考慮し、複数モデルが必要かどうかを検討しよう。多くの場合、単一モデルでは正確さが犠牲になる。また、閾値の検討時には、異常に**低い**値の影響とその値を調査する価値があるかを考えてほしい。

トラフィック量データにはノイズが多いので、相当数の偽陽性が予想される。ボリューム警告に対する偽陽性のほとんどは、Webクローラやアーカイブソフトウェアなどの、正当な理由があるホストによるものだ。「7.2.2　IDSへの対応の改善」で説明したIDS緩和手法がここでも使える。特に、送信元が無害であることがわかったら、ホワイトリストに登録し、イベントを発生させないようにする。

12.5.3　警告としてのビーコニングの利用

ビーコニングは、他のホストと常にやり取りしているホストを検出するために用いる。悪意のある活動の特定におけるビーコニングの最も有用な用途は、ボットネットのコマンド制御サーバとの通信の特定である。ビーコンを検出するには、`find_beacons.py`で行ったようにある時間幅で**常に**通信しているホストを特定する。

ビーコン検出では、膨大な数の偽陽性が起こる。ソフトウェア更新、AV更新、そしてSSHクローンジョブでさえも一貫した予測可能な間隔があるからだ。したがって、ビーコン検出にはインベントリ管理が必要になる。警告が発生したら、ビーコニングを行っているホストが正当かどうかを判断しなければならない。それには、ビーコンが既知のプロトコルである、正規のホストと通信している、

もしくは、トラフィックがボットネットC&Cトラフィックでは**ない**ことを示す他の証拠を示す必要がある。正規の通信であると特定できたら、そのビーコンの情報（通信に使うアドレスとおそらくポート）を記録し、今後の偽陽性を回避する。

ビーコンになる**はず**なのにビーコンになっていないホストも重要である。AVソフトウェアを対象とするときには特に重要である。攻撃者は、新たに占拠したホストをボットに転用する際にAVを無効にすることが多いからだ。更新サイトにアクセスするはずのホストが、すべて実際にアクセスしているかを調べることも有益な警告となる。

12.5.4　警告としての局所性の利用

局所性はユーザの習慣を特徴づける。ワーキングセットモデルのメリットは、ユーザが習慣を破る余地を与えることである。人の挙動は予測可能だとはいえ、新たな連絡先にメールを送信したり新しいWebサイトを訪問する。このような挙動の間隔は不規則である。したがって、局所性ベースの警告は、ユーザの習慣の変化を測るのに便利である。例えば、Webサイトの通常のユーザと略奪を試みるユーザを区別したり、DDoS時にサイトの閲覧者が変わったことを検出するなどの用途が考えられる。

局所性は、ボリュームベースの略奪検知を補完する。サイトを略奪したりスキャンしたりしているホストは、サイトの全ページを可能な限り素早く訪問するので、局所性は最小となる。ホストが略奪しているかどうかを判断するには、そのホストが何を取得しているのか、ホストがダウンロードするスピードに着目するべきだ。

この場合の最も一般的な偽陽性要因は、Googlebotなどの検索エンジンとそのボットである。正常に動作するボットはUser-Agent文字列で特定できる。もしこの文字列でボットと**特定できない**なら危険なホストである可能性がある。

ワーキングセットモデルは、個々のユーザだけでなく、サーバにも適用できる。この場合ワーキングセットはユーザのプロファイルよりも大きくなってしまうが、Webサイトの主要ユーザやSSHサーバの主な利用者を検出することもできる。

12.5.5　解決策の設計

略奪の検知は、分析が適用できるので、検知システムを構築**しない**方がよいケースの例となっている。calibrate_raid.pyが生成するヒストグラムや、ユーザが1日に取得するボリュームを予測する分析は、通常のユーザがサーバにアクセスしてダウンロードする現実的なデータ量を与えてくれる。

同じ情報を使ってサーバに流量制限を課すことができる。あるユーザがこの閾値を超えたときに警告を発するのではなく、流量制限モジュール（ApacheのQuotaなど）を利用してユーザを遮断する。ユーザの抵抗が心配なら、観測した最大値の200%に閾値を設定すればよい。また、その高い

閾値をも超える特別な許可が必要な例外的ユーザを特定する。

　この方法が最も有効なのは、1ユーザの平均使用量を極端に超える量のデータがサーバにある場合だ。例えば、個々のユーザは1日に1MB未満しか使わないのに、ギガバイト単位のデータがあるサーバは、簡単に防御できる。

12.6　参考文献

1. Avril Coghlan,「A Little Book of R for Time Series」
2. John McHughおよびCarrie Gates共著、「Locality: A New Paradigm in Anomaly Detection（局所性：アノマリ検知の新しいパラダイム）」Proceedings of 2003 New Security Paradigms Workshop

13章
グラフ分析

グラフは、1つ以上の**リンク**（**辺**）で接続される1つ以上の**ノード**（**節点**）からなる数学的構造である。グラフを用いると、複雑になりがちな通信を効果的に表現することができる。グラフを用いると、ネットワークの全体的な接続関係を、パケットサイズやセッション長などの細部を抽象化して、モデル化することができる。さらに、中心性などのグラフの属性を用いて、ネットワークの中の重要なノードを特定することができる。また、多くの重要なプロトコル（特にSMTPとルーティング）は、ネットワークをグラフとしてモデル化するアルゴリズムに依存している。

以下では、グラフの分析的特性に重点を置いて説明する。まずはグラフとは何かを説明し、グラフの主な属性（最短経路、中心性、クラスタ、クラスタ係数）を例を通じて示す。

13.1 グラフの属性：グラフとは何か

グラフとは、一連のオブジェクトとその相互関係の数学的な表現である。グラフはケーニヒスベルグの橋を渡る問題を解決するために1736年にレオンハルト・オイラー（Leonhard Euler）が考案したもので、それ以来、陰謀のコアとなるメンバーから英語で発音する音の頻度にいたるまであらゆるものをモデル化してきた。グラフは非常に強力で柔軟な表現が可能なツールで、その強力さの源は、その非常に高い代替性にある。数学、工学、社会学の研究者は、さまざまなグラフ属性を構築もしくは観測し、さまざまな挙動のモデル化に用いている。グラフを使う際の最初の課題は、どの属性が必要になるか、どうやってそれを導出するかの判断である。以降に示す属性はグラフを使って実現できることのごく一部だが、後に構築するトラフィックモデルに直接関連するものを選んである。グラフを使ってできるあらゆることは、どこかで誰かが試しているので、グラフ理論の良書にはさらに多くの属性について説明されている。

グラフは最低限**ノード**と**リンク**で構成されている。リンクはちょうど2つのノード間の接続である。リンクには**有向**のものと**無向**のものがある。リンクが有向の場合、**始点**と**終点**がある。慣例的に、グラフは有向リンクだけからなるか、または無向リンクだけからなる。グラフが無向の場合、各ノード

は**次数**（degree）を持つ。次数は、そのノードに接続されているリンクの数である。有向グラフのノードは、**入次数**（indegree）、すなわちそのノードが終点であるリンクの数と、**出次数**（outdegree）すなわちそのノードが始点であるリンクの数を持つ。

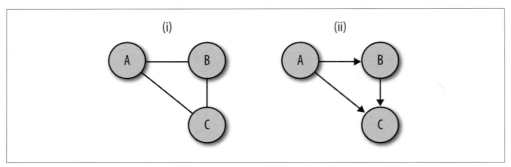

図13-1　有向グラフと無向グラフ。(i)ではグラフは無向であり、各ノードの次数は2である。(ii)のグラフは有向である。ノードAの出次数は2、入次数は0。ノードBの出次数は1、入次数は1。ノードCの出次数は0、入次数は2。

ネットワークトラフィックログには、グラフに変換できる候補がたくさんある。フローデータは、IPアドレスをノードとし、IPアドレス間のフローの存在をリンクとしたグラフで表現できる。HTTPサーバログは、Refererヘッダでリンクされた個々のページをノードとすることができる。メールログは、メールアドレスをノードとし、ノード間のリンクをメールとして表現できる。A地点からB地点へのやり取りを表すものであれば何でもグラフで表現する候補となる。

本節に示すコードに関する注意を書いておこう。このコードは主に教育を目的としているので、さまざまなアルゴリズムや数値の動作を明確に示すために、製品コードには必要になる最適化や例外処理を省いてある。グラフアルゴリズムは計算コストが高いことで知られているため、グラフ分析を行う際には、この最適化が特に重要である。グラフ分析には、よいライブラリがたくさんあり、ここで用意したコードよりもはるかに効率的に複雑なグラフを処理できる。

例13-1のスクリプトは、ペアのリストから有向または無向グラフを作成する（ペアのリストは例えば、`rwcut --field=1,2 --no-title --delim=' '`の出力で得られる）。内部でグラフを実現する方法はいくつかある。ここでは、最も直観的にわかりやすい**隣接リスト**を使う。隣接リスト実装では、各ノードが隣接するすべてのリンクの表を持つ。

例13-1　基本的なグラフ

```
#!/usr/bin/env python
#
# basic_graph.py
#
```

```
# ライブラリ
# 提供するもの：
#        フローファイルをコンストラクタとして取るグラフオブジェクト
#
import os, sys

class UndirGraph:
    """ 無向重みなしグラフクラス。本章の他のすべての
    グラフ実装のベースクラスとしての役割も果たす """
    def add_node(self, node_id):
        self.nodes.add(node_id)

    def add_link(self, node_source, node_dest):
        self.add_node(node_source)
        self.add_node(node_dest)
        if not self.links.has_key(node_source):
            self.links[node_source] = {}
        self.links[node_source][node_dest] = 1
        if not self.links.has_key(node_dest):
            self.links[node_dest] = {}
        self.links[node_dest][node_source] = 1
        return

    def count_links(self):
        total = 0
        for i in self.links.keys():
            total += len(self.links[i].keys())
        return total/2 # 無向グラフのリンク重複を補正する

    def neighbors(self, address):
        # ノードアドレスに隣接するすべてのノードのリストを返す。
        # ノードのない空のリストを返す。
        # （理論的にはこの作成ルールではありえないが）
        if self.nodes.has_key(address):
            return self.links[address].keys()
        else:
            return None

    def __str__(self):
        return 'Undirected graph with %d nodes and %d links' % (len(self.nodes),
                                                self.count_links())


    def adjacent(self, sip, dip):
        # 作成中はグラフを無向グラフとして定義するため、
        # 始点を持つリンクだけ探せばよい。
        if self.links.has_key(sip):
```

```
            if self.links[sip].has_key(dip):
                return True

    def __init__(self):
        #
        # このグラフは隣接リストを用いて実装している。すべてのノードは
        # リンクを表すハッシュ表のキーとなっており、ハッシュ表に収められている
        # 値は別のハッシュ表になっている。
        #
        # 無向グラフではノードテーブルは冗長になっている。
        # XとYの間にリンクがあるのなら、YとXの間にもリンクがあるので。
        # しかし、有向グラフや、特定のノードを探すだけの場合には
        # この方が速い。
        self.links = {}
        self.nodes = set()

class DirGraph(UndirGraph):
    def add_link(self, node_source, node_dest):
        # 無向グラフの場合と違って、
        # 一方向のリンクだけを加えている。
        self.add_node(node_source)
        self.add_node(node_dest)
        if not self.links.has_key(node_source):
            self.links[node_source] = {}
        self.links[node_source][node_dest] = 1
        return

    def count_links(self):
        # 無向グラフなので、
        # 元のcount_linksと異なる。
        total = 0
        for i in self.links.keys():
            total += len(self.links[i].keys())
        return total


if __name__ == '__main__':
    #
    # 入力としてスペースで区切った(source, dest)ペアの集合
    # を受け取ることを前提とし、無向グラフを作成して
    # 表示するスタブ実行可能ファイルである。
    #
    a = sys.stdin.readlines()
    tgt_graph = DirGraph()
    for i in a:
        source, dest = i.split()[0:2]
        tgt_graph.add_link(source, dest)
```

```
print tgt_graph
print "Links:"
for i in tgt_graph.links.keys():
    dest_links = ' '.join(tgt_graph.links[i].keys())
    print '%s: %s' % (i, dest_links)
```

グラフ構造とグラフ属性

　グラフを使い出すと、ネットワークの属性をグラフの属性に関連付けたくなる。例えば、クライアントからサーバへの向きを導入したり、ノード間のトラフィックをリンクの重みとして表現するなどだ。

　私の経験では、このようにグラフを作り込むのは、手間ばかりかかってあまり意味がない。複雑なグラフ表現を作ろうとするよりは、簡単なグラフから始めてその属性を調べた方がよい。この点を念頭に置き、生のデータをグラフに変換する際の2つのルールを以下に示す。

通信を定義する

　　リンクで2つのノード間の通信を表現する。フローデータがあるなら、フローが10個以上のパケットを持ちACKフラグがオンのときのみリンクを作るとよい。こうすれば、スキャンや失敗したログインを取り除ける。

ノードを定義する

　　ノードはIPアドレスにするべきだろうか？ IPアドレスとポートの組み合わせにするべきだろうか？経験的には、ポートをサービスに分類し（1024未満は個別のサービス、それより上は**クライアント**）、IPアドレスとサービスの組み合わせをノードにするのがよい。

13.2　ラベル付け、重み、経路

　グラフでは、**経路**（Path）は2つのノードを接続する一連のリンクである。有向グラフでは経路はリンクの方向に従うが、無向グラフではどちらの方向にも移動できる。グラフ分析で特に重要なのは**最短経路**である。最短経路とは、文字通りA地点からB地点への到達に必要な最短のリンクの集合である（**例13-2**を参照）。

278 | 13章　グラフ分析

例13-2　最短経路アルゴリズム

```python
#!/usr/bin/env python
#
# apsp.py -- 重み付き経路とダイクストラ法を実装する

import sys,os,basic_graph

class WeightedGraph(basic_graph.UndirGraph):
    def add_link(self, node_source, node_dest, weight):
        # 重み付き双方向リンク。
        # UndirGraphでは、値が常に1だったが、
        # このクラスでは重みを値とする。
        # したがって、常に同じ重みを使うと重みなしグラフに戻る。
        self.add_node(node_source)
        self.add_node(node_dest)
        if not self.links.has_key(node_source):
            self.links[node_source] = {}
        if not self.links[node_source].has_key(node_dest):
            self.links[node_source][node_dest] = 0
        self.links[node_source][node_dest] += weight
        if not self.links.has_key(node_dest):
            self.links[node_dest] = {}
        if not self.links[node_dest].has_key(node_source):
            self.links[node_dest][node_source] = 0
        self.links[node_dest][node_source] += weight

    def dijkstra(self, node_source):
        # 始点ノードを与えると、各節点の経路のマップを作成する。
        D = {}   # 暫定距離表
        P = {}   # 祖先表

        # 先行表は最短経路のある特徴を利用する。その特徴とは、
        # 最短経路の部分経路はすべて最短経路であることだ。
        # つまり、(B,C,D)がAからEへの最短経路なら、
        # (B,C)はAからDへの最短経路である。
        # したがって、先行するノードを保持しておき、逆にたどればよい。

        infy = 999999999999   # 無限大の代用

        for i in self.nodes:
            D[i] = infy
            P[i] = None

        D[node_source] = 0
        node_list = list(self.nodes)
        while node_list != []:
```

```python
            current_distance = infy
            current_node = None
            # まず、最小距離を持つノードを探す。
            # 最初の呼び出しの際には、node_sourceは唯一D = 0 となるので
            # 最短距離を持つノードは、node_sourceとなる。
            for i in node_list:
                if D[i] < current_distance:
                    current_distance = D[i]
                    current_node = i
            if current_distance == infy:
                break # 起点ノードからたどれるのすべての経路を尽くした。
                      # 残りのノードは別のコンポーネントに含まれている。
            node_index = node_list.index(i)
            del node_list[node_index] # リストから削除する。
            for i in self.neighbors(current_node):
                new_distance = D[current_node] + self.links[current_node][i]
                if new_distance < D[i]:
                    D[i] = new_distance
                    P[i] = current_node
                    node_list.insert(0, i)
        for i in D.keys():
            if D[i] == infy:
                del D[i]
        for i in P.keys():
            if P[i] is None:
                del P[i]
        return D,P

    def apsp(self):
        # ダイクストラ法を繰り返し呼び出し、すべてのペアの最短経路表を作成する。
        apsp_table = {}
        for i in self.nodes:
            apsp_table[i] = self.dijkstra(i)
        return apsp_table
```

　最短経路の別の定式化として**重み付き**の最短距離がある。**重み付きグラフ**では、リンクに数値で表した重みを関連付ける。重み付きのグラフでは、最短経路は単に最小数のリンクでA地点からB地点へ接続する経路ではなく、重みの合計が最小となるリンクの集合になる。**図13-2**にこの属性を詳しく示す。

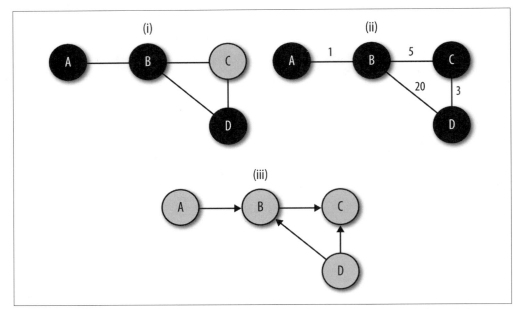

図13-2 重み付けと経路。AからDへの最短経路。(i) 無向重みなしグラフでは、最短経路は最小数のノードをたどる。(ii) 重み付きグラフでは、最短経路は一般に重みの合計が最小となる経路である。(iii) 有向グラフでは、最短経路を実現できない場合もある。

最短経路はグラフ分析の基本要素である。OSPF（Open Shortest Path First）などのほとんどのルーティングサービスは、最短経路の発見を目的とする。そのため、多くのグラフ分析ではまずグラフで全対全最短経路（APSP：All Pairs Shortest Paths）アルゴリズムを使ってすべてのノード間の最短経路の表を作成する。例13-2のコードは、重み付き無向グラフに**ダイクストラ法**を使って最短経路を求める例を示す。

ダイクストラ法は、リンクの重みが正であるグラフであればすべて扱える、優れた最短経路アルゴリズムである。最短経路アルゴリズムは多くの分野で重要なので、グラフの構造、ノードの構成、個々のノードが持つグラフに関する知識の量に応じて、多数のアルゴリズムが開発されている。

最短経路はグラフのノード間の距離を定めるので、さまざまな属性の構成要素となる。特に重要なのが**中心性**属性である（例13-3を参照）。中心性は、ソーシャルネットワーク分析から生まれた概念である。ソーシャルネットワーク分析は、グラフを使ってエンティティ間の関係をモデル化し、エンティティ全体の関係を示す属性をグラフから抽出する。中心性には複数の尺度があるが、グラフの構造に対するあるノードの重要度を示す。

13.2 ラベル付け、重み、経路 | **281**

例13-3 中心性の計算

```python
#/usr/bin/env python
#
#
# centrality.py
#
# データセットの中心性統計量を作成するスクリプト
#
# 入力：
# スペースで区切った始点と終点のペアの表。
# 重みは暗黙的でペアの出現回数がリンクの重みとなる。
#
# コマンドライン
# calc_centrality.py n
# n：整数値。レポートで返す要素数。
#
# 出力
# ランク | 媒介性勝者 | 媒介性スコア |
# 次数勝者 | 次数スコア | 接近性勝者 | 接近性スコア
# の7列からなるレポート
import sys,string
import apsp

n = int(sys.argv[1])

closeness_results = []
degree_results = []
betweenness_results = []

target_graph = apsp.WeightedGraph()

# グラフを取り込む
for i in sys.stdin.readlines():
    source, dest = i[:-1].split()
    target_graph.add_link(source, dest, 1)

# 次数中心性を求める。単なる次数なので、
# 最も簡単である。
for i in target_graph.nodes:
    degree_results.append((i, len(target_graph.neighbors(i))))

apsp_results = target_graph.apsp()
# 接近中心性スコアを求める。
for i in target_graph.nodes:
    dt = apsp_results[i][0] # これは距離表である。
    total_distance = reduce(lambda a,b:a+b, dt.values())
    closeness_results.append((i, total_distance))
```

```python
# 媒介中心性スコアを求める。

bt_table = {}
for i in target_graph.nodes:
    bt_table[i] = 0

for current_node in target_graph.nodes:

    # 先行表から最短経路を再構築する。
    # 距離表のすべてのエントリに対して、そのエントリから対応する始点に逆行して
    # 最短経路を取得し、マスタbt表でその経路のノード数を数える。
    pred_table = apsp_results[current_node][1] # 先行表はすでにある
    sp_list = apsp_results[current_node][0]
    for working_node in sp_list.keys():
        if working_node != current_node:
            path = []
            while working_node != current_node:
                working_node = pred_table[working_node]
                path.append(working_node)
            # この時点で作業ノードが終わっているはずで、
            # btスコアのためにノード数を数える。
            for i in path[:-1]:
                bt_table[i] += 1


for i in bt_table.keys():
    betweenness_results.append((i,bt_table[i]))

# 表を並べ替える。媒介性と次数は高いスコアを使い、
# 接近性は低いスコアを使う。

degree_results.sort(lambda a,b:b[1]-a[1])
betweenness_results.sort(lambda a,b:b[1]-a[1])
closeness_results.sort(lambda a,b:a[1]-b[1])

print "%5s|%15s|%10s|%15s|%10s|%15s|%10s" % \
  ("Rank", "Between", "Score", "Degree", "Score","Close", "Score")
for i in range(0, n):
    print "%5d|%15s|%10d|%15s|%10d|%15s|%10d" % ( i + 1,
                                        str(betweenness_results[i][0]),
                                        betweenness_results[i][1],
                                        str(degree_results[i][0]),
                                        degree_results[i][1],
                                        str(closeness_results[i][0]),
                                        closeness_results[i][1])
```

本書では中心性に3つの測定基準を考慮する。**次数、接近性**、そして**媒介性**である。次数は最も簡単な中心性尺度である。無向グラフでは、ノードの次数中心性はノードの次数である。

接近中心性と媒介中心性は、どちらも最短経路に関連する。接近中心性は、グラフ上の特定のノードから他のノードへ情報を伝達する容易さを表す。ノードの接近性を計算するには、グラフ上でのそのノードと他のすべてのノード間の距離の合計を求める。合計値が**最も小さい**ノードが最も高い接近中心性を持つ。

接近中心性と同様に、媒介中心性も最短経路に関連している。媒介中心性は、そのノードが任意の2つのノード間の最短経路に属する可能性を表す。すべての最短経路の表を作成し、そのノードを使う経路を数えて媒介中心性を求める。

中心性アルゴリズムはすべて相対的な尺度である。運用の際には、中心性アルゴリズムはランク付けアルゴリズムとして使うのに適している。例えば、特定のWebページが高い媒介中心性を持つなら、そのページはおそらくゲートキーパーになっているか、重要な索引となっていて、ネットサーフィンするユーザの多くがそのページを訪問しているのだろう。ユーザのネットサーフィンパターンから、特定のノードが高い接近中心性を持つことがわかったなら、そのサイトは、重要なニュースサイトか情報サイトなのだろう。

13.3　成分と連結性

無向グラフの2つのノードがそのノード間の経路を持つ場合、その2つのノードは**連結されている**（connected）。互いへの経路を持つすべてのノードは**連結成分**（connected component）を成す。有向グラフでは、これに対応する用語は**弱連結**（方向を無視したときに経路が存在する場合）と**強連結**（方向を考慮したときに経路が存在する場合）となる。

グラフは幅優先探索を使って連結成分に分割できる。**幅優先探索**（BFS：Breadth-First Search）では、あるノードを選んだら、そのノードのすべての隣接ノードを調べてから、個々の隣接ノードの隣接ノードを調べていく。それに対し、**深さ優先探索**（DFS：Depth-First Search）では、ある隣接ノードを調べたら、次にその隣接ノードの隣接ノード、といった順に調べていく。**例13-4**に、幅優先探索を使ってグラフを成分に分割するコードを示す。

例13-4　成分の計算

```python
#!/usr/bin/env python
#
#
import os,sys, basic_graph

def calculate_components(g):
    # 幅優先探索で連結成分の表を作成する。
    component_table = {}
```

```
unfinished_nodes = list(g.nodes)
component_index = 0
while len(unfinished_nodes) != 0:
    node_list = [unfinished_nodes[0]]
    while len(node_list) != 0:
        current_node = node_list.pop()
        if current_node in unfinished_nodes:
            unfinished_nodes.remove(current_node)
            component_table[current_node] = component_index
            for i in g.neighbors(current_node):
                node_list.insert(0, i)
    component_index += 1
return component_table
```

13.4　クラスタ係数

　グラフのノード間の関係を測る別のメカニズムとして**クラスタ係数**がある。クラスタ係数は、グラフ上にある特定のノードの任意の2つの隣接ノードが互いの隣接ノードである確率である。**例13-5**にクラスタ係数を求めるコードを示す。

例13-5　クラスタ係数の計算

```
def calculate_clustering_coefficients(g):
    # ノードのクラスタ係数は
    # そのノードの隣接ノードも互いに隣接ノードである割合である。
    node_ccs = {}
    for i in g.nodes.keys():
        mutual_neighbor_count = 0
        neighbor_list = g.neighbors(i)
        neighbor_set = {}
        for j in neighbor_list:
            neighbor_set[j] = 1
        for j in neighbor_list:
            # 隣接ノードを選び、
            # それがセット内にいくつ存在するかを求める。
            new_neighbor_list = g.neighbors[j]
            for k in new_neighbor_list:
                if k != i and neighbor_list.has_key(k):
                    mutual_neighbor_count += 1
        # d*(d-1)で割って割合を求めることで
        # 係数を求める。
        cc = float(mutual_neighbor_count)/((float(len(neighbor_list) *
                                           (len(neighbor_list) -1 ))))
```

```
            node_ccs[i] = cc
    total_cc = reduce(lambda a,b:node_ccs[a] + node_ccs[b], node_ccs.keys())
    total_cc = total_cc/len(g.nodes.keys())
    return total_cc
```

クラスタ係数は、「ペア度」を示す便利な尺度である。純粋なクライアント・サーバ・ネットワークのグラフは、クラスタ係数がゼロになる。クライアントはサーバとだけやり取りし、サーバはクライアントとだけやり取りするからだ。過去にわれわれは、大規模ネットワークにおけるスパムの影響の尺度として、クラスタリングをうまく利用したことがある。この例として、図13-3は、大規模ネットワークのSMTPネットワーク構造における「防弾」ホスティングプロバイダであったMcColo遮断の影響を示す。McColo遮断によって、SMTPのクラスタ係数が約50%上昇した[*1]。

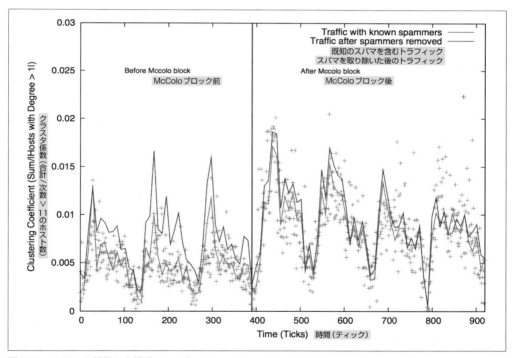

図13-3　クラスタ係数と大規模メールネットワーク

ペア度とスパムメールの関係は多少曖昧かもしれない。SMTPは、DNSや他の初期のインターネットサービスと同様に共有指向が強い。あるやり取りでのSMTPクライアントが別のやり取りではサー

---

*1 監訳者注：McColoはスパムメールの温床となっていたプロバイダで、2008年にインターネットから遮断された（https://en.wikipedia.org/wiki/McColo）。

バとして動作するので、やり取りは双方向となる。しかし、スパマはいわば**スーパークライアント**として動作する。サーバとはやり取りするが、他者に対するサーバとして動作することはない。この挙動は低いクラスタ係数として現れる。スパマを取り除くと、SMTPネットワークはよりP2Pネットワークに近くなり、クラスタ係数が上昇する。

13.5 グラフの分析

　グラフ分析はいくつもの目的に利用できる。中心性はエンジニアリングとフォレンジック分析のどちらにも使える。成分とグラフ属性はさまざまな警告の作成に利用できる。

13.5.1 警告としての成分分析の利用

　11章では、ブラインドスキャンなど、攻撃者が対象のネットワークを知らないことを利用する検知メカニズムを説明した。連結成分を用いると、さまざまな種類の攻撃者の知らないことをモデル化できる。攻撃者はさまざまなサーバやシステムのネットワーク上の**位置**を知っているかもしれないが、互いの関係を知らない。組織構造は連結成分を調べると特定でき、標的はわかっているかもしれないが標的が互いにどのように関連しているかはわかっていないAPTやヒットリスト攻撃などの攻撃は、連結成分を調べると特定できる。

　この現象を警告として利用するために、**図13-4**のグラフ例を考えてみよう。この例では、ネットワークが2つの別々の連結成分（例えば、エンジニアリングとマーケティング）からなっており、互いのやり取りはあまりない。攻撃者が現れてネットワーク上のホストとやり取りすると、攻撃者が2つの連結成分を結合するので、通常の状況では現れない巨大な連結成分が現れる。

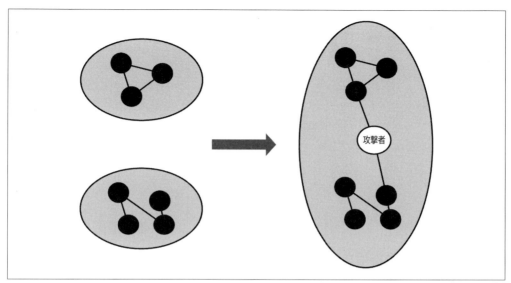

図13-4 攻撃者は別々の連結成分を人為的にリンクする

　このような種類の警告を実現するには、まず複数の成分に分割できるサービスを特定する。これに適した候補は、何らかのユーザログインを必要とするSSHなどのサービスである。アクセスに許可が必要だということは、一部のユーザはアクセスできないことを意味するので、ネットワークが別々の成分に分割されることになる。一般にSMTPやHTTPはあまりよい候補ではないが、ユーザログインを必要とするサーバだけを調べていて、（IPSetなどを使って）分析をそれらのサーバだけに限定できる場合には、HTTPでもこの方法は利用できる。

　対象となるサーバ群を決めたら、監視する連結成分を特定する。そして、連結成分を特定したら、そのサイズを求める。サイズとは、収集にかかった時間（例えば、60秒のnetflow）で見つかった、連結成分内のノード数である。おそらくこの分布は、トラフィックの収集にかかった時間だけでなく1日の中の時間帯にも影響を受ける。少なくともトラフィックを（12章で説明したように）オンとオフの期間に分割するとよいだろう。

　連結成分を特定するには2つの方法がある。サイズ順で特定する方法と、連結成分内のホストで特定する方法である。サイズ順の場合には、最大成分、2番目に大きな成分という順にサイズを追っていく。この方法は簡単で頑健で、小さな攻撃の影響を受けにくい。最大成分がグラフの総ノードの3分の1以上を占めることも多いため、このようなサイズの成分を破壊するには積極的な攻撃が必要である。もう一方の方法では連結成分に入っているノードで特定する方法である（例えば、成分Aはアドレス127.0.1.2を含む成分など）。

13.5.2　フォレンジック分析での中心性分析の利用

　中心性を使うとネットワーク内の重要なノードを、トラフィック分析を用いるよりもずっと少ない通信量で特定できる。

　攻撃者がマルウェアを使ってネットワーク上の1つ以上のホストを感染させる攻撃を考えてほしい。すると、感染したホストはそれまで存在しなかったコマンドサーバや制御サーバとやり取りする。**図13-5**にこの状況を詳細に表す。ホストA、B、Cが感染する前には、1つのノードがある程度の中心性を示す。感染後は、新しいノード（Mal）が最も中心的なノードになっている。

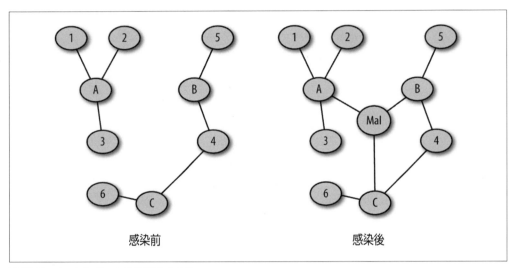

図13-5　フォレンジック分析での中心性

　この種の分析に用いるには、トラフィックデータを**イベント前集合**と**イベント後集合**の2つに分割する。例えば、ある時間に悪意のある添付ファイルを受信したことを検出したとしよう。その時間の前のトラフィックを取り出せばイベント前集合が入手でき、その時間後のトラフィックからイベント後集合が取得できる。新たな中心ノードを探せば、コマンドサーバや制御サーバを特定するチャンスが得られる。

13.5.3　フォレンジック分析での幅優先探索の利用

　悪意のあるホストがあるネットワーク上で通信しているのを見つけたら、次にそのホストが通信している相手を見つけなければならない。ホストのC&Cやそのネットワーク上の他の感染ホストなどだ。相手を割り出したら、このプロセスを繰り返して、**感染ホスト群**が通信している相手を見つけ、他の標的を特定する。

この反復的調査は幅優先探索である。1つノードから始め、そのすべての隣接ノードで疑わしい挙動を調べる。そして、このプロセスを隣接ノードの隣接ノードに対して繰り返す（例13-6を参照）。このようなグラフを用いた調査によって、他の感染ホスト、標的と思われるホスト、調査や分析が必要なそのネットワーク上の他のシステムを特定できる。

例13-6　サイトの近隣調査

```python
#!/usr/bin/env python
#
# これは幅優先探索を使ってデータセットを巡回し、
# BitTorrentを使っているホスト群を特定する例である。
# 調査のクライテリアを以下に示す。
#     Aがポート6881～6889でBと通信する。
#     AとBが互いに大きなファイル（1 MB以上）を送信している
#
# このサンプルのポイントは、任意のクライテリアを設定でき、
# 複数のクライテリアで、グラフを構築できるということだ。
#
#
# コマンドライン
#
# crawler.py seed_ip datafile
#
# seed_ipは既知のbittorrentユーザのIPアドレス
# datafile
import os, sys

def extract_neighbors(ip_address, datafile):
    # 指定されたIPアドレスから、そのアドレスを送信元か送信先に持つ
    # フローを見つけてそのアドレスに隣接するノードを特定する。
    # ペアのもう一方のアドレスは隣接ノードと見なす。
    a = os.popen("""rwfilter --any-address=%s --sport=1024-65535 --dport=1024-65535 \
--bytes=1000000- --pass=stdout %s | rwfilter --input-pipe=stdin --aport=6881-6889 \
--pass=stdout | rwuniq --fields=1,2 --no-title""" % (ip_address,datafile), 'r')
    # この問い合わせでは、厳密なポート（高位のポートすべて）を使用していることに注意。
    # スタック実装によっては、ポート6881～6889（ビットトレントの使うポート）が
    # エフェメラルポートとして利用されてる可能性があるからだ。
    # 最初のフィルタでクライアントポートに限定することで、
    # 例えばたまたまポート6881から行われているWebセッションを記録しないことを
    # 保証する。サイズを1 MB以上に制限しているのも、
    # 実際のビットトレントファイル転送のみを見つけるためだ。
    neighbor_set = set()
    for i in a.readlines():
        sip, dip = i.split('|')[0:2].strip()
        # IPアドレスがフローの送信元か送信先であるかを調べる。
```

```
    # どちらの場合でも、もう一方のアドレスを隣接セットに
    # 追加する（例えば、ip_addressがsipの場合、dipを追加する）。
    if sip == ip_address:
        neighbor_set.add(dip)
    else:
        neighbor_set.add(sip)
    a.close()
    return neighbor_set

if __name__ == '__main__':
    starting_ip = sys.argv[1]
    datafile = sys.argv[2]
    candidate_set = set([starting_ip])
    target_set = set()
    while len(candidate_set) > 0:
        target_ip = candidate_set.pop()
        target_set.add(target_ip)
        neighbor_set = extract_neighbors(target_ip, datafile)
        for i in neighbor_set:
            if not i in target_set:
                candidate_set.add(i)
    for i in target_set:
        print i
```

13.5.4　エンジニアリングでの中心性分析の利用

　監視に費やすことのできる資源やアナリストが留意できる対象は限定されているので、ネットワークを効果的に監視するには、必要不可欠なホストを特定しそのホストの保護と監視に資源を割り当てる必要がある。とはいえ、ネットワークにおいてはユーザが必要だと言うホストと実際に使っているホストに大きな隔たりがあるのが普通だ。トラフィック分析を利用して重要なホストを特定すると、書類上重要なホストとユーザが実際に利用しているホストを区別できる。

　中心性は、重要度を判別するための基準の1つである。他には、そのサイトを訪問するホストの数を数えたり（これは次数中心性と同じである）、トラフィック量を調べたりする方法がある。中心性とトラフィック量を組み合わせるとよいだろう。

13.6　参考文献

1. Michael CollinsとMichael Reiter共著、「Hit-list Worm Detection and Bot Identification in Large Networks Using Protocol Graphs（プロトコルグラフを使った大規模ネットワークでのヒットリストワーム検知とボット識別」2007年Recent Advances in Intrusion Detectionシンポ

ジウムの予稿集）

2. Thomas Cormen, Charles Leiserson, Ronald Rivest, and Clifford Stein, *Introduction to Algorithims, Third Edition* (MIT Press, 2009、邦題：『アルゴリズムイントロダクション 第3版』、近代科学社、2003)

3. igraph（R グラフライブラリ、http://bit.ly/igraph-pack）

4. Lun Li, David Alderson, Reiko Tanaka, John C. Doyle, and Walter Willinger, "Towards a Theory of Scale-Free Graphs: Definition, Properties, and Implications (Extended Version)."

5. Neo4j (http://www.neo4j.org)

6. Networkx（Python グラフライブラリ、http://networkx.github.io/）

14章
アプリケーション識別

　以前は、ネットワークトラフィックによってアプリケーションを識別するのは非常に簡単だった。ポート番号を調べればだいたいわかったし、それでわからなくても、ヘッダパケットをいくつか見れば識別情報が得られた。しかし、このような識別情報は、この10年間でかなりわかりにくくなってしまった。これは、ユーザがある種類のトラフィック（BitTorrent!）を隠そうとしたことと、プライバシー擁護派が暗号化の強化を強く求めたためである。

　それでも、ペイロードに依存しないトラフィック識別の方法がある。ほとんどのプロトコルは明確に定義されたシーケンスを持ち、プロトコル特有の予測可能な挙動を示すので、ペイロードを調べなくてもよいのだ。セッションの通信先のホストとパケットサイズを調べれば、驚くほど多くの情報が得られる。

　本章は大きく2つに分かれる。前半ではプロトコルを識別する手法に焦点を当てる。最も自明な方法から始め、挙動分析などのより複雑な手法に移っていく。後半ではアプリケーションバナーの内容を取り上げ、分析のための挙動情報やペイロード情報を探す方法を紹介する。

14.1　アプリケーション識別のメカニズム

　コンピューティング環境が完全で安全ならば、各サーバで設定ファイルを調べるだけで、サーバが許可しているすべてのトラフィックがわかるはずだ。残念ながら、トラフィックの開始を隠すさまざまな方法があるため、この簡単な手法はうまくいかない。

　システム上に、ユーザが起動したあなたの知らないホストがあるかもしれない。その目的は無害な場合もあるだろうし、あまり無害でない場合もあるだろう。起動設定にないサービスを、管理者や通常ユーザが立ち上げているかもしれない。正規のサーバを侵入者が乗っ取り、本来の用途とは異なる目的に転用することも考えられる。この節で示す手法の多くは、サーバの設定ファイルにアクセスできないスヌーパを用いる。仮にサーバの設定にアクセスできるとしても、実際に起きていることを調べるためには本節で紹介する手法を使う必要がある。

294 | 14章　アプリケーション識別

14.1.1　ポート番号

　ポート番号はサービスが何かを調べる第1の方法である。特定のサービスが特定のポートで動作するという技術的な要件はないのだが、社会的な慣例から特定のポートで動作することになっている。IANAが、ポート番号とそれに関連するサービスの公開レジストリ（http://bit.ly/port-list）を管理している。ポート番号の割り当ては事実上任意であり、多くのユーザが、これまで使われていなかったポート番号（もう少し悪質に他の一般に使われるポート番号）を使って検知を回避しようとしている。とはいえ、正式のトラフィックや無害なトラフィックは標準のポートを用いているので、プロトコルを特定するため第1のメカニズムはやはり標準ポートとなる。この節で後に説明する手法では、多くの場合、ユーザ側の想定の指標としてポート番号を使う。例えば、ポート80でやり取りしているユーザは、実際にWebサーバとやり取りしていることを想定している。

　ポート番号割り当ては混沌としている。要するに、適当に番号を選んで他の誰もその番号を使わないことを祈っているだけなのだ。IANAが管理する公式レジストリ（http://bit.ly/iana-port）は、RFCプロセスの一部として設計されたプロトコルを主に扱っている。他のレジストリやリストとしては、ウィキペディアページ（http://bit.ly/tcp-udp-ports）、speedguide（http://bit.ly/sg-ports）、ポートごとに有益な掲示板を提供するSANS Internet Storm Center（http://bit.ly/sans-isc）がある。

　膨大な数のポートが特定のアプリケーション用に予約され、同じく膨大な数のポートは通常他のアプリケーションで使用される。しかし、本当に重要なアプリケーションはわずかである。最も重要なポートを**表14-1**に列挙し、その理由を簡単に説明する。

表14-1　重要なポート

ポート	名前	意味
聖なる3プロトコル		
80/tcp	HTTP	HTTPは現在のインターネットのほぼすべての基盤をなすプロトコル。それと同時に、最もよく模倣されるプロトコルでもある。ファイアウォールルールを回避するためにポート80を用いるユーザも多い。
25/tcp	SMTP	メールはHTTPの次に最も重要なサービスであり、最も攻撃されるサービスの1つ。
53/udp	DNS	もう1つの重要な基本プロトコル。DNS攻撃はネットワークに重大な被害を与える。
基盤と管理		
179/tcp	BGP	内部ネットワークルーティングのための中核プロトコル。
161〜162/udp	SNMP	Simple Network Management Protocol。ルータや他のデバイスの管理に用いる。
22/tcp	SSH	管理の主要ツール
23/tcp	Telnet	Telnetを見かけたら接続を切断する。Telnetは時代遅れであり、SSHなどの他のプロトコルに置き換えるべき。
123/udp	NTP	Network Time Protocol。ネットワーク上の時計を調整する。
389/tcp	LDAP	Lightweight Directory Access Protocol。ディレクトリサービスを管理する。

ポート	名前	意味
ファイル転送		
20/tcp	FTPデータ	21と一緒にFTPを実現する。
21/tcp	FTP	FTP制御ポート。これも見かけたら切断すべきサービス。SFTPを使うべき。
69/tcp	TFTP	Trivial File Transfer Protocol。主にシステム管理者が利用し、おそらく境界ルータを超えて見かけることはない。
137 ～ 139/tcp & udp	NETBIOS	NetBiosはSMB (Server Message Block) で使われる基盤であり、特にWindowsと（Sambaを介した）Unixシステムにおいて共有機能を提供する。過去に何度も攻撃対象となっている。
メール		
143/tcp	IMAP	Internet Message Access Protocol。2つの標準メールクライアントプロトコルの1つ。
110/tcp	POP3	Post Office Protocol。もう1つの標準メールクライアントプロトコル。
データベース		
1521/tcp	Oracle	プライマリOracleサーバポート。
1433/tcp & udp	SQL Server	Microsoft SQL Serverのポート。
3306/tcp	MySQLサーバ	MySQLのデフォルトポート。
5432/tcp	Postgresqlサーバ	Postgresのデフォルトポート。
ファイル共有		
6881 ～ 6889/tcp	BitTorrent	デフォルトBitTorrentクライアントポート。
6346 ～ 6348/tcp & udp	Gnutella	BearshareとLimewireのデフォルトgnutellaポート。
4662/tcp & udp	eDonkey	eDonkeyクライアントのデフォルトポート。

　UnixとWindowsシステムでは、ポート割り当ては/etc/servicesファイルで制御することになっている（Windowsホストでは\WINDOWS\SYSTEM32\DRIVERS\ETC\SERVICES）。例14-1にこのファイルの内容を示す。サービス名と対応するホストを列挙する簡単なデータベースであることがわかる。

例14-1　/etc/servicesの内容

```
$ # ヘッダ情報を除いた/etc/servicesをcatする
$ cat /etc/services | egrep -v '^#' | head -10
rtmp            1/ddp     #Routing Table Maintenance Protocol
tcpmux          1/udp     # TCP Port Service Multiplexer
tcpmux          1/tcp     # TCP Port Service Multiplexer
nbp             2/ddp     #Name Binding Protocol
compressnet     2/udp     # Management Utility
compressnet     2/tcp     # Management Utility
compressnet     3/udp     # Compression Process
compressnet     3/tcp     # Compression Process
echo            4/ddp     #AppleTalk Echo Protocol
rje             5/udp     # Remote Job Entry
```

296 | 14章　アプリケーション識別

servicesファイル内の名前は、getportbynameなどのポートルックアップ機能でプロトコルを識別するために用いられる。もちろん、そのサービスがそのポートにあることを意味するわけではなく、そのサービスがそのポートにあることになっている、ということにすぎない。例えば、あるホストで待ち受けしているすべてのサービスのリストを取得するには、例14-2に示すようにnetstat -aを使う。

例14-2　netstat と /etc/services/

```
# ポート8000でdjango Webサーバを稼働中、netstatを実行した。
$ netstat -a | grep LISTEN
tcp4       0      0  localhost.irdmi       *.*                LISTEN
tcp46      0      0  *.8508                *.*                LISTEN
tcp46      0      0  *.8507                *.*                LISTEN
$ cat /etc/services | grep irdmi
irdmi2          7999/udp    # iRDMI2
irdmi2          7999/tcp    # iRDMI2
irdmi           8000/udp    # iRDMI
irdmi           8000/tcp    # iRDMI
```

netstatは/etc/servicesを調べてポート番号の名前を表示する。したがって、実際のポート番号は/etc/servicesを見ればわかる。しかし、netstatが表示したサービスが実際にその名前のサービスかどうかは保証されない。実際、この例では、Django Webサーバを起動している。

さて、少し脱線するが、ネットワークトラフィックアナリストはとても偏執的だ。当然ながらnetstatはホスト上の開いているポートを識別する優れたツールである。しかし、もっと確実にしたいなら、マシンを垂直にスキャンし、その結果とnetstatの出力を比較しよう。

ポート割り当て

　対称なTCPまたはUDPトランザクションは2つのポート番号を使う。クライアントがサーバにトラフィックを送信するための**サーバポート**と、サーバが応答するための**クライアントポート**である。クライアントポートは寿命が短く、**エフェメラルポート**プールから再利用する。エフェメラルポートプールのサイズと割り当ては、使用するTCPスタックとユーザの設定で定まる。

　ポート割り当てに関してはいくつか慣例がある。最も重要なのはポート番号1024以下のポートの区別である。ほぼすべてのOSでは、これらのポートのソケットにはルートまたは管理者権限が必要である。つまり、正規に使う場合には、管理者だけがWebやメールサーバなどのサービスを開始できることになる。しかし、この性質により、これらのプロセスを乗っ取るこ

とができればルート権限が得られることになるので、これらのポートは攻撃者にとって魅力的にもなる。

　一般に、1024以下のポートはサーバソケットを実行するためだけに使う。1024以下のポートをクライアントに使えないというわけではないが、使うのは標準的な使用法に反するし、そもそもルートアクセス権でクライアントポートを使うのはかなり馬鹿げている。技術的には、エフェメラルポートは1024以上の任意のポートにすることができるが、その割り当てにはいくつか決まりがある。

　IANAは、エフェメラルポートの標準範囲（49152から65535）を割り当てている（http://bit.ly/iana-port）。しかし、この範囲はまだ採用過程であり、OSによってデフォルト範囲が異なる。**表14-2**に一般的なポート割り当てを列挙する。

表14-2　さまざまなOSでのポート割り当てルール

OS	デフォルト範囲	制御可能性
Windows (XP以前)	1025～5000	Tcpip\Parameters の MaxUserPort により一部可能
Windows (Vista以降)	49152～65535	netsh で可能
Mac OS X	49152～65535	sysctl の net.inet.ip.portrange により可能
Linux	32768～65535	/proc/sys/net/ipv4/ip_local_port_range により可能
FreeBSD	49152～65535	sysctl の net.inet.ip.portrange により可能

14.1.2　バナー取得によるアプリケーション識別

　バナー取得（banner grabbing）とその付随機能であるOS指紋取得は、サーバやOSの情報を取得するためのスキャン手法である。これらの手法は、ほとんどのアプリケーションが起動時にまず身元を明らかにする慣例を利用する。大部分のサーバアプリケーションは、ソケットがオープンされると、プロトコル、現在のバージョン、または他の設定情報を応答として送信する。自動的に応答しない場合でも、少しつついてやれば応答する場合がほとんどだ。

　バナー取得は、netcat（詳細は9章を参照）などの「ソケットへのキーボード」ツールを使えば、手動で簡単に実行できる。**例14-3**に、netcatを用いてデータを収集する、能動的なバナー取得の様子を示す。対象となるプロトコルを実際には使わずに、複数のサーバから情報を引き出せていることに注意してほしい。

例14-3　netcatを使った能動的なバナー取得の例

```
# SSHサーバへの接続を開く。
# サーバと実際にやり取りする必要なしに
# 情報を受信する。
$ netcat 192.168.2.1 22
SSH-2.0-OpenSSH_6.1
```

298 | 14章　アプリケーション識別

```
^C
# IMAP接続を開く。
# ここでもメールそのものは扱っていない。
$ netcat 192.168.2.1 143
* OK [CAPABILITY IMAP4rev1 LITERAL+ SASL-IR LOGIN-REFERRALS
  ID ENABLE STARTTLS AUTH=PLAIN AUTH=LOGIN] Dovecot ready.
```

　能動的なバナー取得の代替として、受動的なバナー取得がある。これはtcpdumpを使って実行できる。バナーはセッションの最初に現れるテキストにすぎないので、最初の5個か6個のパケットのペイロードを取得すればバナーデータが得られる。

　bannergrab.pyは、Scapy（9章を参照）を使った非常に簡単なバナー取得スクリプトである。このスクリプトはバナーの内容を解析しているわけではなく、提示された最初の情報を取得しているだけだが、非常に有益な場合がある。例14-4は、SSHダンプの内容を示す。

例14-4　scapyを使ったクライアントとサーバのバナーの取得

```python
#!/usr/bin/env python
#
#
# bannergrab.py
# これはバナーファイルを読み込み、
# クライアントとサーバのバナーを取り出すScapyアプリケーションである。
# セッションからクライアントとサーバファイルの内容を読み取り、
# ASCIIテキストを抽出して画面に出力する。
#
from scapy.all import *
import sys
sessions = {}

packet_data = rdpcap(sys.argv[1])
for i in packet_data:
    if not sessions.has_key(i[IP].src):
        sessions[i[IP].src] = ''
    try:
        sessions[i[IP].src] += i[TCP].payload.load
    except:
        pass

for j in sessions.keys():
    print j, sessions[j][0:200]


$ bannergrab.py ssh.dmp
WARNING: No route found for IPv6 destination :: (no default route?)
```

```
192.168.1.12
216.92.179.155 SSH-2.0-OpenSSH_6.1
```

例14-5 は www.cnn.com にアクセスした際の結果である。

例14-5　cnn.com からの取得

```
57.166.224.246 HTTP/1.1 200 OK
Server: nginx
Date: Sun, 14 Apr 2013 04:34:36 GMT
Content-Type: application/javascript
Transfer-Encoding: chunked
Connection: keep-alive
Vary: Accept-Encoding
Last-Modified: Sun
157.166.255.216
157.166.241.11 HTTP/1.1 200 OK
Server: nginx
Date: Sun, 14 Apr 2013 04:34:27 GMT
Content-Type: text/html
Transfer-Encoding: chunked
Connection: keep-alive
Set-Cookie: CG=US:DC:Washington; path=/
Last-Modified

66.235.155.19 HTTP/1.1 302 Found
Date: Sun, 14 Apr 2013 04:34:35 GMT
Server: Omniture DC/2.0.0
Access-Control-Allow-Origin: *
Set-Cookie: s_vi=[CS]v1|28B31B23851D063C-60000139000324E4[CE];
            Expires=Tue, 14 Apr 2
23.6.20.211 HTTP/1.1 200 OK
x-amz-id-2: 287KOoW3vWNpotJGpn0RaXExCzKkFJQ/hkpAXjWUQTb6hSBzDQioFUoWYZMRCq7V
x-amz-request-id: 8B6B2E3CDBC2E300
Content-Encoding: gzip
ETag: "e5f0fa3fbe0175c47fea0164922230d4"
Acc

192.168.1.12 GET / HTTP/1.1
Host: www.cnn.com
Connection: keep-alive
Accept: text/html,application/xhtml+xml,application/xml;q=0.9,*/*;q=0.8
User-Agent: Mozilla/5.0 (Macintosh; Intel Mac OS X 10_8_3) AppleWebK
23.15.9.160 HTTP/1.1 200 OK
Server: Apache
Last-Modified: Wed, 10 Apr 2013 13:44:28 GMT
```

```
ETag: "233bf1-3e803-4da01de67a700"
Accept-Ranges: bytes
Content-Type: text/css
Vary: Accept-Encoding
Content-Encoding


63.85.36.42 HTTP/1.1 200 OK
Content-Length: 43
Content-Type: image/gif
Date: Sun, 14 Apr 2013 04:34:36 GMT
Connection: keep-alive
Pragma: no-cache
Expires: Mon, 01 Jan 1990 00:00:00 GMT
Cache-Control: priv

138.108.6.20 HTTP/1.1 200 OK
Server: nginx
Date: Sun, 14 Apr 2013 04:34:35 GMT
Content-Type: image/gif
Transfer-Encoding: chunked
Connection: keep-alive
Keep-Alive: timeout=20
```

　上記の例では、クライアントのバナーはダンプの途中に出てきている（192.168.1.12）。複数の
Webサーバが出ていることに注意しよう。これは現代のWebサイトで一般的な特徴で、1枚のペー
ジの構成に多数のサーバが関わる場合が多いのだ。また、提供されている情報にも注意する。サー
バはコンテンツ情報、サーバ名、一連の設定データを送信する。クライアント文字列には、さまざま
な受け入れ可能なフォーマットとUser-Agent文字列が含まれている。User-Agent文字列については
後で詳しく説明する。

　バナー取得はかなり単純である。難しいのはバナーの**意味**を認識することだ。アプリケーションに
よってバナーは根本的に異なり、それ自体で1つの言語となっていることも多い。

14.1.3　挙動によるアプリケーション識別

　ペイロードがない場合にはアプリケーションが**何か**を識別するのは難しいことが多いが、アプリ
ケーションの**挙動**に関しては大量の情報を入手できる。挙動分析では、パケットサイズや接続失敗
などの特徴を調べ、アプリケーションの挙動に関する手がかりを探す。

　IPプロトコルのパケットサイズは、レイヤ2プロトコルで定義された最大フレームサイズMTU
（Maximum Transmission Unit：最大転送単位）に制約される。IPがMTUよりも大きなパケットを
送信すると、元のパケットはそのパケットの転送に必要な数のMTUサイズのパケットに分割される。
つまり、tcpdumpやNetFlowデータで観測する最大パケットは、それまでそのパケットが通ってき

たルートの最小MTUによって制限される。インターネットの大半はイーサネットで構成されているので、パケットサイズは事実上1,500バイトで制限されている。

この制限を利用して、ネットワークトラフィックを4つの主なカテゴリに分類できる。

ファンブル

11章で説明したように、相手への接続を開こうとして失敗した試み。

制御トラフィック

セッションの最初にクライアントやサーバが送信する小さな固定サイズのパケット。

チャッター（chatter）

クライアントとサーバ間を行き来する、MTUよりも小さいさまざまなサイズのパケット。チャッターメッセージは、ICQやAIMなどのチャットプロトコルのほか、SMTPやBitTorrentなどの多くのプロトコルのコマンドメッセージの特徴である。

ファイル転送

一方がほぼMTUサイズのパケットを送信し、それに応じて他方がACKを送信する非対称なトラフィック。SMTP、HTTP、FTPの特徴である。

制御パケットは、もし入手できるのなら、サービスに関して最も興味深い情報を与えてくれる。制御パケットのサイズはサービスによって定められているからだ。多くの場合、制御メッセージは特定の領域を埋めるように構成されたテンプレートとして実装される。その結果、ペイロードが不明瞭でも、サイズを使って特定できることも多い。

「10.4.1　ヒストグラム」で説明したように、ヒストグラムを用いて制御メッセージの長さでプロトコルを比較することができる。例として、**図14-1**を見てみよう。この図は、クライアントからBitTorrentサーバとWebサーバへの短いフローのヒストグラムである。

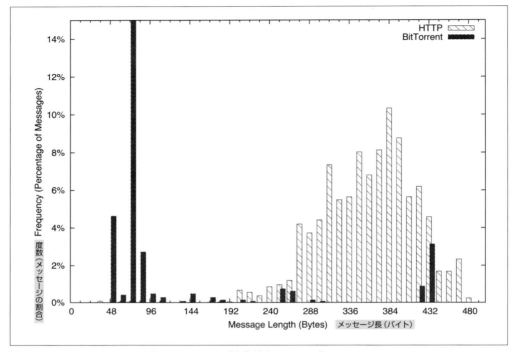

図14-1　BitTorrentとHTTPの短いフローサイズを比較するヒストグラム

　Webクライアントのトラフィックは、主にHTTP GETリクエストとファイルの受信で構成される。図14-1からわかるように、GETリクエストは約200バイトから400バイトの間で正規分布に従う。逆に、BitTorrentパケットは48バイトと96バイトの間に大きなピークがある。これはBitTorrentハンドシェイクメッセージが68バイトであるためだ。

　ヒストグラムは図14-1のように視覚的に調べることもできれば、L1（マンハッタン）距離（http://bit.ly/l1-norm）を計算して数値的に調べることもできる。ヒストグラムでは、L1距離は各ビンの差の総和として計算する。パーセンテージに正規化すると、L1距離は0から2の間の値になる。0は2つのヒストグラムが同じであることを意味し、2は2つのヒストグラムが正反対であることを意味する。例14-6にPythonでL1距離を求める方法を示す。

例14-6　PythonでのL1距離の計算

```
#!/usr/bin/env python
#
#
# calc_l1.py
#
```

14.1 アプリケーション識別のメカニズム | **303**

```python
# サイズとヒストグラムの仕様（ビンサイズ、最大ビンサイズ）だけからなる
# 2つのデータファイルを指定すると、
# 2つのヒストグラムのL1距離を求める。
#
# コマンドライン：
#        calc_l1 size min max file_a file_b
#
# size：ヒストグラムビンのサイズ
# min：ビンの最小サイズ
# max：ビンの最大サイズ
#
#
import sys

bin_size = int(sys.argv[1])
bin_min = int(sys.argv[2])
bin_max = int(sys.argv[3])
file_1 = sys.argv[4]
file_2 = sys.argv[5]

bin_count = 1 + ((bin_max - bin_min)/bin_size)
histograms = [[],[]]
totals = [0,0]

for i in range(0, bin_count):
    for j in range(0,2):
        histograms[j].append(0)

# ヒストグラムの作成
for h_index, file_name in ((0, file_1), (1,file_2)):
    fh = open(file_name, 'r')
    results = map(lambda x:int(x), fh.readlines())
    fh.close()
    for i in results:
        if i <= bin_max:
            index = (i - bin_min)/bin_size
            histograms[h_index][index] += 1
            totals[h_index] += 1

# L1距離の比較と計算
l1_d = 0.0
for i in range(0, bin_count):
    h0_pct = float(histograms[0][i])/float(totals[0])
    h1_pct = float(histograms[1][i])/float(totals[1])
    l1_d += abs(h0_pct - h1_pct)

print l1_d
```

チャッティングとファイル転送は、個々のパケットサイズを特定すれば判別できる。フローファイルの場合にはフローの平均パケットサイズ（フローバイト数をフローパケット数で割る）を用いればよい。
　一方がMTUに近い場合にはファイル転送の可能性が高く、両側がほぼ非対称で1パケットが40バイトより大きい場合には、何らかのチャッターの可能性が高い。視覚的に理解するため、図14-2と図14-3のプロットを見てみよう。これらの図はそれぞれ、ファイル転送（HTTP）とチャット（AIM）セッションのパケットサイズを示している。

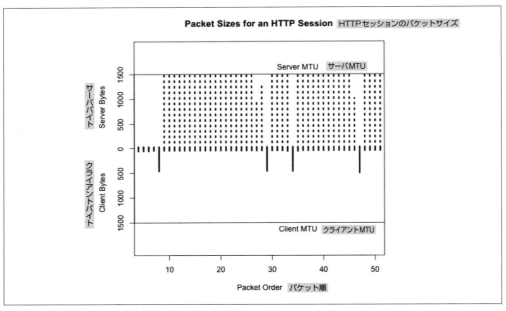

図14-2　HTTPセッションのパケットサイズ

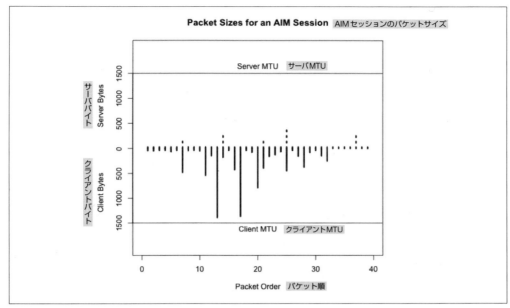

図14-3　AIMセッションのパケットサイズ

14.1.4　補助サイトによるアプリケーション識別

　ネットワークを用いるアプリケーションが単独で存在することはあまりない。ソフトウェア更新、登録サーバ、データベース更新、広告、ユーザトラッキングはすべて、ユーザが意識することなくアプリケーションが実行するネットワークを利用した機能の例である。その一方で、ユーザはサポートフォーラムを訪問したり、掲示板へ書き込んだり、アプリケーションを実行するためだけに情報へのアクセスを要求したりする。

　このような挙動の例として、アンチウィルスとBitTorrentの2つのアプリケーションを考えてみよう。アンチウィルスアプリケーションは、ナレッジベースを更新するために定期的にホームサーバにアクセスする必要がある。この動作は簡単に予測可能なので、マルウェアがローカルホスト上の更新アドレスを明示的に無効にすることも多い。アンチウィルスが動作しているホストは、定期的にこのアドレスにアクセスするはずで、このアドレスにアクセスするものはおそらくアンチウィルスを稼働させている。

　次にBitTorrentを考えてみよう。BitTorrentは、近年プロトコルの分散化をかなりの程度なし遂げた。2000年代後半には、トラッカーを識別し、そのトラッカーと通信しているユーザを探せばBitTorrentユーザを識別することができた。現在ではトラッカーIDはあまり効果的ではないが、やはりBitTorrentユーザはファイルを探す必要があり、関連するマグネットリンクはPirate Bay、

KickAssTorrents、他の特殊なトレントサイトなどのサイトに集中している。Pirate Bayを訪問して いて、奇妙なポートで巨大ファイルのダウンロードを行っているユーザを見つけたら、おそらくそれ はBitTorrentユーザである。特定のサービスを稼働しているサーバやホストを特定したら、そのサー バやホストと通信しているユーザを調べる。

14.2 アプリケーションバナー：識別と分類

　アプリケーションバナーには、アプリケーション、サーバ、OS、およびこれらすべてのバージョ ンに関する多くの情報が含まれている。残念ながら、バナーのフォーマットはサービスごとに全く異 なり。ほとんど別の言語のようになっている。良いニュースは、Webブラウザ以外のほとんどのア プリケーションのバナーは比較的シンプルなことである。悪いニュースは、表示されるほとんどのバ ナーがWebブラウザであることだ。

14.2.1 Web以外のバナー

　この節では、Webを使わないサーバのサーババナーを取り上げる。バナーはOSやプロトコルの情 報を提供するようにもできるが、スキャン実行者が機密情報を得られないように曖昧にすることもで きる。

　SMTPバナーはRFC 5321で規定されている。クライアントがログインすると、SMTPサーバは 220状態コード（グリーティング）とドメイン情報で応答する。SMTPサーバはスキャン実行者が最 もよく標的とするサービスの1つなので、システム管理者がSMTPバナーを必要最低限に減らしてし まうことも多い。

　Microsoftは、MS Exchangeのデフォルトバナーを以下のように規定しているが、オプションでカ スタマイズできる。

```
220 <Servername> Microsoft ESMTP MAIL service ready at
    <RegionalDay-Date-24HourTimeFormat> <RegionalTimeZoneOffset>
```

Exchangeのバナーの例を以下に示す。

```
220 mailserver.bogodomain.com Microsoft ESMTP MAIL service ready at
    Sat, 16 Feb 2013 08:34:14 +0100
```

　SSHはRFC 4253で規定されている。クライアントがログインすると、SSHサーバは識別文字列 を含む短いメッセージを送信する。プロトコル定義によると、識別文字列は以下のような形式になる。

```
SSH-protoversion-softwareversion SP comments CR LF
```

　SPはスペース、CRはキャリッジリターン（復帰改行）、LFはラインフィード（改行）である。SSH

14.2 アプリケーションバナー：識別と分類 | **307**

の最近のすべての実装ではプロトコルバージョンに2.0を使うべきだが、それより古いバージョンの
SSHをサポートするサーバはバージョンを1.99とする。コメントはオプションである。

以下のバナーは、バージョン2.0以前のSSHの例だが、あまり見ることはないだろう。

```
SSH-1.99-OpenSSH_3.5p1
```

ほとんどすべてのサーバは、2.0以上だろう。

```
SSH-2.0-OpenSSH_4.3
```

この2つの例からもわかるように、バナーでアプリケーションを識別するにはまず関連する技術
文書を見つけなければならない。IMAP、POP3、SSH、SMTPなどのIFTF立案のプロトコルでは
RFCを見ればよい。IFTFが関わっていないプロトコルでは、検索して、プロトコルの開発者やサ
ポートサイトを探す必要があるかもしれない。例えば、BitTorrentのプロトコルは現在はtheory.org
Wiki（http://bit.ly/bt-spec）で規定されている。

14.2.2　Webクライアントバナー：User-Agent文字列

Webクライアントは、機能や好みを示す複雑な設定文字列をサーバに送信する。この文字列には、
ブラウザが動作するプラットフォーム、OS、さまざまな設定の詳細が含まれる。この文字列（User-
Agent）はRFC 2616で規定されているが、非常に複雑に（かつ情報量が多く）なってしまった。

ブラウザごとのUser-Agent文字列を**例14-7**に示す。

例14-7　ブラウザごとのuser-agent文字列の例

```
Firefox:
Mozilla/5.0 (X11; U; Linux x86_64; en-US; rv:1.8.1.12) Gecko/20080214
            Firefox/2.0.0.12
Mozilla/5.0 (Windows; U; Windows NT 5.1; cs; rv:1.9.0.8) Gecko/2009032609
            Firefox/3.0.8
Mozilla/5.0 (X11; U; Linux i686; en-US; rv:1.8) Gecko/20051111 Firefox/1.5

Internet Explorer:
Mozilla/5.0 (compatible; MSIE 9.0; Windows NT 6.1; WOW64; Trident/5.0; SLCC2;
            Media Center PC 6.0; InfoPath.3; MS-RTC LM 8; Zune 4.7)
Mozilla/5.0 (compatible; MSIE 10.0; Windows NT 6.1; Trident/6.0)
Mozilla/5.0 (compatible; MSIE 9.0; Windows NT 6.1; Trident/5.0; Xbox)

Safari:
Mozilla/5.0 (Macintosh; Intel Mac OS X 10_6_8) AppleWebKit/534.57.1
            (KHTML, like Gecko) Version/5.1.7 Safari/534.57.1
Mozilla/5.0 (iPad; CPU OS 6_0 like Mac OS X) AppleWebKit/536.26
            (KHTML, like Gecko) Version/6.0 Mobile/10A403 Safari/8536.25
```

308 | 14章　アプリケーション識別

```
Opera:
Opera/9.80 (Windows NT 6.0) Presto/2.12.388 Version/12.11
Opera/9.80 (Macintosh; Intel Mac OS X 10.8.2) Presto/2.12.388 Version/12.11
Opera/9.80 (X11; Linux i686; U; ru) Presto/2.8.131 Version/11.11
Mozilla/5.0 (Windows NT 6.1; rv:2.0) Gecko/20100101 Firefox/4.0 Opera 12.11

Chrome:
Mozilla/5.0 (Windows NT 6.2; WOW64) AppleWebKit/535.24
            (KHTML, like Gecko) Chrome/19.0.1055.1 Safari/535.24
Mozilla/5.0 (Macintosh; Intel Mac OS X 10_7_3) AppleWebKit/535.19
            (KHTML, like Gecko) Chrome/18.0.1025.151 Safari/535.19
Mozilla/5.0 (Linux; Android 4.0.4; Galaxy Nexus Build/IMM76B)
            AppleWebKit/535.19 (KHTML, like Gecko) Chrome/18.0.1025.133
            Mobile Safari/535.19
Mozilla/5.0 (iPhone; U; CPU iPhone OS 5_1_1 like Mac OS X; en)
            AppleWebKit/534.46.0 (KHTML, like Gecko) CriOS/19.0.1084.60
            Mobile/9B206 Safari/7534.48.3

Googlebot:
Mozilla/5.0 (compatible; Googlebot/2.1; +http://www.google.com/bot.html)

Bingbot:
Mozilla/5.0 (compatible; bingbot/2.0; +http://www.bing.com/bingbot.htm)

Baiduspider:
Mozilla/5.0 (compatible; Baiduspider/2.0; +http://www.baidu.com/search/
spider.html)
```

例14-7のユーザエージェント文字列は、元のRFC 2616仕様で規定された基本構造とブラウザ戦争の残骸で構成されている。各属性は以下のように分解できる。

1. 初期タグ。通常はMozilla/4.0以上。デフォルト文字列としてMozillaを使うのは、ブラウザ戦争の名残りである。要するに、すべてのブラウザが自動的にMozillaになりすましているのだ。

2. ブラウザが**実際には**何であるかを示すかっこで囲まれた一連の値。この値はブラウザのメーカーと設定に大きく依存するが、通常は実際のブラウザ名、OS、いくつかのオプションパラメータで構成される。

3. かっこに続くのは、（通常は）レイアウトエンジンを指定するタグである。レイアウトエンジンとは、HTMLをレンダリングするためのツールキットで、複数のブラウザが同じエンジンを使用している。一般的なエンジンには、Gecko（Firefox、Mozilla、SeaMonkeyが使用）、WebKit

（SafariとChromeが使用）、Presto（Opera）、Trident（IE）がある[*1]。

例14-7が示すように、この文字列の実際の構成はブラウザ、OS、実装者の気まぐれに大きく左右される。

14.3　参考文献

1. Michael CollinsとMichael Reiter共著、「Finding Peer-to-Peer File Sharing Using Coarse Network Behaviors（粗野なネットワーク行動を利用したP2Pファイル共有の発見）」Proceedings of the 2007 ESORICS Conference

2. Hajime Inoue, Dana Jansens, Abdulrahman Hijazi, and Anil Somayaji, "NetADHICT: A Tool for Understanding Network Traffic," Large Installation System Administration Conference (LISA '07). November, 2007

3. NetADHICTホームページ（http://bit.ly/netADHICT）

4. Michael Zalewskiのp0f（http://bit.ly/p0fv3）

5. UserAgentString.com（http://bit.ly/browserlist）

[*1]　監訳者注：2016年現在、ChromeとOperaはWebKitから分岐したBlinkを用いている。MicrosoftのEdgeはEdgeHTMLと呼ばれるレンダリングエンジンを用いている。

15章
ネットワークマッピング

　本章では、不必要な作業を減らすことで、検知システムで発生する偽陽性率を低下させる機構について議論する。次のような状況を考えてみよう。その週のIISエクスプロイトを識別するシグネチャを作成したところ、翌日の午後に大量に検出されるようになった。誰かがエクスプロイトを利用しているのだ。ログを調べたところ、ネットワークでは**実際にはIISを実行していない**ため、実際には攻撃されていなかったことがわかった。警告の分析にアナリストの時間を無駄にしただけではない。実際にはその脆弱性はなかったのだから、警告の記述に費やした時間も無駄だったのだ。

　インベントリ作成は状況認識の基盤である。インベントリによって、単にシグネチャへの対応する作業から、継続的な監査と保護に移行することができる。インベントリは、基準値と効果的なアノマリ検知戦略を提供し、重要な資産の識別を可能にし、警告のフィルタを高速化するためのコンテキスト情報を提供する。

15.1　最初のネットワークインベントリとマップの作成

　ネットワークマッピングは、技術的分析とサイト管理者へのインタビューを組み合わせた反復作業である。この作業の背景には、設計によって作成されたインベントリはある程度不正確ではあるが、計測や分析の作業を開始するには十分正確であるという考え方がある。インベントリの取得はネットワーク管理責任者を特定することから始まる。

　本書で説明するマッピング作業は異なる4フェーズからなる。トラフィック分析とネットワーク管理担当者への質問を組み合わせ、何度も繰り返す。質問はトラフィック分析に情報を与え、分析によってさらなる質問が生まれる。**図15-1**にマッピング作業がどのように進むかを示す。フェーズIでは、監視するIPアドレス空間を特定し、フェーズが進むごとにこのIPアドレス空間をさまざまなカテゴリに分類していく。

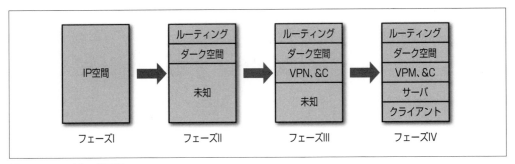

図15-1　マッピング工程

15.1.1　インベントリの作成：データ、範囲、ファイル

　理想的な世界では、ネットワークマップによって、ネットワーク上のあらゆるホストのトラフィックをアドレスとポートに基づいて判断できるはずだ。しかし、大規模なネットワークでこのような完璧なマップを作成できる可能性は非常に低い。最初のインベントリが完成する頃には、ネットワーク上の何かが変わってしまうからだ。マップは動的なものなので、定期的に更新しなければならない。この更新作業は、継続的なネットワーク監査の機会を与える。

　セキュリティインベントリは、ネットワーク上のすべてのアドレス指定可能な資源を把握しておく必要がある（つまり、攻撃者がネットワークにアクセスできる場合に到達できるものすべてだ。攻撃者が内部ネットワークにアクセスできることを前提にする）。リソース上で稼働しているサービスや、システムがどのように監視されているかも把握しなければならない。インベントリの例を**表15-1**に示す。

表15-1　ワークシートの例

アドレス	名前	プロトコル	ポート	役割	最終出現日	センサー	コメント
128.2.1.4	www.server.com	tcp	80	HTTPサーバ	2013/05/14	フロー 1、ログ	プライマリWebサーバ
128.2.1.4	www.server.com	tcp	22	SSHサーバ	2013/05/14	フロー 1、ログ	管理者専用
128.2.1.5 〜 128.2.1.15	N/A	N/A	N/A	クライアント	2013/05/14	フロー 2	ワークステーション
128.2.1.16 〜 128.2.1.31	N/A	N/A	N/A	空	2013/05/14	フロー 2	ダーク空間

　表15-1は、ネットワーク上で観測されたポートとプロトコルの組み合わせそれぞれに対してエントリを設け、その役割、センサーデータに最後に出現した日付、入手可能なセンサー情報を示す。ここに示したフィールドは、インベントリを作成する際に考慮すべき**最小限**のフィールドである。他に考慮すべき項目には以下のようなものがある。

- 役割フィールドは、テキストフィールドよりも規定のリストから選択できるようにしたほうがよい。検索が楽になるからだ。推奨するカテゴリを以下に示す。

Service Server	ServiceはHTTP、SSHなど
Workstation	クライアントとしてのみ利用される
NAT	ネットワークアドレス変換器
Service Proxy	何らかのプロキシ
Firewall	ファイアウォール
Sensor	センサー
Routing	ルーティングデバイス
VPN	VPNコネクタや他のデバイス
DHCP	動的にアドレス指定される空間
Dark	ネットワークで割り当てられているが、ホストが存在しないアドレス

- すぐ後で説明するように、VPN、NAT、DHCP、プロキシの識別は特に重要である。これらはアドレス割り当てを混乱させ、分析を複雑にする。
- 中心性やボリュームの基準を決めておくことも有益である。1か月のボリュームの5数要約は、アノマリ検知の第一歩として適している。
- ホストごとのホワイトリストは、アノマリ管理に役立つ（詳しい説明は2章を参照）。インベントリに、ホストごとのホワイトリストやルールファイルを収めるとよい。
- 所有者や連絡先情報は必須である。攻撃を特定した後に最も時間のかかる作業の1つは、被害の所有者を探し出すことだったりする。
- ホスト上の特定のサービスとそのサービスのバージョンを管理しておくと、あるエクスプロイトに対する個々のシステムのリスクを把握できる。この情報はバナーグラビングで取得できるが、インベントリをガイドラインとして使ってネットワークをスキャンすると、より効果的である。

表15-1は紙やスプレッドシートで保存することもできるが、実際にはRDBMSや他の記録システムで保存するべきだ。インベントリを作成しておけば、それ自身が簡単なアノマリ検知システムとしての機能を果たす。インベントリは、自動処理で定期的に更新するようにしよう。

15.1.2　フェーズI：最初の3つの質問

インベントリ作業の第1段階では、すでにわかっていることと、監視に利用できるものを把握する。そのために、まずネットワーク管理者とのミーティングから始める[1]。この最初のミーティングの目的は、何を監視しているかを共有することだ。具体的には以下のようなことを確認する。

- ネットワークを構成しているアドレスは？

---

[1] できれば、自家製ビールが飲めるパブで行う。

- どんなセンサーがあるか？
- センサーとトラフィックの関係は？

アドレスから始めるのは、インベントリの根幹であるからだ。具体的な質問を以下に示す。

ネットワークはIPv4かIPv6か？

ネットワークがIPv6の場合、扱えるアドレス空間が大幅に増えるので、DHCPやNATの必要性が減少する。しかし、ネットワークはIPv4である可能性が高い。したがって、サイズが大きい場合には、大量のエイリアス化、NAT、他のアドレス変換手法が使われることになる。

NATの背後にどのくらいのアドレスが隠れているか？アクセスできるか？

ネットワーク上のルーティング、DMZの有無、NATの背後に隠れている情報を示すマップを取得できれば理想的だ。個々のサブネットが将来の計測候補になる。

ネットワーク上にホストが何台あるか？

ネットワーク上にいくつのPC、クライアント、サーバ、コンピュータ、組み込みシステムがあるかを割り出す。これらのシステムが防御対象である。プリンタやテレビ会議ツールなどの組み込みシステムに特に注意する。このようなシステムはネットワークサーバを持つことが多く、パッチや更新が難しく、インベントリで見落とされてしまうことが多い。

最後に、考えられるすべてのIPアドレスのリストを検討する。おそらくこのリストには、同じ一時的空間の複数のインスタンスが何度も登場する。例えば、NATファイアウォールの背後に6つのサブネットがある場合、192.168.0.0/16が6回繰り返されることが予想される。各サブネットやネットワーク全体に属するホスト数の推定値も把握しておく。

次に、現在の計測に関する質問をする。ホストベースの計測は（3章で説明したサーバログなど）、この時点では主な対象ではない。この時点での目的は、ネットワークレベルでの収集が可能かどうかを確認するだ。可能であれば何が収集できるかを割り出し、収集できなければ収集できるように変更できるかを確認する。具体的な質問としては以下のようなものがある。

現在何を収集しているか？

情報源は、「セキュリティ目的」に使うために収集したものでなくても構わない。例えば、NetFlowは主に課金システムとして使われているが、監視にも使える。

NetFlow対応のセンサーがあるか？

例えば、NetFlow計測が組み込まれたCiscoルータを利用できる場合、最初のセンサーとして利用できる。

15.1　最初のネットワークインベントリとマップの作成 | **315**

IDSが存在するか。

Snortなどの IDSは、パケットヘッダを出力するように設定できる。IDSの位置によっては（ネットワーク境界に位置する場合など）、フローコレクタも設置できる場合がある。

ここまで来ると、最初のネットワーク計測計画を策定できるだろう。この初期計測の目的は、既存の監視システムを十分に活用し、境界をまたぐトラフィックの系統的な監視機能を手に入れることである。経験則として、ほとんどの企業ネットワークでは、NetFlowなどの無効化されている機能を有効にするのが最も簡単だ。新しいソフトウェアの追加、新しいハードウェアの追加は、はるかに面倒だ。

15.1.2.1　デフォルトネットワーク

本章では、高度な質問に答えるために補足的に具体的な方法を説明する。それにはSiLK問い合わせを多用するので、SiLKがデータを分解する方法を少なくとも多少は理解している必要がある。

図15-2にデフォルトネットワークを示す。このネットワークにはR1（ルータ1）とR2（ルータ2）の2つのセンサーがある。そして、3種類のデータがある。in（クラウドからネットワークに入ってくるデータ）、out（ネットワークからクラウドに出ていくデータ）、そしてinternal（クラウドへの境界を越えないトラフィック）である。

さらに、いくつかのIPセットが存在する。initial.setは、初期インタビュー中に管理者が提供したネットワーク上のホストのリストである。このセットはservers.setとclients.setからなり、クライアントとサーバを構成する。servers.setにはサブセットとしてwebservers.set、dnsservers.set、sshservers.setがある。これらのセットはインタビューの時点では正確だが、時間の経過とともに更新される。

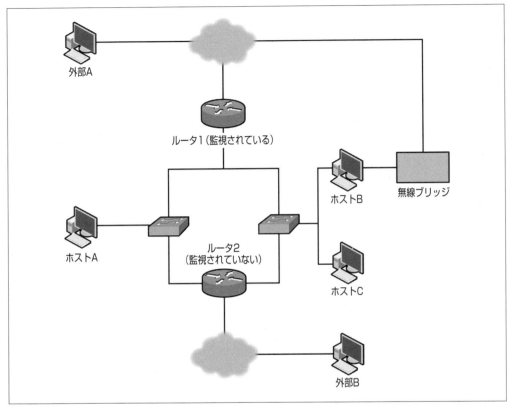

図15-2　監視されていないルート

15.1.3　フェーズII：IP空間の調査

以下の質問を検討する必要がある。

- 監視されていないルートがあるか？
- どのIP空間がダーク空間か？
- どのIPアドレスがネットワークアプライアンスか？

フェーズIを受けて、ネットワークのおおよそのインベントリと最低でも境界を超えるトラフィックデータが取得できているはずだ。この情報があれば、受信しているトラフィックと管理者が提供したIPアドレスのリストを比べてインベントリの妥当性検証を開始できる。**妥当性検証**という言葉を使った点に注意しよう。トラフィックで観測したアドレスとネットワーク内に存在すると言われたアドレスを比較するのだ。

最初の目的は、計測が完全かどうかを確認することだ。特に、監視されていないルート（つまり、トラフィックを記録できていない正規のルート）がないか確認する。**図15-2**に「ダーク」ルートの一般的な例を示す。この図では、線は2つのエンティティ間のルートを表す。

- 1番目の監視されていないルートは、トラフィックが監視されていないルータ2を通過するときに発生する。例えば、ホストAがルータ2を使って外部アドレスBとやり取りする場合、AからBへのトラフィックやBからAへのトラフィックは見えない。
- 最近のネットワークでは、無線ブリッジの存在がよく問題になる。最近のほとんどのホストは、（特に共有設備内の）複数の無線ネットワークにアクセスできる。この例では、ホストBはルータ1を完全に迂回してインターネットにアクセスできてしまう。

監視されていないルートを探し出す鍵は、**非対称**のトラフィックフローを調べることである。ルーティングプロトコルは、送信元にはほとんど注意を払わずトラフィックを転送するので、ネットワークに入ってくるアクセスポイントが n か所ある場合には、特定のセッションが同じポイントから出入りする可能性は約$1/n$である。ネットワークではある程度の計測失敗が予想されるので、常に中断セッションが存在するが、アドレスのペア間に非対称セッションの**一貫した**証拠が見つかった場合には、現在の監視設定に何かが欠けているよい証拠になる。

非対称セッションを探し出すには、TCPトラフィックが最適である。TCPはIPスイートの中で応答を保証する最も一般的なプロトコルだからだ。正規のTCPセッションを特定するには、11章とは逆の手法を取る。SYN、ACK、FINフラグが設定され、複数のパケットまたはペイロードを持つセッションを探すのである。

15.1.3.1　非対称トラフィックの特定

非対称トラフィックを特定するには、ペイロードを持ち、対応する発信セッションを持たないTCPセッションを探す。これにはrwuniqとrwfilterを使う。

```
$ rwfilter --start-date=2013/05/10:00 --end-date=2013/05/10:00 --proto=6 \
  --type=out --packets=4- --flags-all=SAF/SAF --pass=stdout | \
  rwuniq --field=1,2 --no-title --sort | cut -d '|' -f 1,2 > outgoing.txt
# 上記のrwuniqには1,2を、下記のrwuniqには2,1を使う
# 点に注意する。これにより、
# 出力の比較時にフィールドが同じ順で出現することを保証する。
$ rwfilter --start-date=2013/05/10:00 --end-date=2013/05/10:00 --proto=6 \
  --type=in --packets=4- --flags-all=SAF/SAF --pass=stdout | rwuniq \
  --field=2,1 --no-title --sort | cut -d '|' -f 2,1 > incoming.txt
```

このコマンドを実行すると、内部IPと外部IPのペアの2つのファイルが手に入る。-cmpや手書きのルーチンを使ってこのペアを直接比較できる。**例15-1**に、単方向フローのレポートを作成するPythonコード例を示す。

318 | 15章　ネットワークマッピング

例15-1　単方向フローレポートの作成

```python
#!/usr/bin/env python
#
#
# compare_reports.py
#
# コマンドライン：compare_reports.py file1 file2
#
# 2つのファイルの内容を読み取り、
# 同じIPのペアが現れるかどうかを調べる。
#
import sys, os
def read_file(fn):
    ip_table = set()
    a = open(fn,'r')
    for i in a.readlines():
        sip, dip = map(lambda x:x.strip(), i.split('|')[0:2])
        key = "%15s:%15s" % (sip, dip)
        ip_table.add(key)
    a.close()
    return ip_table

if __name__ == '__main__':
    incoming = read_file(sys.argv[1])
    outgoing = read_file(sys.argv[2])
    missing_pairs = set()
    total_pairs = set()
    # ここは少しずさんだが、受信と発信の両方で実行し、
    # 一方にあって他方にない要素がある場合はその要素を取得する。
    for i in incoming:
        total_pairs.add(i)
        if not i in outgoing:
            missing_pairs.add(i)
    for i in outgoing:
        total_pairs.add(i)
        if not i in incoming:
            missing_pairs.add(i)
    print missing_pairs, total_pairs
    # アドレスを分解する
    addrcount = {}
    for i in missing_pairs:
        in_value, out_value = i.split(':')[0:2]
        if not addrcount.has_key(in_value):
            addrcount[in_value] = 0
        if not addrcount.has_key(out_value):
            addrcount[out_value] = 0
        addrcount[in_value] += 1
```

```
        addrcount[out_value] += 1
# 簡単なレポート、欠けているペアの数、
# 最もよく出現するアドレスのリスト
print "%d missing pairs out of %d total" % (len(missing_pairs),
                                            len(total_pairs))
s = addrcount.items()
s.sort(lambda a,b:b[1] - a[1]) # このlambdaは順序付けに使う
print "Most common addresses:"
for i in s[0:10]:
    print "%15s %5d" % (i[0],addrcount[i[0]])
```

　この手法は、受動的なトラフィック収集に適している。複数のネットワーク外の位置からトラフィックを観測できるからだ。スキャンもダーク空間やバックドアの特定に用いることができる。スキャンと収集の両方を制御できれば、デスクトップでスキャンの結果を見ることができるだけでなく、スキャンによるトラフィックと収集システムが示すデータを比較することもできる。

　スキャンだけでは十分ではない。ネットワークをスキャンし、すべてのスキャンセッションが予想通りかどうかを確認する（すなわち、ホストからの応答があり、空の空間からは応答がない）ことはできるが、それでは一地点からのトラフィックを検証しているにすぎない。実際には、複数の送信元からのトラフィックを調べなければならないのだ。

　監視されていないルートの証拠を見つけたら、計測可能かどうかと、なぜ現在は計測されていないのかを解明する必要がある。監視されていないルートはセキュリティリスクである。このようなルートは、監視されることなく探査、不正転送、通信に利用できる。

　監視されていないルートとダーク空間は、よく似たトラフィックプロファイルを持つ。どちらの場合も、送信されたTCPパケットには応答が発生しない。違いは、監視されていないルートでは観測が不完全なために発生するのに対し、ダーク空間では応答を生成するものがないからそのような挙動になる。監視されていないルートを特定できれば、同様に振る舞う監視されているアドレスはダークだということがわかる。

15.1.3.2　ダーク空間の特定

　ダーク空間は受動的または能動的のどちらでも探すことができる。受動的に探すには、ネットワークへのトラフィックを収集し、応答するアドレスや監視されていないアドレスを徐々にすべて消去していく。残ったアドレス空間はダークなはずだ。もう1つの方法は、ネットワーク内のアドレスを能動的に探査し、応答しないアドレスを記録する方法だ。そのアドレスが、ダーク空間ということになる。

　受動的な収集では、長期間にわたってデータを収集する必要がある。動的アドレスやビジネスプロセスによる変動に対応するには最低でも1週間はトラフィックを収集する必要がある。

320 | 15章　ネットワークマッピング

```
$ rwfilter --type=out --start-date=2013/05/01:00 --end-date=2013/05/08:23 \
  --proto=0-255 --pass=stdout | rwset --sip-file=light.set
# 完全なインベントリからライトアドレスを取り除く
$ rwsettool --difference --output=dark.set initial.set light.set
```

もう1つの方法は、ネットワーク上のすべてのホストにpingを実行し、そのホストが存在するかを確認する方法である。

```
$ for i in `rwsetcat initial.set`
  do
  # 5秒のタイムアウトで各対象にpingを1回試みる
    ping -q -c 1 -t 5 ${i} | tail -2 >> pinglog.txt
  done
```

pinglog.txtにはpingコマンドからの要約情報が含まれ、以下のようになる。

```
--- 128.2.11.0 ping statistics ---
1 packets transmitted, 0 packets received, 100.0% packet loss
```

この内容を解析してダークマップを作成できる。

この2つの選択肢の中では、スキャンの方が受動的マッピングよりも高速だが、ネットワークがpingに対して「ECHO REPLY」ICMPメッセージを返すことを確認しておかなければならない。

受動的な監視で動的空間を特定するには別な方法もある。1時間ごとに受動的情報を取得し、各時間のダークアドレスとライト（light）アドレスの構成を比較する。

この文脈での「ネットワークアプライアンス」とは、ルータインタフェースのことだ。ルータインタフェースは、BGP、RIP、OSPFなどのルーティングプロトコルを探すと特定できる。他に利用できる方法は、「ICMP host not found」メッセージ（ネットワーク到達不可能メッセージとも呼ぶ）を調べる方法である。これはルータでのみ生成される。

15.1.3.3　ネットワークアプライアンスの検出

ネットワークアプライアンスを検出するには、tracerouteを使うか、またはネットワークアプライアンスが使う特定のプロトコルを探せばよい。tracerouteの結果に出現するホストは、エンドポイントを除いてすべてルータである。プロトコルを調べる場合には、以下を対象とする。

BGP

　BGPはインターネットを越えてトラフィックをルーティングするルータで一般的に使われており、非常に大規模なネットワークがある場合を除き企業ネットワーク内では一般的ではない。BGPはTCPポート179で動作する。

```
              # 外界からの内部のBGP使用者との通信を特定する。
              $ rwfilter --type=in --proto=6 --dport=179 --flags-all=SAF/SAF \
                 --start-date=2013/05/01:00 --end-date=2013/05/01:00 --pass=bgp_speakers.rwf
```

OSPF と EIGRP

小規模ネットワークでのルーティングを管理するための一般的なプロトコル。EIGRPはプロトコル番号88、OSPFはプロトコル番号89である。

```
              # OSPF使用者とEIGRP使用者の間の通信を特定する。
              # 内部だけに用いている。このトラフィックが境界を超えることは想定していない。
              $ rwfilter --type=internal --proto=88,89 --start-date=2013/05/01:00 \
                 --end-date=2013/05/01:00 --pass=stdout | rwfilter --proto=88 \
                  --input-pipe=stdin --pass=eigrp.rwf --fail=ospf.rwf
```

RIP

もう1つの内部ルーティングプロトコルRIPは、ポート520を使ってUDP上に実装されている。

```
              # RIP使用者との通信を特定する。
              $ rwfilter --type=internal --proto=17 --aport=520 \
                 --start-date=2013/05/01:00 --end-date=2013/05/01:00 --pass=rip_speakers.rwf
```

ICMP

ホスト到達不可能メッセージ（ICMPタイプ3、コード7）と時間切れメッセージ（ICMPタイプ11）はどちらもルータから発生する。

```
              # ICMPメッセージをフィルタする。期間が長いのはICMPが非常に稀だからである。
              $ rwfilter --type=out --proto=1 --icmp-type=3,11 --pass=stdout \
                 --start-date=2013/05/01:00 \
                 --end-date=2013/05/01:23 | rwfilter --icmp-type=11 --input-pipe=stdin \
                 --pass=ttl_exceeded.rwf --fail=stdout | rwfilter --input-pipe=stdin \
                 --icmp-code=7 --pass=not_found.rwf
              $ rwset --sip=routers_ttl.set ttl_exceeded.rwf
              $ rwset --sip=routers_nf.set not_found.rwf
              $ rwsettool --union --output-path=routers.set routers_nf.set routers_ttl.set
```

これらの作業で、ルータインタフェースアドレスのリストが得られる。ネットワーク上の各ルータは、1つ以上のルータインタフェースを制御する。この時点でネットワーク管理者に、このインタフェースと実際のハードウェアとの対応を確認するとよいだろう。

15.1.4　フェーズⅢ：死角になったトラフィックと紛らわしいトラフィックの特定

以下の質問を検討する。

- NATが存在するか?
- プロキシ、リバースプロキシ、キャッシュが存在するか?
- VPNトラフィックが存在するか?
- 動的アドレスが存在するか?

フェーズIIが完了したら、ネットワーク内のアクティブなアドレスがわかる。次は、どのアドレスが問題になるかを特定する。すべてのホストに静的なIPアドレスが割り当てられているなら簡単だ。そのアドレスは1台のホストだけが使うので、ポートとプロトコルで簡単にトラフィックを特定できる。

当然だが、このようなことは期待できない。具体的な問題には以下のようなものがある。

NAT

NATは複数のIPアドレスをエイリアスとして少数のアドレスに変換するので頭痛の種になる。

プロキシ、リバースプロキシ、キャッシュ

NATと同様に、プロキシは複数のアドレスを1つのプロキシホストアドレスの背後に隠してしまう。一般に、プロキシはOSIスタックの上位層で動作し、多くの場合特定のプロトコルを処理する。リバースプロキシはその名の通り、複数のサーバアドレスのエイリアスを提供し、負荷分散やキャッシュを行う。キャッシュは繰り返し参照された結果（Webページなど）を格納し、性能を改善する。

VPN

仮想プライベートネットワーク（VPN：Virtual Private Network）はプロトコルの中身をわかりにくくし、何を行っているかやそれに関与しているホストの数を隠してしまう。VPNトラフィックには6to4やTeredoなどのIPv6 over IPv4プロトコルと、SSHやTORなどの暗号化プロトコルがある。これらのすべてのプロトコルはトラフィックをカプセル化するので、IPレイヤに出現するアドレスは何かを行っている実際のホストではなく中継器、ルータ、コンセントレータになる。

動的アドレス

DHCPによる割り当てなどの動的アドレス指定を用いると、1台のホストが時間経過とともに一連のアドレス空間の中を移動することになる。動的アドレス指定では、各アドレスに寿命ができるので、分析が複雑になる。IPアドレスでホストを把握していても、DHCPリースの期限が切れると、その後何かしたのかわからなくなってしまう。

これらの要素はネットワーク管理者が適切に文書化しておくべきことだが、他にもさまざまな特定

方法がある。プロキシとNATはどちらも、1つのIPアドレスが複数のアドレスのフロントエンドとして機能している証拠を探せば見つけられる。これにはパケットペイロードやフロー分析を用いるが、パケットペイロードの方が確実だろう。

15.1.4.1 NATの特定

ペイロードデータにアクセスできない場合には、NATの特定は非常に大変である。アクセスできたとしても、すごく大変なのだが。NATを特定する最善の方法は、ネットワーク管理者に聞くことである。それができない場合には、同じアドレスの背後に複数のアドレスが隠れている証拠からNATを特定しなければならない。これにはいくつかの目印を利用できる。

さまざまなUser-Agent文字列

これまでに目にしたNATを特定するための最善の方法は、WebセッションからUser-Agent文字列を入手する方法である。14章のbannergrab.pyなどのスクリプトを使うと、NATが発行したすべてのUser-Agent文字列を入手できる。1つのアドレスから、同じブラウザの異なるバージョンや、複数のブラウザがアクセスしているなら、おそらくはNATである。

この指標には、偽陽性の可能性もある。最近では、多くのアプリケーション（メールクライアントを含む）がある種のHTTP通信を行うからだ。そのため、Firefox、IE、Chrome、Operaの出力などの明示的なブラウザバナーにだけ限定して判断したほうがよい。

共有サーバへの複数のログイン

ネットワークで使われている主な内部サービスや外部サービスを特定する。例えば、会社のメールサーバ、Google、主な新聞などだ。あるサイトがNATの場合、同じアドレスから何度もログインされることが予想される。この種の調査に最も適するのは、電子メールのサーバログや内部HTTPサーバログだろう。

TTLの挙動

TTL（Time-To-Live）値はIPスタックで割り当てられ、その初期値はOS固有であることを思い出してほしい。疑わしいアドレスから来たTTLを調べ、TTLが変化しているかどうかを調べる。変化している場合には、そのアドレスの背後に複数のホストがある可能性がある。値が同じでも**OSの初期TTLより小さい**場合には、そのアドレスに到達するまでに複数のホップがある証拠である。

15.1.4.2 プロキシの特定

プロキシの特定には、プロキシの両側を計測する必要がある。**図15-3**にクライアント、プロキシ、サーバ間のネットワークトラフィックを示す。この図に示すように、プロキシは複数のクライアント

からリクエストを受け、そのリクエストを複数のサーバに送信する。このように、プロキシはサーバ（プロキシを要求したクライアントにとって）とクライアント（プロキシ対象のサーバにとって）の**両方**の動作をする。クライアントからプロキシとプロキシからサーバへの両方の通信を取得できる場合には、このトラフィックパターンからプロキシを特定できる。これらの通信が取得できない場合には、前記のNATの特定で説明したテクニックを利用する。プロキシはNATファイアウォールと同じように複数のクライアントのフロントエンドとなるので、同じ原理を適用できるのだ。

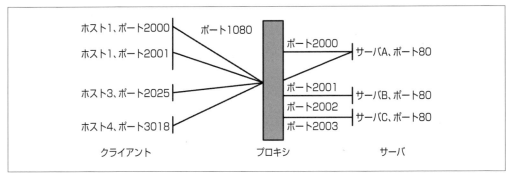

図15-3　プロキシでのネットワーク接続

　接続を使ってプロキシを特定するには、まずクライアントのように振る舞うホストを探す。クライアントは複数のエフェメラルポートを使うので特定できる。例えば、rwuniqを使うと、以下のようにネットワーク上のクライアントを特定できる。

```
$ rwfilter --type=out --start-date=2013/05/10:00 --end-date=2013/05/10:01 \
    --proto=6,17 --sport=1024-65535 --pass=stdout | rwuniq --field=1,3 \
    --no-title | cut -d '|' -f 1 | sort | uniq -c | egrep -v '^[ ]+1' |\
    cut -d ' ' -f 3 | rwsetbuild stdin clients.set
```

　このコマンドは、サンプルデータの送信元IPアドレス（sip）と送信元ポート番号（sport）のすべての組み合わせを特定し、1つのポートだけしか使っていないホストを取り除く。残りのホストは複数のポートを使っていることになる。同時に7つか8つのポートを使っているホストは、複数のサービスが稼働しているサーバである可能性が残るが、より多くのポートを使っている場合は、その可能性は減ってくる。

　クライアントを特定できたら、次はどのクライアントがサーバとしても振る舞うかを確認する（「15.1.5.1　サーバの特定」を参照）。

15.1.4.3 VPNトラフィックの特定

VPNトラフィックは、VPNが使う固有のポートとプロトコルを調べれば特定できる。VPNは、転送するすべてのトラフィックをGREなどの別のプロトコルにラップするので、トラフィック分析しにくい。VPNのエンドポイントを特定したら、そこでデータを取得する。VPNトラフィックからラッパーを取り除けば、フローとセッションデータを分類できる。

VPNトラフィックで使われる主なプロトコルとポートには以下のようなものがある。

IPSec

IPSecは、VPN上での暗号化された通信のためのプロトコル群を指す。主なプロトコルはAH（Authentication Header：認証ヘッダ、プロトコル51）とESP（Encapsulating Security Payload：カプセル化セキュリティペイロード、プロトコル50）の2つである。

```
$ rwfilter --start-date=2013/05/13:00 --end-date=2013/05/13:01 --proto=50,51 \
  --pass=vpn.rwf
```

GRE

GRE（Generic Routing Encapsulation：汎用ルーティングカプセル化）は、多くのVPN実装で用いられている。GREはプロトコル47で識別できる。

```
$ rwfilter --start-date=2013/05/13:00 --end-date=2013/05/13:01 --proto=47 \
  --pass=gre.rwf
```

いくつかの一般的なトンネリングプロトコルも、ポート番号とプロトコル番号で特定できる。標準的なVPNとは異なり、一般にソフトウェアで実装されているので、ルーティング専用の特殊な機器が必要ない。例としてはSSH、Teredo、6to4、TORなどがある。

15.1.5　フェーズIV：クライアントとサーバの特定

ネットワークの基本構造がわかったら、次はネットワークが何を行っているかを割り出す。これには、ネットワーク上のクライアントとサーバを分析して特定する必要がある。質問としては以下のようなものがある。

- 主な内部サーバは何か？
- 通常とは異なるポートで動作しているサーバがあるか？
- システム管理者が知らないFTP、HTTP、SMTP、SSHサーバがあるか？
- クライアントとして動作するサーバがあるか？
- 主なクライアントはどこにいるか？

15.1.5.1　サーバの特定

サーバは、セッションを受信しているポートを探し、そのポートへの通信の多様性を調べると特定できる。セッションを受信しているポートを特定するには、パケットの最初のフラグと残りの本体を区別する必要がある。これは、pcapのデータかフロー計測データにアクセスできれば可能である（「5.11.1　YAF」で説明したように、YAFで取得できる）。フローの場合は、SYNとACKで応答するホストを特定すればよい。

```
$ rwfilter --proto=6 --flags-init=SA|SA --pass=server_traffic.rwf \
    --start-date=2013/05/13:00 --end-date=2013/05/13:00 --type=in
```

この方法はUDPではうまくいかない。UDPでは任意のポートにデータを送信できるし、応答がなくても問題ないからだ。UDPとTCPの両方で使える代わりの方法は、ポートとプロトコルの組み合わせの多様性を調べる方法である。この方法には「15.1.4.2　プロキシの特定」で簡単に触れているが、ここで詳しく説明する。

サーバは共有資源である。つまり、アドレスは複数のクライアントに共有されているので、時間が経つにつれ、複数のクライアントがサーバのアドレスに接続することが見込まれる。したがって、複数の送信元IP・ポートのフローが、すべて同じ送信先IP・ポートと通信しているのを観測することになる。これは、さまざまな送信元ポートから複数のホストにセッションを発信するクライアントの挙動とは異なる。図15-4にこの現象を示す。

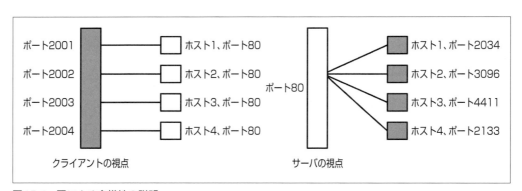

図15-4　図による多様性の説明

多様性は、フローデータでrwuniqコマンドを使って簡単に計算できる。1つのIPアドレスから送信されたトラフィックのファイルがある場合、以下のようにすればよい。

```
$rwuniq --field=1,2 --dip-distinct candidate_file | sort -t '|' -k3 -nr |\
        head -15
```

同じホストとポートの組み合わせとやり取りする異なるIPアドレスが多ければ多いほど、そのポー

トがサーバを表す可能性が増す。このスクリプトでは、サーバはリストの先頭付近に現れる。

多様性分析と直接的なパケット分析を用いると、サーバを稼働しているIPとポートのほとんどの組み合わせのリストが手に入る。次は、このIPとポートの組み合わせをスキャンし、実際に何が動作しているかを確かめる。特に、一般的なポートで動作していないサーバを探そう。サーバは公共資源である（やや限定された「公共」の定義ではあるが）。通常でないポートで実行されている場合、ユーザが普通にサーバを実行する許可を持っていないか（疑わしい挙動）、サーバを隠そうとしている（11章を読んでいればわかるように、これも疑わしい挙動）ことを示す可能性がある。

ネットワーク上のサーバを特定したら、どれが最も重要かを判断する。それには、以下のようなさまざまな基準がある。

合計ボリューム

最も簡単で最も一般的な方法である。

内部および外部ボリューム

内部のユーザだけがアクセスするサーバと外界からアクセスされるサーバを区別する。

グラフ中心性

経路と次数中心性を用いると、純粋な次数統計量（接続数）だけを使った場合には見逃されてしまう重要なホストを特定することができる。詳細は13章を参照してほしい。

この作業の目的は、優先順に並べたサーバのリストを作ることだ。最も監視すべきサーバから比較的優先度の低いサーバ、場合によっては削除してもよいサーバをリストアップする。

ネットワーク上のすべてのサーバを特定したら、ネットワーク管理者と再び話をするとよいだろう[1]。ほとんどの場合、ネットワーク上で動作していることを誰も知らなかったサーバを見つけているからだ。このようなサーバの例を以下に示す。

- パワーユーザが勝手に動かしているシステム
- 組み込みWebサーバ
- 占拠されているホスト

15.1.6　検知および阻止インフラの特定

以下のような質問を考える。

- IDSやIPSシステムが適切に設置されているか？その設定を変更できるか？
- どのシステムのログにアクセスできるか？

---

[1]　できれば、ウォッカが飲めるところで話す。

- ファイアウォールが存在するか？
- ルータ ACL が存在するか？
- 境界にアンチスパムシステムがあるか、アンチスパムはメールサーバで実行しているか、または その両方か？
- AV（アンチウィルス）が存在するか。

新しい計測プロジェクトの最終段階は、現在存在するセキュリティソフトウェアと機能を把握することである。多くの場合、これらのシステムは、何かの存在ではなく**不在**によって確認できる。例えば、あるネットワークのどのホストにも BitTorrent トラフィック（ポート 6881 ～ 6889）の証拠がない場合、おそらくはルータ ACL が BitTorrent を阻止している。

15.2　インベントリの更新：継続的な監査に向けて

最初のインベントリを作成したら、記述した分析スクリプトをすべて並べて定期的に実行する。目的は、時間に伴うネットワーク上の変更を把握することだ。

このインベントリで、アノマリ検知が可能となる。最も明らかな第 1 の方法は、インベントリで変化を管理することである。確認すべき質問の例を以下に示す。

- ネットワーク上に新しいクライアントやサーバがあるか？
- 既存のアドレスがダークになっていないか？
- クライアント上に新しいサービスが現れていないか？

インベントリの変化は、他の分析のきっかけとして使える。例えば、新しいクライアントやサーバがネットワーク上に現れたら、フローデータ解析を開始して通信相手を特定し、スキャンし、何らかの実験を行って、新たに出現したホストに関する情報をインベントリに追加する。

長期的には、ネットワーク中の監視しているアドレスの割合は、ネットワークの保護レベルの第一近似として用いることができる。

「ネットワーク X が Y よりも安全である」と言うのは不可能だ。攻撃者が興味を持つ X 要因を定量的に測ることができないからだ。マップを用いると、監視範囲を、厳密な数値（ネットワーク上の X 個のアドレスの内 Y 個を監視している）や割合として把握することができる。

15.3　参考文献

1. Umesh ShankarとVern Paxson共著、「Active Mapping: Resisting NIDS Evasion Without Altering Traffic（能動的マッピング：トラフィックを変更せずにNIDS回避に対抗する）」Proceedings of the 2003 IEEE Symposium on Security and Privacy.

2. Austin Whisnant and Sid Faber, "Network Profiling Using Flow," CMU/SEI-2012-TR-006, Software Engineering Institute（http://bit.ly/network-profiling）

索引

数字

2クラス分類器 (binary classifier) 138, 143
4xx系HTTP状態コード 239
5数要約 (five-number summary) 213
90日ルール (90-day rule) 69

A

Address and Routing Parameter area 176
address_types.pmap 100
Akamai 175
Apache
　Quota流量制限モジュール 271
　ログ設定 51
apply関数 117
APSP (全対全最短経路) 280
ARP (アドレス解決プロトコル) 26, 157
.arpaドメイン 167, 176
ATM (非同期転送モード) 34
AV (アンチウィルスシステム)
　アプリケーション識別 305
　基本的な操作 140
　ビーコニング 269
　マルウェアデータベース 196
Avro 63

B

bannergrab.pyスクリプト 298
BitTorrent
　アプリケーション識別 293, 306
　制御メッセージの比較 301
　探索的データ分析 204
　フローサイズ分布 208
BPF (バークレーパケットフィルタ)
　TCPフラグ 33, 86
　アドレスフィルタ 30
　フィルタ 28
breaks引数 208
Bro 139
BugTraq ID 195

C

calibrate_raid.pyスクリプト 253, 269
CAN (コントロールエリアネットワーク) 34
CCE (共通セキュリティ設定一覧) 195
ccTLD (国別コードTLD) 167
CDN (content delivery networks) 170, 176
CEF (共通イベントフォーマット) 57
CERT Network Situational Awareness 73
CERT Yet Another Flowmeter (YAF) ツール 37
CIDF (共通侵入検知フレームワーク) 57
CIDR (クラス間ドメインルーティング) 33, 158

CLF（共通ログフォーマット）................................49
CNAME（正規名）レコード 172
Code Red ワーム................................141
.com アドレス................................167
Cookie ヘッダ................................49
country_codes.pmap................................100
CPE（共通プラットフォーム一覧）....................195
CRAN（Comprehensive R Archive Network）
................................107
CRUD（作成、読み取り、更新、削除）パラダイム
................................60
CVE（共通脆弱性識別子）データベース............195

D

DDoS（分散型サービス拒否）
　一貫性................................263
　偽陽性................................262
　攻撃の種類................................260
　帯域幅枯渇................................262
　倍力装置................................265
　被害の軽減................................263
　ルーティングインフラ................................261
dig（domain information groper）
　MS レコード................................173
　さまざまなサーバに問い合わせ................................169
　出力オプション................................168
　フォワード DNS 問い合わせ................................168
　複数行出力オプション................................175
　リソースレコード................................170
Digital Envoy 社の Digital Element................................166
DNS（domain name system）
　dig を使ったフォワード DNS 問い合わせ
　................................168-175
　whois を使って所有者を探す................................177
　基本................................166
　ドメイン名割り当て................................167
　名前の構造................................166
　リバースルックアップ................................176
DNS ブラックホールリスト（DNS Blackhole List、
　DNSBL）................................181-182

DNS リフレクション................................266
DoS（サービス拒否）................................247
dst host 句................................30
dst-reserve フィールド................................101
Dynamic User and Host List（DUHL）............182

E

EDA................................探索的データ分析を参照
.edu アドレス................................169
ELF（拡張ログフォーマット）................................49
--end-rec-num コマンド................................77
--epoch-time スイッチ................................79
ESP（プロトコル番号50）................................27
/etc/services ファイル................................295
ether dst 句................................30
ether src 句................................30
EUI（Extended Unique Identifier）................................155
Excel................................107

F

find_beacons.py スクリプト................................251, 269

G

GeoIP................................166, 194
GeoLite................................194
getportbyname................................296
Global Unicast Address Assignments................................161
GNU 形式の長いオプション................................80
Graphviz
　dot コマンド................................183
　Web ログの変換................................185
GRE（プロトコル番号47）................................27

H

HIDS（ホスト型 IDS）................................138, 140
host 句................................30
Host ヘッダ................................49

HTTP (Hypertext Transfer Protocol)
    課題 48
    監視に不可欠なヘッダ 48
    基盤 48
    失敗率 233
    標準ログフォーマット 48
    ファンブル 239

IANA (Internet Assigned Numbers Authority)
.... 160, 167, 294

ICANN (Internet Corporation for Assigned Names and Numbers) 160, 167

ICMP (Internet Control Message Protocol) 27
    BPFフィルタ 34
    エコーリクエストメッセージ 162
    ネットワークマッピング 321
    ファンブル 237

--icmp-type-and-code スイッチ 79

icmp 句 32

IDL (インタフェース定義言語) 62

IDMEF (侵入検知メッセージ交換フォーマット)
.... 57

IDN ccTLD (国際化ドメイン名) 166

--integer-ips スイッチ 78

--integer-tcp-flags スイッチ 79

Internet Protocol Flow Information Export (IPFIX) 36

IP Intelligence 194

ip proto 句 32

IP (internet protocols)
    ATM (非同期転送モード) 34
    CAN (コントローラエリアネットワーク) ... 34
    VPNトラフィック 325
    人間と自動化 233
    ファイバチャネル 34
    リスト 27

IPFIX (Internet Protocol Flow Information Export) 36

--ip-format スイッチ 78

IPv4/IPv6アドレス
    CIDRブロック 33
    IPv4アドレスの構造 158

IPv6 Global Unicast Address Assignments
.... 161
    IPv6アドレスの構造 160
    IPv6プロトコル番号 27, 45
    アドレスの枯渇 158
    基本 25
    国コードなどへの関連付け 99
    重要なアドレス 161
    ネットワークマッピング 314

IPアドレス指定 (IP addressing)
.... アドレス指定を参照

IPセット (IP set)
    rwfilterによる操作 94
    rwsetbuildを使った作成 95
    rwsettoolを使った操作 96
    rwsetを使った作成 93

IXP (相互接続点) 161

J

JSON (Javascript Object Notation) 63

K

Kaspersky社Securelist脅威説明 196

L

L1距離 302

libpcap 27

Linuxポート割り当て 297

LNBL-05 (Lawrence Berkeley National Labs)
    データファイル 74

LOIC (Low Orbit Ion Cannon) 265

Luceneライブラリ 66

M

Mac OS X
    MACアドレスの表示 30
    /var/logディレクトリ 40

ポート割り当て 297

MACアドレス

ARPテーブル 156–157

EUI標準 155

tcpdump 30

基本 26

MapReduce 63

MaxMindのGeoIP 166, 194

McAfee HIPS (host intrusion prevention system)

.... 140

McAfee社 Threat Center 196

McColo遮断 285

Microsoft Excel 107

MSA (大都市統計地域) 166

MTL (メッセージ追跡ログ) 54

MTU (最大転送単位) 19, 300

N

NAICS (北米産業分類体系) 166

NAT (network address translators) 323

net句 31

netcat 187, 297

NetFlow

IDSとの比較 137

SiLKによるデータ分析 73–106

TCPセッションとフローの概念 35, 85

v5のフォーマットと領域 35

v9とIPFIX 36

長所 35

レコードの生成と収集 37

netstat 296

Network Situational Awareness (NetSA) 73

Neustar 166, 194

NIC (ネットワークインタフェースコントローラ)

.... 19

NIC (ネットワーク情報センター) 166

NIDS (ネットワーク型IDS) 138, 141

NIST (National Institute of Standards and

Technology) 195

nmap 188

NoSQLシステム

基本 63

ストレージの種類 64

not演算子 87

--note-addコマンド 90

--no-titleコマンド 77

--num-recsコマンド 77

NVD (National Vulnerability Database) 195

O

or演算子 87

Oracle 59

OSF (Open Security Foundation) 195

OSI (Open Systems Interconnect) モデル

.... 18, 155, 260

OSPF (Open Shortest Path First) 280, 320

OSVDB脆弱性データベース 196

OS指紋取得 (OS fingerprinting) 297

OUI (Organizationally Unique Identifier) 156

P

p値 (p-value) 132

P2Pワーム増殖 (peer-to-peer worm

propagation) 230, 233

--pagerスイッチ 79

par引数 127

PBL (エンドユーザアドレス) 182

pcap-filterマニュアルページ 30

Peakflow 139

pingスイーピング (ping sweeping) 163

pingツール 162, 165, 266

plotコマンド 125

PMAP (Prefix MAP) 100

Postgres 59

--print-statオプション 87

--print-volume-statオプション 87

prob引数 208

Protocol Buffers (PB) 63

pygeoip 194

Python..302

Q

QQ (Quantile-Quantile) プロット 210
qqline 関数...212
qqnorm 関数...210
qqplot 関数...212

R

RDBMS (リレーショナルデータベース管理システ
   ム) 60, 67
read.table コマンド.......................................122
Redis 66
reduce 関数...117
Referer ヘッダ...49
RFC 1918 ネットブロック 159
RIR (地域インターネットレジストリ) 160
robots.txt..241
ROC (受信者動作特性) カーブ 143
RR (リソースレコード) 170
rwbag コマンド 99
rwcount コマンド
   --skip-zero オプション 92
   情報フローの統合....................................91
   ロードスキーム.......................................92
rwcut ツール
   出力フォーマットツール 77
   仕様..76
   デフォルト出力フィールド..........................75
   内蔵マニュアル.......................................76
   ファイルアクセス 75
   フィールドの順序付け...............................77
   フィールドのリスト 76
   レコードの数とヘッダの操作.......................77
rwfileinfo コマンド
   --note-add コマンド 90
   報告するフィールド 89
   メタデータへのアクセス 88

rwfilter コマンド
   IP アドレスによるフィルタ 83
   IP セットの操作と応答 94
   サイズによるフィルタ 83
   時間によるフィルタ 85
   直接テキスト出力オプション........................87
   非対称トラフィックの特定..........................317
   フィールド操作..80
   フラグによるフィルタ 85
   ヘルパーオプション 87
   ポートとプロトコルによるフィルタ 81
   マニュアル...81
rwpmapbuild コマンド 101
rwptoflow ツール..104
rwsetbuild コマンド 95
rwsettool コマンド 96
rwset コマンド 93, 267
rwtuc コマンド 105
rwuniq コマンド
   値のカウント 97
   多様性の計算..326
   非対称トラフィックの特定..........................317
   フィールド指定子 97
R 言語..220
   hist 関数...208
   log パラメータ..222
   qqline 関数...212
   qqnorm 関数...210
   qqplot 関数...212
   rnorm 関数...208
   R コンソール..108
   R プロンプト..108
   R 変数..110
   R ワークスペース 120
   table コマンド...218
   インストールと設定 107
   可視化コマンド..125
   可視化のエクスポート 130
   可視化の注釈..128
   可視化のパラメータ 126
   関数..116

基本...107
行列...113
条件句と反復.................................118
長所...107
データの検定.................................133
データの操作とフィルタ.................124
データフレーム.............................121
統計的仮説検定.............................131
ファクタ.......................................122
ベクトル.......................................111
ヘルプ..110
リスト..115

S

SANS Internet Storm Center 294
SBL（スパムアドレス）................................... 182
Scapy... 189, 298
Securelist脅威説明 196
Security Content Automation Protocol (SCAP)
.... 195
SEM（セキュリティイベント管理）.................... 141
sendmailログフォーマット 52
SiLK (System for Internet-Level Knowledge)
....73-106
　PMAPSによるサブネットワークとタグの
　　関連付け 99
　rwbagの格納構造 99
　rwcountによる情報フローの統合 91
　rwfileinfoコマンドを使ったメタデータへの
　　アクセス 88
　rwptoflowによるデータ収集 104
　rwtucによるデータの変換 105
　rwuniqによる値のカウント 97
　wrsetを使ったIPセットの作成 93
　YAFによるデータ収集 102
　インストール 74
　基本 73
　基本的なフィールド操作 80
　出力フィールドの選択とフォーマット操作
　.. 75

長所..74
内蔵マニュアル...76, 81
SIM/SEM/SIEM (security information/event
　management) 141
Slammer ワーム 141
SMTP (Simple Mail Transfer Protocol)
　クラスタ係数 285
　失敗率 233
　バナー 306
　ファンブル 241
　ログファイルフォーマット 52
snaplen (-s) 引数 28
Snort 139, 148, 149
SOA (Start of Authority) レコード 172, 175
Solr 66
Spam and Open Relay Blocking System
　(SORBS) 182
SpamCop 182
Spamhaus 182
src host 句 30
src-reserve フィールド 101
SSD (solid state storage) 66
--start-rec-num コマンド 77
Suricata 139
switch 文 118
Symantec社 Security Response....................... 196
SYN フラッド 260
syslog ログ記録ユーティリティ 55
system.log ファイル 40

T

table コマンド 218
tcpdump
　BPF（バークレーパケットフィルタ）.....27-28
　MACアドレス 30
　Scapyによるレコード操作 189
　snaplen (-s) 引数...................................... 28
　循環バッファの実装 27-28
　データキャプチャ 27
　能動的なバナー取得 298

フィルタ 30, 87
TCP/IP (transmission control protocol/internet
　protocol)
　　TCP (プロトコル6) 27
　　TCPステートマシン 234
　　センサー種別 18
　　非対称セッション 317
　　ポート番号 294, 296
　　ポート番号とフラグのフィルタ
　　.. 33, 85
tcp句 32
TCPソケット
　　netcatによる出力のリダイレクト 187
　　ファンブル 234
Threat Center 196
Thrift 63
tracerouteツール 163
TripWire 140
TTL (time-to-live) 値 24, 162, 323

U

UDP (User Datagram Protocol) 19, 27
　　netcatによるソケットへのリダイレクト ... 187
　　サーバの特定 326
　　ファンブルの特定 239
　　ポート番号の指定 34, 294, 296
udp句 32
Unix
　　netcatによる出力のTCP/UDPソケットへの
　　リダイレクト 187
　　sendmailログフォーマット 52
　　SiLKアプリケーション 74
　　基本的なシェルコマンド 74
　　ポート割り当て 295
　　ログファイル 40
User-Agentヘッダ 49
User-Agent文字列 307, 323

V

VPN (仮想プライベートネットワーク)
　.. 27, 322, 325

W

Webクライアントバナー (web client banner)
　.. 307
Webクローラ (webcrawler) 241
Webスパイダ (web spider) 256
whois問い合わせ 177
Windows
　　Microsoft Exchange 54, 306
　　Windowsイベントビューア 42
　　ポート割り当て 295, 296
　　ログファイル 41
Wireshark 193

X

XBL (hijacked IP addresses and bots) 182

Y

Yet Another Flowmeter (YAF) ツール 37, 102

Z

ZENサービス 182
--zero-pad-ipsスイッチ 79

あ行

アクション (action)
　　イベント通知型 13, 137
　　自動防御型 13
　　レポート生成型 12
悪用攻撃 (exploitation attack) 230
アドレス解決プロトコル (Address Resolution
　Protocol、ARP) 26, 157

アドレス指定 (addressing)
DNS ルックアップ 176
IPv4 アドレスの構造 158
IPv6 アドレスの構造 160
アドレスクラスと CIDR ブロック 33
アドレスの枯渇 158
位置情報と人口情報 165
重要なアドレス 161
所有の連鎖をたどる 160
接続性の検査 162
動的アドレス 322
ネットワーク階層 25
ネットワークマッピング 313
未使用のアドレス 233
ルータの特定 163
アドレス指定ミス (misaddressing) 232
アドレスフィルタ (address filtering)
.... 30, 83
アニメーション (animation) 221
アノニマス (Anonymous) 265
アノマリ (異常) 型 IDS システム (anomaly-based
IDS systems) 140-150
アプリケーション識別 (application identification)
Web 以外のバナー 306
課題 293
挙動による 300
バナー取得 297
バナーの識別と分類 306
ポート番号 294
補助サイトによる 305
メカニズム 293
アプリケーションログ (Application Log) 41
アンスコムの例 (Anscombe Quartet) 202
閾値 (threshold value) 202, 212, 269
位置情報と人口情報 (geolocation/demographics)
.... 165, 194
一様分布 (uniform distribution) 211
一変量の可視化 (univariate visualization)
5 数要約 213
QQ プロット 210
箱ひげ図 213

ヒストグラム 207
棒グラフ 209
イベント通知型 (event construction) 13, 137
イベント後集合 (post-event set) 288
イベント前集合 (pre-event set) 288
インタフェース定義言語 (interface definition
language、IDL) 62
インフラストラクチャ TLD (infrastructural TLD)
.... 167
インベントリ作成 (inventory process)
IP アドレス 314
IP アドレスの妥当性検証 316
クライアントとサーバの特定 325
継続的な監査 328
現在の計測 314
検知および阻止インフラの特定 327-328
最初のネットワークインベントリとマップの
作成 311
重要性 204, 311
デフォルトネットワーク 315
動的な性質 312
トラフィックの特定 321
ホスト 314
マッピング工程 312
ワークシートの例 312
エコーリクエストメッセージ (echo request
message) 162
エフェメラルポート (ephemeral port) 296
エポック時間 (epoch time) 45
エラーコード (error code) 45
円グラフ (pie chart) 209-210
重み (weighting) 279

か行

拡張ログフォーマット (extended log format、
ELF) 49
確率 (probability) 144
可視化 (visualization)
Graphviz 183
R 125

一変量 207-216

運用のルール 221-226

多変量 219-221

長所 213

二変量 216-218

変数 206

目的 202

略奪検出 256

仮想プライベートネットワーク (virtual private
network、VPN) 27, 322, 325

カラムナ型データログ (columnar data log) 46

　テンプレート型からの変換 47

カラムナデータベース (columnar database) 65

間隔変数 (interval variable) 206

観察可能データ (observable data) 247

監視されていないルート (unmonitored route)

....317

感度 (sensitivity) 143

キーストア (key store) 64

キープアライブ (keep-alive) 250

偽陰性 (false-negative) 140, 143, 146

機械の故障 (mechanical failure) 265

基準率錯誤 (base-rate fallacy) 142

キャッシュネットワーク (caching network)

....170

偽陽性 (false-positive)

　アノマリ型 IDS システム 141

　インベントリ作成 204

　業務特有のプロセス 250

　警告としての局所性の利用 270

　警告としてのボリュームの利用 269

　減少 146

　検知システムの評価 150

　さまざまな User-Agent 文字列 323

　定義 143

　ビーコン検出 269

共通イベントフォーマット (Common Event
Format、CEF) 57

共通侵入検知フレームワーク (Common Intrusion
Detection Framework、CIDF) 57

共通セキュリティ設定一覧 (Common
Configuration Enumeration、CCE) 195

共通ログフォーマット (common log format、
CLF) 49

局所性 (locality) 256, 270

挙動分析 (behavioral analysis) 300

近似曲線 (trendline) 224

空間的依存性 (spatial dependency) 62

空間的局所性 (spatial locality) 256

国別コード TLD (country code TLD、ccTLD)

....167

クライアント (client)

　netcat を使った実装 187

　Web クライアントバナー 307

　クライアントポート 296

　特定 325

クラウドコンピューティング (cloud computing)

....262

クラス A/B/C アドレス (Class A/B/C address) 33

クラス間ドメインルーティング (Classless Inter-
Domain Routing、CIDR) 33, 158

クラスタ係数 (clustering coefficient) 284

グラフデータベース (graph database) 66

グラフ分析 (graph analysis) 273-291

　エンジニアリングでの中心性分析の利用 ...290

　重み付き 279

　クラスタ係数 284

　グラフ構造とグラフ属性 277

　グラフ属性 273

　警告としての成分分析の利用 286

　経路 277

　成分と連結度 283

　対象 274

　中心性属性 280

　幅優先探索と深さ優先探索 283

　フォレンジック分析での中心性分析の利用

....288

　フォレンジック分析での幅優先探索の利用

....288

　有向リンクと無向リンク 273

クリスマスツリーパケット（Christmas tree
　　packet）...237
クローラ（crawler）..............................241
警告処理（alert processing）..............145
警告の生成（alarm construction）.......203
経路（path）...277
ゲートウェイアドレス（gateway address）........158
ケーブル切断（cable cut）...........262, 265
結合ログフォーマット（Combined Log Format）
　　...49
権威ネームサーバ（authoritative nameserver）
　　...167, 175
検査と検証ツール（inspection/reference tools）
　　GeoIP..194
　　NVD...195
　　Wireshark.....................................193
　　他の情報源........................195-196
　　マルウェアサイト......................196
攻撃モデル（attack model）................229
攻撃者（attackers）.............................231
国際化ドメイン名（internationalized domain
　　name）...166
コリジョンドメイン（collision domain）............20
コルモゴロフ＝スミノルフ検定（Kolmogorov-
　　Smirnov test）.........................134, 212
コントロールエリアネットワーク（Controller
　　Area Network、CAN）.....................34

さ行

サーバ（server）
　　netcatによる実装..........................187
　　切断...261
　　特定...325
　　ポート...296
サービス拒否（Denial of Service、DoS）...........247
サービスレベル枯渇（service level exhaustion）
　　...260
最大転送単位（Maximum Transmission Unit、
　　MTU）......................................19, 300
最短経路（shortest path）...................279

参照と検索（reference/lookup）
　　DNS......................................166-180
　　DNSブラックホールリスト.......................181
　　IPアドレス指定.....................157-166
　　MACアドレス..............................157
　　OSIスタック................................155
　　ハードウェアの特定................156-157
散布図（scatterplot）.........................216
ジェネリックTLD（generic TLD、gTLD）........167
時間的局所性（temporal locality）.....................257
シグネチャ型IDSシステム（signature-based IDS
　　systems）..............................138-148
時系列データ（time series data）.......................267
資源枯渇（resource exhaustion）.......................260
自己相関（autocorrelation）..............................206
次数（degree）....................................274
次数中心性（degree centrality）.........................283
システムログ（System Log）................41
質的変数（qualitative variable）..........207
自動スケール（autoscaling）.............221
四分位数（quartiles）.........................213
シャピロ＝ウィルク検定（Shapiro-Wilk test）
　　...134, 212
収穫ベースの方法（harvest-based approach）
　　...231
周辺（marginals）..............................218
集約ツール（aggregation tool）..........15
受信者動作特性カーブ（receiver operating
　　characteristic curve、ROC curve）...............143
循環バッファ（rolling buffer）.......................27-28
順序変数（ordinal variable）...............207
状況認識（situational awareness）
　　基盤...311
　　定義..v
シリアライゼーション標準（serialization
　　standard）...63
自律システム番号（Autonomous System
　　numbers）.......................................160
侵入検知システム（intrusion detection systems、
　　IDS）
　　AV（antivirus systems）..............140

Bro...139
McAfee HIPS...140
Peakflow..139
Snort...139, 149
Suricata...139
TripWire..140
アノマリ（異常）型システム.......138, 140-150
一貫性のないルールセット.........................147
イベント通知型...137
基準率錯誤...142
基本...138
検知の向上...147
シグネチャ型システム........................138-148
性能の改善...146
対応の改善...152
データの事前取得......................................152
ネットワーク型IDS（NIDS）.............138, 141
分類の適用...145
ホスト型IDS（HIDS）.......................138, 140
ホワイトリスト...147
問題...137
侵入検知メッセージ交換フォーマット（Intrusion
　Detection Message Exchange Format、
　IDMEF）..57
スイーピングping（sweeping ping）.................163
垂直スキャン（vertical scan）............................233
スキャン（scanning）..................................233, 238
スキャンツール（scanning tool）.......................188
ストリーミング処理（streaming processing）.....68
ストリームの再構築（stream reassembly）..........9
スパイダ（spider）..241
スピア型フィッシング攻撃（spear-phishing
　attack）...242
スマーフ攻撃（smurf attack）............................266
スラッシュドット効果（SlashDot effect）..........262
正規分布（normal distribution）
　QQプロット...210
　閾値..202, 212
　判断する手法..212
正規名（Canonical Name、CNAME）レコード 172
制御トラフィック（control traffic）....................301

整列スクリプト（ordering script）.....................263
セキュリティ（security）
　実行可能な対処...vi
　情報源..196
　能動的な監視と検査.......................................187
　必要な基本スキル...vii
　不便...vii, 203
セキュリティイベント管理（Security Event
　Management、SEM）.....................................141
セキュリティログ（Security Log）.......................41
接近中心性（closeness centrality）.....................283
セッションの再構築（session reconstruction）
　...9, 193
セッションのテスト（session testing）..............192
設定攻撃（configuration attack）......................230
センサーと検出器（sensors/detectors）
　アクション...12
　イベント通知型センサー..............13, 137-153
　基本...3-15
　攻撃の対応..11
　自動防御型センサー..13
　ネットワーク型センサー.....................8, 17-38
　配置...4, 11
　ホスト型センサーとサービス型センサー
　...8, 39-57
　レポート生成型センサー....................................12
全対全最短経路（All Pairs, Shortest Paths、
　APSP）..280
層（layer）...........................ネットワーク階層を参照
相互接続点（Internet Exchange Points、IXP）
　...161
ゾーン（zone）...167
ソケットへのキーボードツール（keyboard-to-
　the-socket tool）..297
ソフトウェア更新（software update）................250

た行

ダーク空間（dark space）.........................233, 319
帯域幅枯渇（bandwidth exhaustion）
　...141, 260, 263

第一種エラー（Type I Error）.............................143
ダイクストラ法（Dijkstra's Algorithm）............280
対数目盛り（logarithmic scaling）.....................222
大都市統計地域（Metropolitan Statistical Area、
　　MSA）...166
第二種エラー（Type II Error）..........................143
対話型サイト（interactive site）........................251
多変量の可視化（multivariate visualization）
　　アニメーション...221
　　一般的な方法...219
　　トレリスプロット.....................................220
多様性（spread）...326
探査（probing）.............................通信と探査を参照
探索的データ分析（exploratory data analysis、
　　EDA）
　　一変量の可視化.............................207–216
　　運用...221–226
　　多変量の可視化.............................219–221
　　二変量の表現.................................216–218
　　変数...206
　　目的...201
　　目標...203
　　ワークフロー...204
単方向フローフィルタ（unidirectional flow
　　filtering）...236
地域インターネットレジストリ（Regional Internet
　　Registry、RIR）..160
知識管理（knowledge management）................204
チャッター（chatter）...............................301, 304
注釈型データログ（annotated data log）.......46, 47
中心性属性（centrality attribute）.....280, 288, 290
調査情報（intelligence information）.................165
通信と探査（communications/probing）
　　netcat...187
　　nmap...188
　　Scapy..189
ツール（tool）
　　SiLK（System for Internet-Level
　　　Knowledge）.................................73–106
　　可視化...183
　　参照と検索.....................................155–182

集約/転送...15
セキュリティ分析のためのR.............107–136
　　通信と探査...187
　　パケットの検査と参照.........................193–196
　　分類とイベント.............................137–153
データ可視化（data visualization）....可視化を参照
データ記録（data storage）.................................59–70
　　NoSQLシステム..63
　　主な選択肢...59
　　記録階層...69
　　最善のシステムの選択........................60, 67
　　最適化...62
　　設計の目標...2
　　中央集約とストリーミング分析.........68
　　データ融合...69
　　比較...67
　　フラットファイルシステム........................61
　　他のさまざまな記録ツール.....................66
　　保護指令...69
　　ログデータとCRUDパラダイム.................60
データ収集（data collection）
　　センサーと検出器.............................3–15
　　ネットワーク型センサー.................17–38
　　ハイブリッドデータソースの必要性..............1
　　ホスト型センサーとサービス型センサー
　　　...39–57
データ種別（domain）
　　サービス型...8, 12
　　ネットワーク型.....................................8, 11
　　ホスト型...8, 11
　　比較...8–9
データ窃盗（data theft）.....................................253
データフレーム（data frame）
　　アクセス...122
　　生成...121
データ分割（data partitioning）..........................62
データベース（database）
　　CVE（共通脆弱性識別子）......................195
　　NVD...195
　　OSVDB脆弱性データベース......................195
　　アドホックデータベースの作成.................107

カラムナ (列指向) 65
グラフ 66
選択肢 59
マルウェア 196
リレーショナル 65
テキスト (text)
プロットに描画 128
テクニック、抽出、分析の手順 (technique-
extract-analyze process) 205
デフォルトネットワーク (default network) 315
天気サイト (weather site) 251
転送されたイベントログ (ForwardedEvents Log)
.... 41
転送ツール (transport tool) 15
伝播攻撃 (propagation attack) 230
転覆攻撃 (subversion attack) 230
テンプレート型データログ (templated data log)
.... 46
テンプレート型テキスト (templated text) 41
カラムナ型への変換 47
統計分析 (statistical analysis) 107
5数要約 213
閾値 202, 212, 269
変数 206, 207
登録機関 (registrar) 167
特異度 (specificity) 143
ドット区切り記法 (dotted quad notation) 25, 33
ドメイン (domain)
トラフィック量 (traffic volume)
...............................ボリュームと時間の分析を参照
トラフィックログ (traffic log) .... ログを参照
トレリスプロット (trellis plot) 220

な行

内部の攻撃 (insider attack) 250, 253
名前付き変数 (nominal variable) 207
ナレッジマネジメント (knowledge management)
.... 204
二変量の表現 (bivariate description)
散布図 216

分割表 218
ニュースサイト (news site) 251
認証エラー (authentication error) 240
ネットブロック (netblock) 33
ネットマスク (netmask) 158
ネットワーク (network)
NATの特定 322
PMAPによるマッピング 99
VPNトラフィックの特定 325
キャッシュネットワーク 170
サーバの特定 325
設置手順 7
ダーク空間の特定 319
デフォルトネットワーク 315
トラフィックのカテゴリ 301
ネットワークアプライアンスの検出 320
ネットワークタップ 25
ネットワークマップ 236, 311-329
非対称トラフィックの特定 317
ファンブルを活用するための運用 244
プロキシの特定 324
ネットワークインタフェースコントローラ
(network interface controllers、NIC) 19
ネットワークインフォメーションセンター
(network information center、NIC) 166
ネットワーク階層 (network layer)
OSIモデルとTCP/IPモデル 18
アドレス指定 25
階層モデル 18
コリジョンドメイン (レイヤ1) 21
トラフィックへの影響 19
ネットワーク型センサー 20
ネットワークスイッチ (レイヤ2) 21
配置 20
ルーティングハードウェア (レイヤ3) 20
ネットワーク型IDS (Network-Based IDS、
NIDS) 138, 141
ネットワーク型センサー (network sensor)
.... 17-38
NetFlow 35
階層化 20

サービス型センサーとの比較......................20
長所...17
ネットワーク階層とセンサー.......................18
パケットデータ...................................26-27
ホスト型センサーとの比較..........................17
ネットワークタップ (physical tap)...................25
能動的なセキュリティ分析 (active security
analysis)......................................188
能動的なバナー取得 (active banner grabbing)
....297
ノード (node)......................................273

は行

バークレーパケットフィルタ (Berkeley Packet
Filtering)...............................BPFを参照
媒介中心性 (betweenness centrality)...............283
配置 (vantage)
与える影響..4
決定...7
最適な選択..7
ネットワーク階層.................................20
ルーティング....................................23
バイナリシグネチャ管理 (binary signature
management).................................142
バイナリフォーマット (binary format)
....62, 74, 93
パケット (packet)
Scapyによる操作と分析.........................189
Wiresharkによる調査...........................193
解析ツール..9
クリスマスツリーパケット.......................237
最大サイズ......................................300
制御パケット....................................301
生存時間..24
転送ルータの特定...............................163
パケットデータ (packet data)
rwptoflowによるフローへの変換...............104
Scapyによるセッションをテストするための
データの作成.................................192
記録するパケット長の制限.......................28

収集量の調整....................................27
循環バッファ..................................27-28
パケットとフレームフォーマット................27
フィルタ...28
量の制御...28
箱ひげ図 (box-and-whiskers plot).................213
外れ値 (outlier)....................212, 214, 222, 256
calibrate_raid.pyスクリプトによる特定...253
バックスキャッタ (backscatter).....................237
バッグツール (bag tool).............................99
バッファオーバーフロー (buffer overflow).......142
バナー (banner)
Web以外のバナー...............................306
Webクライアントバナー........................307
識別と分類......................................306
バナー取得によるアプリケーション識別...297
幅優先探索 (breadth-first search、BFS)
....283, 288
ピアツーピアワーム増殖 (peer-to-peer worm
propagation)............................230, 233
ビーコニング (beaconing).............247, 250, 269
ヒストグラム (histogram)
histコマンド...................................126
一変量の可視化.................................207
正規分布か判断する.......................212, 302
制御メッセージの長さの比較....................302
非対称トラフィック (asymmetric traffic)........317
ヒットリスト (hit-list)............................234
非同期転送モード (Asynchronous Transfer Mode、
ATM)..34
標準偏差 (standard deviations).....................212
比率変数 (ratio variable)..........................206
頻度 (frequency)..................................207
ビン/ビニング (bins/binning)
ヒストグラム...................................207
棒グラフ..209
ファーキング (farking)...........................262
ファイバチャネル (Fibre Channel)..................34
ファイル転送 (file transfers)
......................55, 247, 253, 301, 304
ファイル略奪 (file raiding).......247, 253, 301, 303

ファクタ (factor) 122
ファンブル (fumbling) 229-245
　　HTTPファンブル 239
　　ICMPメッセージ 237
　　SMTPファンブル 241
　　TCPファンブル 234
　　UDPファンブル 239
　　Webクローラとrobots.txt 241
　　関心のある攻撃者と無関心な攻撃者 231
　　警告 242
　　攻撃モデル 229
　　サービスレベルでのファンブル 239
　　自動化されたシステム 233
　　スキャン 233, 238
　　単方向フローフィルタ 236
　　定義 229, 232
　　特定 234
　　ネットワーク運用 244
　　ネットワークマップ 236
　　フォレンジック分析 243
　　ルックアップの失敗 232
フィッシング攻撃 (phishing attack) 230
フーリエ解析 (Fourier analysis) 206
フォレンジック分析 (forensic analysis) ...203, 243
深さ優先探索 (depth-first search、DFS) 283
負荷分散テクニック (load balancing technique)
　　.. 173
物理的攻撃 (physical attack) 261
フラグフィルタ (flag filtering) 236
フラッシュクラウド (flash crowd) 262, 265
フラットファイルシステム (flat file system) 59, 61
プレフィックス (prefix) 103, 158
ブロードキャストアドレス (broadcast addresses)
　　.. 158
ブロードキャストドメイン (broadcast domain). 22
フローフィルタ (flow filtering) 236
フロー分析 (flow analysis)
　　........ 探索的データ分析、NetFlow、SilKを参照
プロキシ (proxy) 324
分割表 (contingency table) 218
分割スキーム (partitioning scheme) 62

分散型サービス拒否 (Distributed Denial of
　　Service)..DDoSを参照
分散問い合わせツール (distributed query tool)
　　.. 59
分析 (analytics)
　　空き容量と問い合わせ回数.............................. 2
　　アプリケーション識別.....................293-309
　　グラフ分析.....................................273-291
　　効果的な達成 1, 59, 196
　　ストリーミング分析 68
　　探索的データ分析 (EDA)..................201-227
　　ネットワークマッピング.................311-329
　　ファンブル...................................229-245
　　ボリュームと時間の分析 247-271
分布 (distribution)
　　一様分布 211
　　正規分布 202, 210
　　モード 208
分類 (classification)
　　2クラス分類器 138, 143
　　IDSでの適用 145
　　基準率錯誤 142
　　警告に対応する時間を減らす 146
　　分類/イベントツール 137-153
　　問題 138
ペア度 (peerishness) 285
並列化 (parallelization) 64
変数 (variable) 206, 207
ベンダースペース (vendor space) 37
ポインタレコード (Pointer record、PTR)........ 176
妨害可能性 (disruptibility) 150
防御の構築 (defense construction) 203
棒グラフ (bar chart, bar plot) 125, 209
ポートスキャナ (portscanner) 187
ポートミラーリング (port mirroring) 22, 25
ポート割り当て (port assignment) 244, 294
北米産業分類体系 (North American Industry
　　Classification System、NAICS) 166
ホスト型IDS (Host-Based IDS、HIDS) . 138, 140
ホスト型侵入防止システム (host intrusion
　　prevention systems、HIPS) 140

ホスト型センサーとサービス型センサー
(host/service sensor) 39–57
   基本 39
   代表的なログファイルフォーマット 48
   ログの長所 39
   ログファイル転送 55
   ログファイルのアクセスと操作 40
   ログファイルの内容 42
ボット攻撃 (bot attack)
   404エラー 239
   関心のある攻撃者と無関心な攻撃者 231
   種類 1
ボットネット 240, 250, 265, 269
ボリュームと時間の分析 (volume/time analysis)
....247–271
   DDoS 260
   解決策の設計 270
   休日のトラフィック量 249
   局所性 256
   警告 269
   現象 247
   就業日のトラフィック量 247
   データ選択 266
   ビーコニング 250
   ファイル転送/略奪 253
ボリュームベースの警告 (volume-based alarm)
....269
ホワイトハウスに対する攻撃 (White House
attack) 141
ホワイトリスト (whitelisting) 147

ま行

マッピング (mapping)
   定義 63
   ネットワーク 236
マルウェア (malware) 141
マルウェアサイト (malware site) 196
マルチキャストアドレス (multicast address)
....159
無線ブリッジ (wireless bridge) 317

メール (mail)
   Microsoft Exchange 54, 306
   MXレコード 172, 173
   sendmailログフォーマット 52
   メールルールの管理とフィルタ 53
メッセージ追跡ログ (Message Tracking Log、
MTL) 54
モード (mode) 208

や行

予測可能性 (predictability) 150
予備調査攻撃 (reconnaissance attack) 230

ら行

離散変数 (discrete variable) 207
リストからの削除 (delisting) 182
リソースレコード (resource record、RR) 170
リデュース (reducing) 63
リバースルックアップ (reverse lookup) 176
略奪 (raiding) 253
流量制限 (rate limit) 270
量的変数 (quantitative variable) 207
リレーショナルデータベース (relational
database) 65
リレーショナルデータベース管理システム
(relational database management systems、
RDBMS) 60, 67
リンク (link) 273
隣接リスト (adjacency list) 274
ルータ (router) 163
ループ構造 (looping construct) 119
ループバックアドレス (loopback addresses) ...159
ルールセット (ruleset) 147
ルッキンググラスサーバ (looking glass server)
....165
ルックアップの失敗 (lookup failures) 232
レイヤ (layer) .... ネットワーク階層を参照
列 (column)
   内容の変更 (SiLK) 78

レディット効果 (Reddit effect) 262
連結成分 (connected component) 283
連続変数 (continuous variable) 207
ローカル識別アドレス (local identification
    addresses) 159
ロードスキーム (load scheme) 92
ログ (log)
    アクセスと操作 40
    カラムナ型データ (columnar data) 46
    既存のログファイルと操作方法 46
    代表的なログファイルフォーマット 48
    注釈型データ 46, 47
    長所と短所 39
    データを dot グラフに変換 185
    テンプレート型データ 46

内容 42
優れたログメッセージ 43
ログファイル転送 55
ログメッセージ改良の指針 48
ログ記録パッケージ (logging package)
    評価 15
    ログファイルローテーション 55
ロボット排除規約 (robots exclusion standard)
    241

わ行

ワーキングセット (working set) 257
ワーム攻撃 (worm attack) 141, 196, 230

●著者紹介

Michael Collins（マイケル・コリンズ）
ワシントンD.Cを拠点にネットワークセキュリティ、データ分析を手掛けるRedJack, LLCのチーフサイエンティスト。それ以前はカーネギーメロン大学の認証/ネットワーク状況認識グループに所属していた。主な研究対象はネットワーク計測およびトラフィック解析。2008年にカーネギーメロン大学で電気工学の博士号を取得。同大学から修士号および学士号も取得している。

●監訳者紹介

中田 秀基（なかだ ひでもと）
博士（工学）。産業技術総合研究所において分散並列計算の研究に従事。訳書に『ZooKeeperによる分散システム管理』、『Javaサーブレットプログラミング』、監訳書に『Cython―Cとの融合によるPythonの高速化』、『デバッグの理論と実践』、『Head First C』（以上オライリー・ジャパン）、著書に『すっきりわかるGoogle App Engine for Java』（ソフトバンク・クリエイティブ）など。極真空手初段。twitter @hidemotoNakada。

●訳者紹介

木下 哲也（きのした てつや）
1967年、川崎市生まれ。早稲田大学理工学部卒業。1991年、松下電器産業株式会社に入社。全文検索技術とその技術を利用したWebアプリケーション、VoIPによるネットワークシステムなどの研究開発に従事。2000年に退社し、現在は主にIT関連の技術書の翻訳、監訳に従事。訳書、監訳書に『Enterprise JavaBeans 3.1 第6版』、『大規模Webアプリケーション開発入門』、『キャパシティプランニング―リソースを最大限に活かすサイト分析・予測・配置』、『XML Hacks』、『Head Firstデザインパターン』、『Web解析Hacks』、『アート・オブ・SQL』、『ネットワークウォリア』、『Head First C#』、『Head Firstソフトウェア開発』、『Head Firstデータ解析』、『Rクックブック』、『JavaScriptクイックリファレンス 第6版』、『アート・オブ・Rプログラミング』、『入門データ構造とアルゴリズム』、『Rクイックリファレンス第2版』、『入門 機械学習』、『データサイエンス講義』、『グラフデータベース』、『マイクロサービスアーキテクチャ』（以上すべてオライリー・ジャパン）などがある。

カバーの説明

　表紙の動物は、北米大陸とユーラシア大陸に生息するハヤブサ科ハヤブサ属の鳥、コチョウゲンボウ（小長元坊、英語名 European Merlin、学名 Falco columbarius）です。北米に生息するものとユーラシア大陸に生息するものは、実際には異なる種ではないかという論争がありました。分類学の父、カール・リンネは、1758年に北米の個体を初めて分類しました。その後、1771年に鳥類学者のマーマデューク・タンストールは、自著『Ornithologica Britannica』（鳥類大百科）の中で、ユーラシア大陸のコチョウゲンボウを独立した種、Falco aesalon としました。

最近になって、北米種とユーラシア種を正式に異なる種に分類するべきであるという考えを裏付ける有意な遺伝的変異が発見されました。両者の分離は1万年以上前に起こり、それ以来、完全に独立して生存してきたと考えられています。

コチョウゲンボウの体長は約24～33センチで、他の小型のハヤブサと比べると重く、体重は約160～240グラムです。他の猛禽類と同様、オスよりメスのほうが体が大きく、この体格の差によって、オスとメスでは獲物が異なり、つがいを維持するために必要ななわばりが狭くて済みます。通常は、低木地、森林、公園、草原などの開けた場所の、低～中木の植生のある地域を好みます。狩りが容易で、ねぐらとする古巣を簡単に見つけることができるからです。冬の間、ヨーロッパのコチョウゲンボウは鷹科のハイイロチュウヒや獲物とする他の小型の鳥と巣を共有することが知られています。

繁殖の季節は5月から6月、つがいはカラスやカササギの古巣を利用します。特にイギリスでは、崖やビルの間に営巣している姿が多く見られます。メスは1回に3～6個の卵を産み、28～32日後に孵化、ヒナは約4週間で巣立ちます。

中世では、ヒナを巣から捕まえて飼育し、狩猟に使いました。1486年に著された紳士を極めるためのガイドブック『The Book of St. Albans』（聖オルバンズの書）の「鷹狩り」の節には、コチョウゲンボウについて「女性用のハヤブサ」との記載があります。今日でもコチョウゲンボウは、鷹匠によって小鳥の狩猟用に訓練されていますが、保護活動によって衰退の傾向にあります。コチョウゲンボウの最大の脅威は、環境破壊、特に繁殖地の環境破壊です。しかし、コチョウゲンボウは適応力が高いため、個体数は安定しています。

データ分析によるネットワークセキュリティ

2016年 6 月 8 日　　初版第 1 刷発行

著　　　者	Michael Collins（マイケル・コリンズ）
監　訳　者	中田 秀基（なかだ ひでもと）
訳　　　者	木下 哲也（きのした てつや）
発　行　人	ティム・オライリー
制　　　作	ビーンズ・ネットワークス
印　　　刷	日経印刷株式会社
発　行　所	株式会社オライリー・ジャパン

　　　　　　　〒160-0002　東京都新宿区四谷坂町12番22号
　　　　　　　Tel　　（03）3356-5227
　　　　　　　Fax　　（03）3356-5263
　　　　　　　電子メール　japan@oreilly.co.jp

発　売　元	株式会社オーム社

　　　　　　　〒101-8460　東京都千代田区神田錦町3-1
　　　　　　　Tel　　（03）3233-0641（代表）
　　　　　　　Fax　　（03）3233-3440

Printed in Japan (ISBN978-4-87311-700-3)
乱丁本、落丁本はお取り替え致します。

本書は著作権上の保護を受けています。本書の一部あるいは全部について、株式会社オライリー・ジャパン
から文書による許諾を得ずに、いかなる方法においても無断で複写、複製することは禁じられています。